冬の南天の星座。天孫降臨神話で、左下の天宇受売命《あめのうずめのみこと》（オリオン座、裳紐《もひも》を垂れた様子に注目）と中央の猨田毘古神《さるたびこのかみ》（牡牛《おうし》座ヒアデス星団、赤い目、光る口の両端、長い鼻に注目）が向き合う場面。右上の星の固まりが、天地を結ぶ通路天《あめ》の八衢《やちまた》（昴星《すばる》）。本書第十一・十二・十四章を参照のこと。（写真は、藤井旭氏提供）

北天の日周運動。第五章の天（天父神伊邪那岐命《いざなきのみこと》）の左旋と地（伊邪那美命《いざなみのみこと》）の右旋を表わす。同心円の中心近くの星が北極星で、第五章の天《あめ》の御柱《みはしら》、第六章の衝立船戸《つきたつふなとの》神《かみ》に相当する。右上の柄杓型の七星は北斗七星、第六章の時量師神《ときはかしのかみ》に当たる。（写真は、藤井旭氏提供）

［あじあブックス］
023

星座で読み解く日本神話

勝俣　隆

大修館書店

神話については、私は、文化の一段階として、日本上代に於いても自然神話、従って星辰神話も必ず発生していたと信ずる。さもなければ、日本のみに例外を設けることになるだろう。

(野尻抱影『星の神話伝説集成』)

序文

星座にまつわる神話に魅せられて、星空に関心を持つようになった人は多い。私も長年科学者として天文学の研究に取組んで来たが、星に興味を持ったきっかけを考えて見ると、子供の頃親しんだ星座の神話だったように思う。しかし、星の神話として知られているのは、もっぱらギリシャ神話など西洋の話であり、東洋の神話としては夏の夜空を飾る天の川にまつわる七夕伝説くらいしか知られていない。

私達の先祖である古代の日本人がどのような宇宙観をもっていたのか、また星空をどのように見ていたのかは、残念ながらほとんど知られていない。今では都会でのあかあかとした照明のもとで星はかすんでしまい、はるか遠い存在になってしまったが、大昔の人々にとって満天に輝く星をはじめとして、自然は現在よりももっと大きな存在であったに違いない。また、海に囲まれた日本の場合、航海上も星空は重要であり、稲作を中心にした古代の日本社会では星空は季節を知る上でも重要な存在であったはずである。

ところが、日本神話には星の記述がほとんどないというのがこれまでの定説になっている。著者の勝俣さんは、この定説に果敢に挑戦し、実際には日本神話にも星や星座の記述があるという説を立てられた。本書は勝俣さんのこの問題についての一連の研究を一冊の本にまとめ、一般の人にも理解しやすいように解説したものである。

勝俣さんは、まず最初に古代の日本人が天地をどのようにとらえていたのか、また夜空の星をどのようにとらえていたのかという古代日本人の宇宙観について展開する。そして、古事記、日本書紀に出てくる日本国成立の神話である「天孫降臨」等の場面は、星座で読み解くことが出来るという。たとえば、天の岩戸神話で岩戸の前で裸おどりをするアメノウズメノミコトはあのオリオンであるという。これらの結論に到るプロセスは、あたかも推理小説を読むように興味深く、その謎解きの手法はみごとである。これは、勝俣さんが文学者であるにもかかわらず、天文学にも造詣が深く、その両方の関心がドッキングして、こういう想像力豊かなロマンに満ちた論説になっているためではなかろうか。

勝俣さんの説は極めてユニークなもので、その実証にはさらなる研究に待たなければならないが、古代の日本人が星空をこんな風に見ていたのかもしれないと思うと心楽しく、またすばるやオリオンなどの星座をこんな風に眺めて見るのも新鮮である。

本書を読むことによって、多くの人が日本の神話や星空への興味をもっと広げられることを期待したい。

日本天文学会理事長
長崎大学教授（東京大学名誉教授）
尾崎洋二

目次

はじめに――古代日本にも星の神話が存在した

日本人は古来星に関心が薄く、日本の文学に星の描写は少なく、まして、日本の神話、即ち、通常、記紀神話と呼ばれる神話の中にも、星の描写はほとんど存在しないと言われてきた。その理由として挙げられたのは、「農業国で昼の疲れに早寝をするので、天躰《てんたい》のことには注意が少なかつた」（芳賀矢一《はがやいち》『国文学十講』、明治三十二年）とか、「日本の空気に、湿気が多く、晴夜《せいや》仰《あお》いで星光《せいこう》の燦《さん》然《ぜん》たるものを観《み》得るのは、極《きは》めて稀《まれ》であるのと、他の原因は日本人の文化は、夙《つと》に農耕期に入つて居《を》つた為《た》めで、亜剌比亜《あらびあ》（亜細亜《あじあ》）の砂漠に、永く遊牧生活を営み、夜間涼《りょう》を逐《お》つて、星光を頼りに、移住し行く遊牧民の間に見るが如き星辰崇拝《せいしんすうはい》は、日本に起る理由が無く、又その必要をみなかつた」（加藤玄智『神道の宗教発達史的研究』、昭和九年）とか、さらには、「日本神話のひとつの特徴は、夜空の天体についての認識がきわめてとぼしい点にある。星の神はわずかにアマツミカボシ

（アマノカガセヲ）があるにすぎない。しかもこの神は、悪神として高天原にあって最後まで反逆した神とされている。この星は悪神として描かれているためか、その名に「命《みこと》」や「神」をおびていないのである。こうした夜の世界を畏怖した人々のおののきが、ギリシャ神話にみるような星神の群像を育てず、また中国におけるような天文暦学への知識のめばえをつみとったのである」（上田正昭『日本神話』、昭和四十五年）といったものであった。

しかし、これらの理由は本当に正しいのか、もう一度根本から検討する必要があるのでないか。何故なら、野尻抱影《のじりほうえい》氏を初めとして、内田武志氏・桑原昭二氏・北尾浩一氏等の御努力で日本全国に多数の星の方言や伝承が存在していることが明らかにされ、その約千にも上る星の方言の存在は、日本人が星に無関心であったという思い込みが如何《いか》に根拠薄弱なものか歴然と示しているからである。農民や漁民が早寝早起きで星を見なかったとしたら、なぜ多数の星の方言や伝承が農村漁村に残り得るのか。また、日本人が、星を恐れていたら、何故親愛の情に溢れた星名が多数存在するのか。日本は湿潤で星が見えにくいのなら、現在でも世界一多いと言われるアマチュア天文家の存在とその天文観測の業績をどう説明するのか等々、次々と疑問が起こって来よう。

畑維龍『四方《よも》の硯《すずり》』に「星象《ショウ》《ホシノモヨフ》を見ることハ農《ノウ》民よりくハしきハなし」（星座の形を読み取ることに、農民ほど詳しい者はいない）とあるように、農民は農作業の指標を星の位置や出入りで判断したことはよく知られており、農耕民は牧人と違い星を見ないというのは、明らかな誤謬である。野尻抱影氏『日本星名辞典』や内田武志氏『星の方言と民俗』の収集された星名で、昴星《すばる》と農業の関係について述べたものだけでも、次に掲げる如く、多数見られる。

農作業の指標としての昴星《すばる》（なお、地名は引用文にあるままとした。）

ア、そば蒔《ま》き（④⑥は昴星《すばる》が省略された形）

①すばる満時粉八合《まんどきこなはちごう》……信州・静岡県榛原郡地方等（スワリ満時《まんどき》、とも。奈良県生駒郡等）

②スマル真天井《まてんじょう》に粉八合《こなはちごう》……隠岐島尻（すばる天井夜八合《てんじょうよるはちごう》、とも。壱岐渡良村）

③すまる午時《まどき》にそば植えて、三にぎり三把でそば一升、粉にして八合、しんこにして六十三半、七人家内で九つずつ、残り半分、ばばの味き団子……岡山県浅口・小田・後月郡他

④蕎麦《そば》一升に粉八合、団子につくって四十八、六人家内に八つ宛……壱岐渡良村

⑤すばるまんどき蕎麦のとき……浜松（すばるまんどき蕎麦のしゅん、とも。賀茂郡河津村他）

⑥蕎麦粉一升に粉八合、それを食たれば腹八合……壱岐沼津村

⑦すまる、まんろく粉八合、頭巾落しの粉一升……岡山県浅口・小田・後月郡、他

イ、麦蒔《むぎま》き

⑧すばるの山入り麦蒔きのしゅん……静岡・福島（すばり山入り麦蒔きのす、とも。三浦半島三崎初声通三戸）

⑨すばるの山入り麦蒔きじまい……三浦半島

⑩すまるの入り蒔き麦の期《ご》……姫路市飾磨

⑪すまるの山入り、中のいんのこ、麦蒔きのしゅん……姫路市書写

ウ、田植え・稲刈りの指標

⑫シンマリさんが宵の口に出るようになったら、ぼつぼつ稲刈りをする……周防大島

⑬すばるが二丈ぐらいの高さにたっした時、稲刈りをする……静岡地方

⑭いねのうえのほし（稲の植えの星）……姫路市木場

エ、里芋の植え付け

⑮すまる九つ八つがしら……姫路市土山

昴星だけでも、農業とこうした関係を持つ。実際これは取りも直さず、世界中の他の国の人々と同様に、日本人も星の世界に関心を持ち、星を眺めて方言で呼び、様々な伝承を生み出して来たことを物語っていよう。実際、農業・漁業・航海等において、日本でも、星は当て星として極めて重要な指標となってきたことは、多くの先達の研究や星名収集で明らかな事実となっている。

太陰暦では、一年は三五四〜五日であるから、太陽暦と比べて十一日余り短い。それで、放っておくと三年で一ヶ月程、太陽暦と誤差が出てしまう。それで、十九年に七度、閏月を設けてズレを調整していた。[1] だから、明治五年まで日本で使われた暦は正確には、太陰太陽暦という。即ち、太

陰太陽暦では、毎年の月日の移動があって、調整されるまでに太陽暦と比べ、最大一月半程ずれが生じてしまう。よって、太陰太陽暦では、農作業等の開始の月日を暦で決めることは困難である。そこで、暦に関係なく、農作業等の開始の月日を決定できる指標が求められた。指標としては、花の開花、鳥の鳴き出し等もあるが、種々の指標の中で、やはり、正確なのは星の位置と出没時間であった。農民や漁民は長年の経験から、特定の星の位置を覚えて、どの星がどの時刻にどの位置に来たら、蕎麦などの種を蒔くべきか、どの魚を獲るべきかなどを決めて、実際に実行して来たのである。「昴満時《すばるまんどき》、粉八合《こなはちごう》」（二百十日頃、七つ時〔夜明け〕に、昴が満時〔午の位置に来た時、つまり南中した時〕に、蕎麦を蒔けば、実りがよくて種蕎麦一升から蕎麦粉が八合〔六合・七合が普通なので、八合は豊作〕穫れるという意味）等の俚謡《りよう》（この場合は農事訓《のうじくん》）は、その一例である。生産能力が低い時代には、不作・不漁は命に係わるので、豊作・豊漁となるために、必死に星の様子を見て、それに合わせて、農業漁業を行ったのである。そのためには、特定の星を覚えるための目印が必要であった。先ずは覚えやすい名前を付けることである。それが、星の方言の発生である。星が一か所に纏まってゴチャゴチャしている状態は誰の目にも分かりやすかった。それで、見たままをゴチャゴチャ星とか集まり星、相談星と呼んだ。それが、すばるの方言である。すばるは、その名自体が「統る（すばる）＝一か所に集まっている」ことを表わす名で、それこそ日本の星の方言の中でも古いものの一つである。平安時代初めの古辞書である『倭名類聚鈔《わみょうるいじゅしょう》』や清少納言の『枕草子』に出てくるし、『古事記』『日本書紀』に、首飾りの異称として、「すまる」が登場し、極めて古い名称と推測される。名前が付いて昴《すばる》なら昴《すばる》がどの山のどの位置に見えるようになったら、種を蒔けば良いとか特定の魚が釣れるとか言った言い伝えが生まれる。それが星の伝承の始まりである。

神話でも、同様の事が言えよう。従来、天津甕星《あまつみかほし》以外は星の記述は、日本神話の中に存在しないというのが定説の如く言われて来た。しかし、実際に『古事記』や『日本書紀』の神話を繙《ひもと》いてみると、星や星座の記述と思われる部分が少なからず見出される。これは、古代日本人も星に深い関心を持ち、ギリシアや他の民族同様に、星の神話を生み出して来たにもかかわらず、今まで、その事実が見過ごされてきたことを意味しているのでなかろうか。

それでは、どうして今まで、その存在が気づかれなかったのかと言えば、『古事記』も『日本書紀』も、表面的には、神話の記述で、天津甕星《あまつみかほし》以外は、星という言葉を使用していないことが先ず挙げられよう。しかし、星という言葉を使っていないから、星の神話はないというのは、あまりにも短絡的《たんらくてき》である。神々の舞台で最大のものは天上世界の高天原《たかまがはら》である。天上世界の神々の中に、太陽の神である天照大御神《あまてらすおおみかみ》と月の神である月読命《つくよみのみこと》が存在していることは明らかで、特に、天照大《あまてらすおお》御神《みかみ》は、皇祖神《こうそしん》でもあって、至高の存在としての活躍の場面も多い。太陽や月の神が登場するのに、同じ天体である星の神が登場しないとなったら、これこそ異常事態でなかろうか。そして実際、『古事記』『日本書紀』を丹念に繙けば、星の神々は少なからず存在することが判明するのである。つまり、『古事記』『日本書紀』の記述の中に星の記述・星座の描写を発見できたのは、筆者が国文学を専攻する一方、以前から天文にも大きな関心を抱きつづけてきたことが大きな原因であろう。国文学と天文の知識がうまく嚙み合ったところに、星座の神話が見出されたのである。日本や諸外国の星座や星の方言等の知識を持った眼で日本の神話を読み解けば、自然と星の世界が浮かび上がってくるのであり、その作業は、それほど困難なことではない。

本書では、筆者が『古事記』や『日本書紀』等の原野から発掘した日本の神話の宇宙観、及び、星座としての神々や物体のイメージについて具体的に述べてみたいと思う。

【注】

（1）これを置閏法《ちじゅんほう》（十九年七閏法）と言い、一太陽年（三六五・二五日）との誤差を調整する、十九や七という数字を、天武天皇や持統天皇等が、「時を支配し、太陽霊を継承する」重要で神聖な数字として特別視したことが江口洌《きよし》氏によって指摘されている。（『古代天皇と陰陽寮の思想　持統天皇歌の解読より』河出書房新社、一九九九年十二月）

第一章　日本の神話とは何か

——残存するのは切り貼り細工の一部の神話に過ぎない

日本神話と星の関係を説明する前に先ず、日本神話とは如何なるものかを説明する必要があろう。日本の神話について、概略知って頂いた上で、星や星座の説明をして、日本の神話にも、星や星座が存在することを理解して頂きたいと思うからである。

日本神話とは、文字通り、日本にかつて存在した神々の物語である。別名、記紀神話《ききしんわ》という言葉が存在するように、その日本神話の殆どは記紀《きき》、即ち、『古事記《こじき》』『日本書紀《にほんしょき》』の中に記されている。日本神話という名の書物がある訳ではないので、古事記の神話・日本書紀の神話はあっても、日本神話という神話があるのではないという意見もある。それも一つの見方であろう。しかし、その意見は、佐藤さん、鈴木さんという人はいても、日本人という名の人はいないという議論と似ている。だからといって、この世の中に日本人がいないと思う人は先ず存在しないだろう。従って、古事記神話や日本書紀神話があっても日本神話はないという立場を本書では採らない。古事記神話や日本書紀神話を包み込む神話体系として、日本神話という概念を打ち立てることは十分に可能であると考える。

そこで、日本神話の内容について、『古事記』で概略を述べれば、次のようになる。

天地が分離し、天御中主神《あめのみなかぬしのかみ》という神が天上世界に初めて出現し、その後、高御産巣日神《たかみむすびのかみ》・神産《かむむ》巣日神《すびのかみ》が続いて出現し、さらに、五柱《いつはしら》の別天《ことあま》つ神《かみ》、神世七代《かみよななよ》の神々が誕生する。神世七世の最後の二柱《ふたはしら》の伊邪那岐命《いざなきのみこと》・伊邪那美命《いざなみのみこと》が天《あめ》の浮橋《うきはし》から天《あめ》の沼矛《ぬぼこ》を差し下ろし、原始の海をかき混ぜて、その垂れた雫《しずく》から淤能碁呂島《おのごろしま》が出来る。その島に、二神が天降《あまくだ》り、天《あめ》の御柱《みはしら》の周囲を巡って結婚する。その結果、淡路島を皮切りに、日本の大きな八つの島を生み、大八洲国《おおやしまぐに》（神話世界としての日本）が出来る。その後も、伊邪那岐命《いざなきのみこと》・伊邪那美命《いざなみのみこと》は次々と島や草木等の神々を生むが、火の神を生んで、伊邪那美命《いざなみのみこと》は火傷《やけど》を負《お》い、死んでしまう。死後、黄泉国《よみのくに》へ赴《おもむ》いた妻の伊邪那美命《いざなみのみこと》を迎えに、夫の伊邪那岐命《いざなきのみこと》が黄泉国《よみのくに》へ行くが、凄《すさ》まじく汚《けが》れた恐ろしい世界に恐怖を覚えて逃げ帰り、筑紫《つくし》の日向《ひむか》の橘《たちばな》の小門《おど》で禊祓《みそぎはらえ》をする。その結果、多くの神々が成り、最後に天照大御神《あまてらすおおみかみ》・月読命《つくよみのみこと》・須佐之男命《すさのおのみこと》の三貴子《さんきし》が成《な》る。須佐之男命《すさのおのみこと》は、支配すべき国を治めず、追放され、天上界に上り、姉の天照大御神《あまてらすおおみかみ》と誓約《うけい》をして、それぞれの子孫を生む。須佐之男命は勝ちに乗じて、天上界を荒し回り、怒った天照大御神が天《あめ》の石屋戸《いわやと》に籠《こ》もり世界は暗黒となり、多くの災いが起こる。困った神々は、天宇受売命《あめのうずめのみこと》の神懸《かむが》かりの踊り等で天照大御神を引き出し、世界を再び光明の世界に戻し、須佐之男命を追放する。須佐之男命は出雲《いずも》に下り、八俣大蛇《やまたのおろち》を退治し、櫛名田比売《くしなだひめ》と結婚し、子孫を設ける。五世の子孫が大穴牟遅神《おおなむじのかみ》（大国主神《おおくにぬしのかみ》）で、稲羽《いなば》の素兎《しろうさぎ》を助けて、八上《やがみ》比売《ひめ》と結婚できることになったが、兄弟の八十神《やそがみ》の嫉妬を受け、殺される。だが母や周囲の援助で復活し、母親の勧めで、根堅州国《ねのかたすくに》に逃げる。そこで、須佐之男命《すさのおのみこと》から試練を受けるが、妻の勢理《すせ》毘売《りびめ》命の助けでこなし、最後には、妻や宝物を携《たずさ》え、地上へ帰還する。大国主神《おおくにぬしのかみ》は八十神《やそがみ》を退治した後、少名那古那神《すくなびこなのかみ》と国作りをする。やがて、天照大御神《あまてらすおおみかみ》の使者が遣わされる。天若日子《あめのわかひこ》は使命を忘れ反逆し、返《かえ》し矢《や》で落命する。大国主神は、建御雷神《たけみかずちのかみ》に降伏し、国を譲り、出雲大社に退く。天上からは、番能邇邇藝命《ほのににぎのみこと》が遣わされるが、その前に、天地の通路である天《あめ》の八衢《やちまた》に猨田毘《さるたび》古神《このかみ》が立ちふさがり、天宇受売命《あめのうずめのみこと》によって、この神が先駆けのため、やって来たことが知れる。

そののち、筑紫《つくし》の日向《ひむか》の高千穂《たかちほ》の峰に天孫《てんそん》は降臨する。番能邇邇藝命《ほのににぎのみこと》は大山津見神《おおやまつみのかみ》の娘木花佐久《このはなのさく》夜毘売《やびめ》と結婚するが、一夜孕《いちやはら》みを疑われた佐久夜毘売《さくやびめ》は、火中出産《かちゅうしゅっさん》を通し、潔白を証明し、三人の男子を出産する。長男の火照命《ほでりのみこと》と末子の火遠理命《ほおりのみこと》が失くした釣り針で争い、綿津見宮《わたつみのみや》を訪れた火遠理命は、海神から、塩盈珠《しおみつたま》・塩乾珠《しおふるたま》を貰《もら》って兄を攻め降伏させ、地上の支配者となる。その後、火遠理命《ほおりのみこと》と綿津見宮《わたつみのみや》の王の娘豊玉毘売命《とよたまびめのみこと》が結婚して生まれた鵜葺草葺不合命《うがやふきあえずのみこと》が叔母の玉依毘《たまよりび》売《め》と結婚し、初代天皇となる神倭伊波礼毘古命《かむやまといわれびこのみこと》が誕生する。

以上が、『古事記』の神話の概要である。この神話で言いたいことを一言で言えば、天皇家の正当性であろう。つまり、天《あま》つ神《かみ》であり、また太陽神天照大御神《あまてらすおおみかみ》の血を受け継いだ番能邇邇藝命《ほのににぎのみこと》が山の神の娘と結婚して火遠理命《ほおりのみこと》が生まれ、天と山の神の血の入った火遠理命が海神と姻戚関係を結んで鵜葺草葺不合命《うがやふきあえずのみこと》が生まれ、最終的に、神倭伊波礼毘古命《かむやまといわれびこのみこと》（後の初代神武《じんむ》天皇）が、天・山（陸地）・海というすべての領域の神々から正当な支配者としての血筋を受け、神話世界の葦原中《あしはらのなかつ》国《くに》、則ち、そのままこの現世の、正当な支配者となることを示す神話と言えよう。その中でも、中心に通っているのが太陽神としての血で、この点については第八章を参照されたい。

このように、世界的に見ても珍しいほど、筋に一貫性があると言われる『古事記』の神話であるが、詳しく見ていくと、種々の矛盾点が浮かび上がってくる。例を挙げて、示そう。

伊邪那岐命《いざなきのみこと》が妻の伊邪那美命《いざなみのみこと》の死を悲しんで慟哭した場面は、『古事記』では次のように描く。

御枕方《みまくらへ》に匍匐《はらば》ひ、御足方《みあとへ》に匍匐《はらば》ひて哭《な》きし時《とき》、御涙《みなみだ》に成《な》れる神《かみ》は、香山《かぐやま》の畝尾《うねを》の木《こ》の本《もと》に坐《ま》して、泣沢女神《なきさはめのかみ》と名《な》づく。（伊邪那岐命《いざなきのみこと》は、伊邪那美命《いざなみのみこと》の御枕元《おんまくらもと》に腹這《はらば》いになり、御足下《おんあしもと》に腹這《はらば》いになり、泣《な》いた時《とき》にその御涙《おんなみだ》から出来た神《かみ》は、泣《な》くこと多《おお》き女性《じょせい》である泣沢女《なきさわめ》の神《かみ》である。）

妻の死を悲しんで、腹這いになり、止めどもなく涙を流す姿、そこに私達は何を見出すだろうか。そこにあるのは、誰にもはばからず純粋に妻の死を悲しむ姿である。肉親の死に立ち会ったものならば、真に共感できる描写であって、そこには嘘がない。伊邪那岐命の慟哭は本物の悲しみの表現である。「泣く」こと「多」なる「女神」の誕生。決して大袈裟ではなく、悲痛な悲しみを表現した、素朴な古代的表現なのである。これが『古事記』の文学性であろう。

涕泣の有名な場面がもう一か所ある。須佐之男命が支配すべき領域を支配せず追放される場面である。『古事記』は次のように描く。

故《かれ》、各依《おのおのよ》さし賜《たま》ひし命《みこと》の随《まにま》に、知《し》らし看《め》す中《なか》に、速須佐之男命《はやすさのをのみこと》、命《よ》させし国《くに》を治《し》らずて、八《や》拳須《つかひげ》心《むね》の前《さき》に至《いた》るまで、啼《な》き伊佐知岐《いさちき》。其《そ》の泣《な》く状《さま》は、青山《あをやま》は枯山《からやま》の如《ごと》く泣《な》き枯《か》らし、河海《かはうみ》は悉《ことごと》に泣《な》き乾《ほ》しき、是《ここ》を以《も》ちて悪《あ》しき神《かみ》の音《こゑ》は、狭蠅《さばへ》如《な》す皆満《みなみ》ち、万《よろづ》の物《もの》の妖《わざはひ》悉《ことごと》に発《おこ》りき。故《かれ》、伊邪那岐大御神《いざなきのおほみかみ》、速須佐之男命《はやすさのをのみこと》に詔《の》りたまひしく、「何由《なにし》かも汝《いまし》は事依《ことよ》させし国《くに》を治《し》らずて、哭《な》き伊佐知流《いさちる》。」とのりたまひき。爾《ここ》に答《こた》へ白《まを》ししく、「僕《あ》は妣《はは》の国根《くにね》の堅州国《かたすくに》に罷《まか》らむと欲《おも》ふ。故《かれ》、哭《な》くなり。」とまをしき。爾《ここ》に伊邪那岐大御神《いざなきのおほみかみ》、大《いた》く忿怒《いか》りて詔《の》りたまひしく、「然《しか》らば汝《いまし》は此《こ》の国《くに》に住《す》むべからず。」とのりたまひて、乃《すなは》ち神夜良比爾夜良比賜《かむやらひにやらひたま》ひき。（そこで、各々、委任なされたご命令に従って、それぞれの国を支配なさる中で速須佐之男命《はやすさのをのみこと》は、ご命令された国を治めずに拳《こぶし》八つ分の長さの髭《ひげ》が、心臓の下まで延びるまでの長い時間、泣いて喚《わめ》いた。其の泣く様子は、青々とした山は枯木の山にしてしまうほど、泣き枯らし、河や海はすっかり泣き乾してしまう程であった。そういう訳で、悪い神々の声は、五月の騒がしい蠅のように溢れ、あらゆる災いがすべて起こった。そこで、伊邪那岐大御神が速須佐之男命に、「どうしてお前は委任された国を治めずに、哭《な》き喚《わめ》いているのか。」とおっしゃった。この時に、須佐之男命は答えて、「私は亡《な》き母《はは》の国根《ね》の堅州国《かたすくに》に参りたいと思います、それで、泣いているのです。」と申し上げた。この時に伊邪那岐大御神は大変お怒りになって、「そうであれば、お前は、此の国に住んではいけない。」とおっしゃって、この神が戻らないよう徹底的に追放された。）

普通、この場面は、須佐之男命の乱暴なイメージ、あるいは悪神としての凄《すさ》まじさを示す場面として理解されている。しかし、本文をよく読めば、須佐之男命が泣いているのは、「亡き母のところへ行きたい」からで、それは当然、死んだ母に会いたい一心で泣いていると解釈すべきものである。先に示した伊邪那岐命《いざなきのみこと》の慟哭と同様に、死者を悼む気持ちであり、また、伊邪那岐命《いざなきのみこと》が伊邪《いざ》那美命《なみのみこと》に会うために黄泉国《よみのくに》を訪れたのと同様に、死者である肉親に再会したい気持ちの強い表われである。特に、須佐之男命《すさのおのみこと》は、生まれた時点から母がいない訳で、母を求める強い気持ちが、「哭《な》き伊佐知流《いさちる》」（泣《な》き喚《わめ》く）姿として描かれていると読むべきであろう。

ところで、須佐之男命《すさのおのみこと》にとって、「亡《な》き母《はは》」とは誰なのか。常識的には、伊邪那美命《いざなみのみこと》であろう。

ところが、『古事記』では、そのことは明記していない。そもそも須佐之男命の誕生は伊邪那岐命《いざなきのみこと》が日向《ひむか》の橘《たちばな》の小門《おど》で禊《みそ》ぎをした時、「伊邪那伎大神《いざなきのおほかみ》、……次《つぎ》に御鼻《みはな》を洗《あら》ひたまふ時《とき》に、成《な》れる神《かみ》の名《な》は、建速須佐之男命《たけはやすさのをのみこと》」とあるように、伊邪那岐命の鼻から単独で生まれており、伊邪那美命を母とはしていない。もう既に、この時点で伊邪那美命は冥界に居る訳だから母にはなれない状態にある。これは、実に不可解なことであろう。

　普通、この説明としては、既に伊邪那美命は亡くなっているが、伊邪那岐命と夫婦関係にあったことは確かだから、伊邪那岐命のみから誕生しても、形式的には母は伊邪那美命になるのだとされる。しかし、これは、実に苦しい説明でないか。よくよく考えれば、伊邪那美命が須佐之男命の母であることは奇怪《おか》しいのである。少なくとも、『古事記』の文脈からは、そうした読みは不可能である。『古事記』の文脈に沿えば、須佐之男命には、父はいても母はいないのである。それに仮に、伊邪那美命が母だとしても、伊邪那美命がいるのは黄泉国《よみのくに》であって、根堅州国《ねのかたすくに》ではない。だから、その点でも、「妣《はは》の国根《くにね》の堅州国《かたすくに》」という表現は、それ以前の『古事記』の本文とは齟齬《そご》があることになる。それでは、須佐之男命の母を伊邪那美命とした本文はないのか。実は、『日本書紀』は、素戔嗚尊《すさのおのみこと》の母を伊奘冉尊《いざなみのみこと》と明記しているのである。書紀正文《せいぶん》には、次のようにある。

既《すで》にして伊奘諾尊《いざなきのみこと》・伊奘冉尊《いざなみのみこと》、共《とも》に議《はか》りて曰《のたま》はく、「吾已《われすで》に大八洲国《おほやしまぐに》及《およ》び山川草木《やまかはくさき》を生《う》めり。……次《つぎ》に何《いか》にぞ天下《あめのした》の主 者《きみたるもの》を生《う》まざらむ」とのたまふ。是《ここ》に、共《とも》に日《ひ》の神《かみ》を生《う》みまつります。……次《つぎ》に月《つき》の神《かみ》を生《う》みまつります。……次《つぎ》に蛭子《ひるこ》を生《う》む。……次《つぎ》に素戔嗚尊《すさのをのみこと》を生《う》みまつります。（一書《あるふみ》に云《い》はく、神素戔嗚尊《かむすさのをのみこと》、速素戔嗚尊《はやすさのをのみこと》といふ。）此《こ》の神《かみ》、勇悍《いさみたけ》くして安忍《いぶり》なること有《あ》り。且常《またつね》に哭《な》き泣《いさ》つるを以《も》て行《わざ》とす。故《かれ》、国内《くにのうち》の人民《ひとくさ》をして、多《さは》に以《もち》て夭 折《あからさまにし》なしむ。復使《また》、青山《あをやま》を枯《からやま》に変《な》す。故《かれ》、其《そ》の父母《かぞいろは》の二《ふたはしら》の神《かみ》、素戔嗚尊《すさのをのみこと》に勅《ことよさ》したまはく、「汝《いまし》、甚《はなは》だ無道《あづきな》し。以《もち》て宇宙《あめのした》に君臨《きみ》たるべからず。固《まこと》に当《まさ》に遠《とほ》く根国《ねのくに》に適《い》ね」とのたまひて、遂《つひ》に逐《やら》ひき。（そうこうしているうちに、伊奘諾尊《いざなきのみこと》・伊奘冉尊《いざなみのみこと》が一緒に相談して、「我々は、已《すで》に大八洲国《おおやしまぐに》と山川草木《やまかわくさき》を生《う》んだ。どうして天下の主である者を生まないでいられようか」と仰られた。そこで一緒に日の神をお生みになられた。……次《つぎ》に月《つき》の神《かみ》をお生みになられた。……次《つぎ》に蛭子《ひるこ》を生《う》んだ。……次《つぎ》に素戔嗚尊《すさのおのみこと》をお生《う》みなられた。（一書《あるふみ》に云《い》うことには、神素戔嗚尊《かむすさのおのみこと》、速素戔嗚尊《はやすさのおのみこと》と言う。）此の神は勇ましく強く残忍な面があった。また、いつも大声で哭くことを任務としていた、それ故、国内の人民を多く早死させ、また青々と木の繁った山を枯山に変えてしまった。そこで、其の父母の二柱の神は、素戔嗚尊《すさのおのみこと》にご命令なさって、「お前は、全くもって乱暴者だ。それで、この天下に君臨してはならない。間違いなく、遠い根国に行ってしまいなさい」とおっしゃり、遂に追放なされた。）

ここでは、「其の父母《かぞいろは》の二《ふたはしら》の神」と明記され、伊奘冉尊《いざなみのみこと》が素戔嗚尊《すさのおのみこと》の母とされている。つまり、日本の神話の伝承としては、伊奘冉尊《いざなみのみこと》が素戔嗚尊《すさのおのみこと》を生み、両者は親子関係にあるとするものが実在したのである。

今、このことを『古事記』の描写と突き合わせて見ると、次のことが言えよう。つまり、『古事記』で、須佐之男命《すさのおのみこと》が「妣《はは》の国根《くにね》の堅州国《かたすくに》に罷《まか》らむと欲《おも》ふ。故《かれ》、哭《な》くなり」と言っているのは、伊邪那岐命の禊《みそ》ぎで伊邪那岐命の御鼻から誕生する場面と呼応しているのではなく、本来、『日本書紀』の正文の如き、伊奘諾尊《いざなきのみこと》と伊奘冉尊《いざなみのみこと》の結婚によって、素戔嗚尊《すさのおのみこと》が誕生する場面を有する本文と対応していると判断すべきであろう。但し、正確に言えば、『日本書紀』正文でも、後半、生者としての伊奘諾尊・伊奘冉尊二神が素戔嗚尊を根国に追放しており、その時点では、伊奘冉尊が死んで根国《ねのくに》（根堅州国に相当）にいる訳ではないから、その点は呼応しない。

では、何故、現在の如き、矛盾した本文になっているかと言えば、神田秀夫氏が指摘されたように、「現在、古事記は、上巻において、三世紀以前の弥生式文化時代に発生した神話を、その後の古墳文化による潤色を加へながら物語る。その、つちかはれて深々と張つた根の上に、中・下巻の、帝室の系譜という幹が立つてゐる。その幹から伸び上り生ひ繁つてゐる枝や葉が、本系・傍系の長短さまざまな伝説である。その枝の先に、葉がくれに、開いてゐる花花は、言はずと知れた、歌謡である。この、なかなかよくできてゐる、一本の樹のやうなまとまりは、しかし、太ノ安万侶が糊と鋏と朱筆とを遠慮なく使つて組み立てた結果であつて、日本の帝室の系譜と、神話・伝説・歌謡とが、はじめからこのやうな形で伝へられて来てゐたのでないことは明瞭であると思ふ」と言えるからであろう。[1]

『古事記』が本文・内容の繋がりで矛盾を抱えているのは、これのみではない。

例えば、速須佐之男命《はやすさのおのみこと》が高天原《たかまがはら》から追放されて出雲国に降臨する途中、大気津比売《おおげつひめ》（大宜津比売《おおげつひめ》）の許に立ち寄り、食物を乞う場面があるが、この部分は、「また、食物《をしもの》を大気津比売神《おほげつひめのかみ》に乞《こ》ひき」（また、須佐之男命《すさのおのみこと》は、空腹で困ったので、食べ物を穀物の神大気津比売《おおげつひめ》に乞《こ》われた）で始まっており、その直前の「速須佐之男命《はやすさのをのみこと》に……鬚《ひげ》と手足《てあし》の爪《つめ》とを切《き》り、祓《はら》へしめて、神《かむ》やらひやらひき」（速須佐之男命《はやすさのおのみこと》に対《たい》して、……髭《ひげ》と手足《てあし》の爪《つめ》を切《き》って、罪《つみ》の祓《はら》えをさせて、神々の総意として、徹底的な追放をした）との繋がりが極めて悪い。どう考えても直接は接続しない。そこには、無理やり挿入したための破綻があると見た方が理解しやすい。「神やらひやらひき」に直接接続するのは、次の八俣大蛇《やまたのおろち》退治譚の冒頭「故《かれ》、避追《やら》はえて」（こうして、須佐之男命は、高天《たかま》の原《はら》から追放されて）であろう。つまり、高天原からの追放の後に、すぐ続いて八俣大蛇退治譚に繋がっていたものが、太《おおの》安万侶《やすまろ》の手によって、間に大宜津比売《おおげつひめ》の五穀起源譚が挿入されたと理解すべきでないか。

つまり、次の図のようになる。

当初の神話形態

須佐之男命の追放 八俣大蛇退治

⇩

神話の分割

須佐之男命の追放
八俣大蛇退治

⇩

大気津比売神話の挿入

須佐之男命の追放
大気津比売神話
八俣大蛇退治

また、八俣大蛇譚の後で、速須佐之男命と櫛名田比売《くしなだひめ》の神裔《しんえい》の系譜が語られて、大国主神《おおくにぬしのかみ》が出て来た後、系図は一端切れて、稲羽《いなば》の素兎《しろうさぎ》や八十神《やそがみ》の迫害、根国訪問譚、さらには沼河比売《ぬなかわひめ》求婚、

須勢理毘売《すせりびめ》の嫉妬と続き、その後に大国主神の神裔の系譜が再び語られる。これは、明らかに、速須佐之男命以下の系譜が一端二つに切り離され、間に大国主神の物語が挿入されたと見なすべきであろう。その証拠に、大国主神の神裔の系譜の最後には、纏めとして、「右《みぎ》の件《くだり》の八島士奴美神以《やしまじぬみのかみより》下《しも》、遠津山岬帯神《とほつやまさきたらしのかみ》以前《よりさき》を、十七世《とをまりななよ》の神《かみ》と称《まを》す」（右《みぎ》の件《くだり》の八島士奴美神《やしまじぬみのかみ》以下、遠津山岬帯神《とほつやまさきたらしのかみ》以前を、十七代《とをまりななよ》の神《かみ》と申し上げる）とあることが挙げられよう。何故なら、八島士奴美神《やしまじぬみのかみ》は、稲羽《いなば》の素《しろ》兎《うさぎ》から須勢理毘売《すせりびめ》の嫉妬に至る一連の物語の前の系譜に出てくる神であって、「右《みぎ》の件《くだり》の八島士奴《やしまじぬ》美神以下《みのかみよりしも》」の説明で、八島士奴美神の名前が該当の系統譜にはなく、多くの物語を飛び越えた遙か以前の系譜に懸かっていることが明白だからである。

　さらに天若日子の段では、天若日子が最初に神から拝領した弓は「天之麻迦古弓《あめのまかこゆみ》」、矢は「天之《あめの》波波矢《ははや》」であったが、すぐ後で、天佐具売《あめのさぐめ》の意見に従い鳴女《なきめ》を射た弓は「天之波士弓《あめのはじゆみ》」、矢は「天《あめ》之加久矢《のかくや》」と名を変えている。これは既に指摘されているように、この前後で資料を異にしたとしか判断のしようがあるまい。それは、この場面で、高御産巣日神《たかみむすびのかみ》が急に高木神《たかぎのかみ》と名を変えることに対応していよう。一貫した話のようだが、太安万侶は多くの原資料の中から、適当と思うものを適宜選択し、パッチワークのように継《つ》ぎ接《は》ぎの書物を作ったのである。全体としては、そのパッチワークの完成度が高いので、『古事記』という製品に他の国の神話にはなかなか見いだせない一貫性を感じるが、よく見れば、糸の綻《ほころ》びや裂地の不揃いも少なからず見いだせるのである。

一方、『日本書紀』の方はどうであろうか。『日本書紀』で神話を扱った部分は、巻一・二の神代上・神代下と称される二巻である。神代巻は十一の段に分かれ、それぞれ、正文《せいぶん》と一書《いっしょ》で成り立っている。正文は本文《ほんぶん》とも言われ、『日本書紀』の編者が正当な伝承と考えた中心となる神話であると言われる。一方、一書は、正文に該当する場面での異伝を伝えたもので、通常、正文より低く扱われている。『日本書紀』の正文や一書は、相互が、また、『古事記』に対して、微妙に内容を異にした神話を伝えている。それ故、古くから、それらの比較考察が行われてきたのである。そこで、『日本書紀』の正文と一書、及び『古事記』との関係を段ごとに示すと次のようになる。

『日本書紀』神代上		**『古事記』**
第一段	天地開闢と三柱の神	
正文	遊魚	天地初発　高天原 天御中主神・高御産巣日神・神産巣日神 浮きし脂・久羅下那州
第一	虚中より神出現	
第二	浮かべる油	
第三	天地混成時に神人	
第四	天御中主尊	
第五	浮かべる雲	
◎第二・第四が『古事記』に近い。		

第二段　四対偶の八神誕生		
正文	伊奘諾・伊奘冉二神迄系譜	五柱の別天つ神
第一	正文の注記	神代七世――国之常立より宇比地邇等を経て岐美二神までの系譜
第二	天鏡尊・沫蕩尊	
第三段　神世七代		
正文	神世七代注記	五対偶十神誕生
第一	四対偶の別伝	神代七世の注記
第四段　聖婚と大八洲国誕生		天の沼矛・淤能碁呂島・天の御柱・水蛭子・葦船・巡り直し　大八洲国としての淡路・伊予二名・隠伎・筑紫・伊伎・津島・佐度・豊秋津島とその他の吉備・小豆・大島・女島・知訶・両児の島
正文	戈・国の柱・巡り直し・越・大島・吉備	
第一	戈・天柱・蛭児・葦船・巡り直し・越・吉備	
第二	戈・天霧・磤馭慮島	
第三	戈・磤馭慮島	
第四	戈・浮かべる膏・磤馭慮島	
第五	巡り直し・鶺鴒	
第六	淡路洲と淡洲を胞・越・大洲・子洲	
第七	淡路・秋津洲・伊予・億岐・筑紫・壱岐・対馬	
第八	磤馭慮島を胞・吉備子洲・越	
第九	淡路洲を胞・淡洲・吉備子洲・大洲	
第十	先に陰神の唱え・淡路洲・蛭児	

◎一書第七が『古事記』に近い。		
第五段　三貴子の誕生		
正文	伊奘諾・伊奘冉二神が日月素神出産	神々の生成 伊邪那美命の火神出産と死 伊邪那岐命の黄泉国訪問と逃走 伊邪那岐命の禊祓と三貴子誕生
第一	伊奘諾の鏡から日月素神成る	
第二	伊奘諾・伊奘冉が素神蛭児火神出産	
第三	伊奘冉が火神で死・天吉葛	
第四	伊奘冉が火神出産で苦しむ	
第五	伊奘冉が火神で死・熊野に葬	
第六	ほぼ『古事記』に同じ	
第七	伊奘諾が火神斬殺・訓注	
第八	伊奘諾が火神斬殺・山祇・注	
第九	伊奘諾が黄泉国訪問と逃走	
第十	伊奘諾が黄泉国訪問と禊ぎ	
第十一	月神が保身神斬殺・種	
第六段　素神と天照の誓約		
正文	素神三女・天照五男帰属・素負け	須神三女神
第一	素神三女・天照五男帰属・素勝ち	天照に五男帰属
第二	素神三女・天照五男帰属・素勝ち	須勝ち

第三	素神三女・天照六男帰属・素勝ち	
◎正文が『古事記』に最も近い。		
第七段　天の磐屋戸		
正文	『古事記』の天の岩屋戸神話に類似	須神の乱暴と天照の石屋戸籠り・思金神の智慧・常世の長鳴鳥・八咫鏡　天宇受売命の神懸かり・天照大神再出現・須佐之男命の追放
第一	稚日女の死・天照の象の作成まで	
第二	天児屋命の神祝・鏡の瑕	
第三	天児屋命の神祝・素神追放と誓約	
第八段　八岐大蛇退治　大己貴神・少彦名神・大物主神と国作り		
正文	『古事記』の八俣大蛇退治にほぼ同じ	須神の八俣大蛇退治・須神の神裔・稲羽の素兎・八十神の迫害・根国訪問・八千矛神の求婚譚・大国主神の神裔・大国主神と少名毘古那神の国作り・大年神の神裔
第一	素戔嗚尊降臨し奇稲田媛と結婚	
第二	安芸の国・退治後に奇稲田媛出産	
第三	奇稲田媛との結婚のため大蛇退治	
第四	素神新羅経由で大蛇退治・五十猛	
第五	素神・五十猛の木種分布と紀伊国	
第六	大己貴・少彦名・大物主と国作り	
◎『古事記』の稲羽の素兎・八十神の迫害・根国訪問・八千矛神の求婚譚に該当する記事は『日本書紀』にはない		

第九段	葦原中国平定・国譲り・天孫降臨・鹿葦津姫の火中出産・瓊瓊杵尊の崩御	天菩比神・天若日子・鳴女・天佐具売　阿遅志貴高日子根神・建御雷之男神・大国主神の国譲り・番能邇邇藝命・猨田毘古神・天宇受売命・天孫降臨・火中出産
正文	『古事記』の記述と類似	
第一	『古事記』にほぼ同じ・猨田彦と鈿女	
第二	甕星・国譲り・巡行・降臨・結婚	
第三	火中出産・竹刀・竹林	
第四	天孫降臨	
第五	吾田鹿葦津姫の一夜孕みと火中出産	
第六	無名雄雉・天孫降臨・一夜孕み	
第七	高皇産霊尊から瓊瓊杵尊への系譜	
第八	忍穂耳尊から彦火火出見への系譜	
第十段	海神の宮訪問譚と葺不合尊の誕生	海佐知毘古・山佐知毘古の佐知交換・釣り針紛失・塩椎神・无間勝間の小船・綿津見宮・湯津香木・豊玉毘売命・一尋鰐・塩盈珠と塩乾珠・葺不合命・玉依毘売
正文	『古事記』とほぼ同じだが省略あり	
第一	竹林・大目麁籠・『古事記』に類似	
第二	杜樹に降臨以降『古事記』に類似	
第三	川雁の救助以外『古事記』と一番似る	
第四	一尋鰐に乗っての海神訪問・風招	
第十一段	神日本磐余彦尊の誕生（系譜）	

正文	葺不合尊から磐余彦までの系譜
第一	五瀬命から磐余彦までの系譜
第二	五瀬命から磐余彦までの系譜
第三	五瀬命から稚三毛野命までの系譜
第四	五瀬命から三毛入野命までの系譜
	葺不合命の叔母の玉依毘売命との結婚・五瀬命・稲氷命・御毛沼命・若御毛沼命即ち別名豊御毛沼命・神倭伊波礼毘古命への系譜・御毛沼は常世・稲氷は海原へ

この表から読み取れることは、次の事柄である。

一、『古事記』が「糊《のり》と鋏《はさみ》」で作られたように『日本書紀』も「糊と鋏」の産物である。つまり、正文は十一の段に切り離され、それぞれに対応する一書が切り貼りされた形が現在の『日本書紀』を形成していると言える。例えば、『万葉集』巻十七で、大伴宿禰《おおとものすくね》家持《やかもち》と池主《いけぬし》の贈答歌が、切り貼りされて巻子本《かんすぼん》の中に採り込められたと言われるように、『日本書紀』が編纂される時も、正文に対応する一書が多数並べられ、該当部分を切り貼りして、一つの段が形成された可能性は十分にあるのでないか。

二、その場合の一書とは、『古事記』の序文に出てくる「諸家《しょか》の賷《もた》る帝紀《ていき》及《およ》び本辞《ほんじ》」（多くの氏族が持っている帝紀《ていき》と本辞《ほんじ》。帝紀《ていき》は、天皇の事績を年代順に記載したもの、本辞《ほんじ》は、物語・歌謡・神話等の年代で整理されない叙述を集めたものと言われる）である可能性が高いであろう。つまり、『日本書紀』の第五段に一書が十一も出てくるように、仮りに、この一書がすべて別物であれば、『日本書紀』の編纂所にあった一書に該当する「諸家《しょか》の賫《もた》る帝紀《ていき》及《およ》び本辞《ほんじ》」は最低十一種類あったことになる。

三、しかしながら、第五段の一書が全部別物かどうか疑問も残る。というのは、第五段の一書第七の末尾に訓注があるが、これは、一書第六の語句に関する訓注であり、もともと一書第七は、一書第六の冒頭部分の別伝に過ぎなかったことが分かるからである。このように、一書の中にさらに一書が含まれる場合は、切り貼りされた原資料の中に、既に別伝が存在していたことを示そう。それ故、書物の形態として何巻あったかはなかなか難しい問題である。実態は不明だが、伝承としては、一つの神話テーマに関して膨大な異伝が存在したことは否定できない。

四、段落において一書の数に多少があるが、切り貼りを考えれば、内容・本文で繋がる一書が存在するはずである。その一書を繋げて復元できれば、原資料としての「諸家《しょか》の賫《もた》る帝紀《ていき》及《およ》び本《ほん》辞《じ》」の一書がどういう内容であったか判明するのだが、実際は、「云々」等の表現で、途中が省かれているものも多いようで、復元作業は、すこぶる困難である。少なくとも、正文以外は、出てくる一書の順番ではすぐに結合しないことは事実である。

五、『日本書紀』は正文しか意味がないような議論もあるが、筆者はそうは考えない。正文には、黄泉国訪問譚・禊ぎ等、重要な神話が存在せず、それはそれで、一つのあり方であろうが、それが、日本の神話の代表的形態であったとはとても思えないからである。むしろ、一書の中に、日本の神話を考察する場合の重要な要素が存在することが多いと考える。従って本書では、正文も一書も同等に扱う。

六、『古事記』と『日本書紀』の関係では、いわゆる出雲神話の扱いが、『古事記』に比べ、『日本書紀』が極めて軽いことが、この表から明らかで、大国主神に関する神話は、『日本書紀』では、ほとんど欠落していると言っても良いくらいの状況である。これは日本の神話について考察する場合の重要な要点である。但し本書で扱う星座や星の神話は、出雲神話とはほとんど係わらないという特徴がある。星座や星と係わるのは、国生み・高天原・日向の神話である。やはり、出雲神話は、他の神話と性格が異なるのであろう。

以上、『日本書紀』には、正文（本文）を初めとして、一書がずらりと並び、さながらデパートの観を呈する。当時、如何に多数の異伝が伝わっていたかがよく分かる。一書について言えば、正文に相当する部分が抜き出されて並列されたものであるから、該当しない部分は切り捨てられた可能性が高い。結局、『日本書紀』も、当時伝承されていた神話の極く一部が掲載されているに過ぎないと推測される。

以上のことから判断して、『古事記』や『日本書紀』に掲載されている神話は、紫式部の言（『源氏物語』螢）を借りれば、まさに「かたそばぞかし」（ほんの一部分に過ぎない）と言うことになろう。本書で日本神話と呼称するものは、そうした失われた神話を含めての日本の神話すべてである。勿論、失われた神話が直接知られる訳ではないから、あくまで、基本になるのは、『古事記』と『日本書紀』に現存する日本の神話である。『風土記』『万葉集』『懐風藻』等の記述も神話に関わるものは適宜利用して、以下、日本神話の中に星辰の記述を探ってみたい。そのことによって、日本神話の意味が改めて問いなおされることになろう。

　筆者が今考えているのは、中心のシンボリズムと聖なる空間という概念である。これは別に目新しいものではないが、やはり、これで説明するのが分かりやすいと思う。

　日本の神話において、中心となるべき場所は幾つか存在する。一つは、生成の場としての中心であって、最も典型的なのは、淤能碁呂島《おのごろしま》（磤馭慮島《おのごろしま》）である。伊邪那岐命・伊邪那美命の二神は、淤能碁呂島に降り立って国生みを行う。そこは、世界の中心を表わす天柱《あめのみはしら》が聳え、八尋殿《やひろどの》に象徴される世界の中心が存在する場所であった。そこは、世界の中心であるからこそ、聖なる空間であったと言える。勿論、世界と言っても、それは、神話上の世界観における世界であって、現実の世界とそのまま対応している訳ではない。具体的に言えば、神話に出てくる世界は、基本的には、日本の範囲の中だけでの世界であって、中国や朝鮮の存在は知っていても、そのことには、ほとんど無関心である。というより、日本の範囲内で完結した世界で、そこが地上の世界のすべてである。現実の世界史的な地理観念とは全くの別物で、神話という限定された世界での全世界が日本の範疇なのである。どこの国の神話も、その点では同じである。もう一つは、都が中心のシンボリズムを持つ。これも、あらゆる神話で共通する点である。しかしながら、日本の場合は、これらとは別の聖地を持つ。それは日向（ひむか）という土地である。

先ず、禊祓《みそぎはらえ》がこの地で行われ、至高神天照大御神《あまてらすおおみかみ》が誕生する。次に天孫降臨も、この地に対して行われる。火遠理命《ほおりのみこと》が綿津見宮《わたつみのみや》に出発するのも、この地である。さらに、初代天皇となる神武天皇が中心のシンボリズムの土地大和に出発するのも、この日向である。

何故、この日向の地が聖地になるのか。これを歴史的事実と結び付ける考えは、筆者は採らない。あくまで神話の宇宙論に基づく聖地であると考えるからである。

日向は、東（ひむかし）の語幹の「ひむか」から来た言葉で、日が出る方向を正面と見て、日に向かう方向であるところから、「日《ひ》-向《む》か」という語が生まれたとされる。[2] また、東は、朝の方向でもあって、一日が始まる方向、また、万物が芽生える方向ともされた。太陽が東の地平線や水平線から昇って来て、暗い夜の闇から解放されることへの喜びが、東の方向には伴っている。陰陽道に見られるように、季節で言えば、春がやって来る方向でもあった。春は生命の芽生えの季節であり、日の長くなる、つまり、長くて寒い冬や、死んだようになっていた植物が息を吹き返し、動物も冬眠から寝覚めて活動を始める季節である。つまり、復活や生成の季節と言える。故に、「ひむか」という言葉自体にそういう意味合いが込められていると言える。キリスト教のイースターが復活祭の呼称であるのも、ギリシア語の光と暁の女神から来ているのであり、それは、英語のイーストの語源で、まさに、「東」を意味する点で、「日向」と共通する。「日向」は、そうした意味で、復活生成と深く結びついた日本の神話上の聖地だったのである。特に、「日向」には、「東」の意味が濃厚に認められるが、これは太陽神が復活生成し、一日の行路に出発する空間として、最も適当な名称を持つ場所なのである。上述のように、天孫降臨神話が日向を舞台として行われるのも、火遠理命が綿津見宮に出発するのも、はたまた、神武天皇が大和に向かって発進するのも、皆日向《ひむか》からであるのは、太陽神の性格を持つ神や天皇が、太陽の子孫として、太陽的性格を持ち、太陽が朝、東から出て移動して行くように、東を意味する「日向《ひむか》」に出現したり、出発したりすることを意味するのであろう。この点については、第八章で、詳述したい。

【注】

（1）神田秀夫『古事記の構造』（明治書院、昭和三四年五月）。

（2）大野晋『日本語をさかのぼる』（岩波新書、一九七四年十一月）。

第二章　星座とは何か・なぜ日本神話に星座があるのか
――日本神話の成立に星辰神話が不可欠であった

一、星座の発生

星座は、星、それも、ほとんどすべての場合、恒星の並び方・配置から、身近な形を想像したものである。勿論、星の見かけ上の大きさや色彩も、大きな要素で、星座になる星は三等星以上のものが多いようである。しかし、一番大きな要素は、星の配列である。これは、地球から見た星の分布が一様でないために、星と星の間隔が様々で、星と星の見かけ上の位置が近いと一つの繋がった線に見えることから生じる生理的現象に基づくものである。

例えば、図1を見てもらいたい。白い紙の上に黒い点が散らばっているだけである。しかし、よく見ると、その点の間隔は広いところと狭いところがあり、点の集まりにばらつきがあって、近い点同士は、一つの纏まりとして捉えて、その点と点を繋げたく思うのでなかろうか。実際、自由な形を書き込んで貰えれば良いが、筆者が今までに行った調査（実際の天空上のオリオン座を見て、連想する動物を図1に描いてもらう調査）では、S字型やX字型や＊型、砂時計やリボン型の動物を連想する人が多かった。即ち、蛇・亀・アメンボ・ムササビ・蝶々等である。事実、中国では、オリオン座を白虎や大亀と言った四肢を広げた形（即ち、＊型）に見立てたし、日本の方言でオリオン座を鼓星《つづみぼし》と呼ぶのも、リボン型の蝶々と似た見方である。

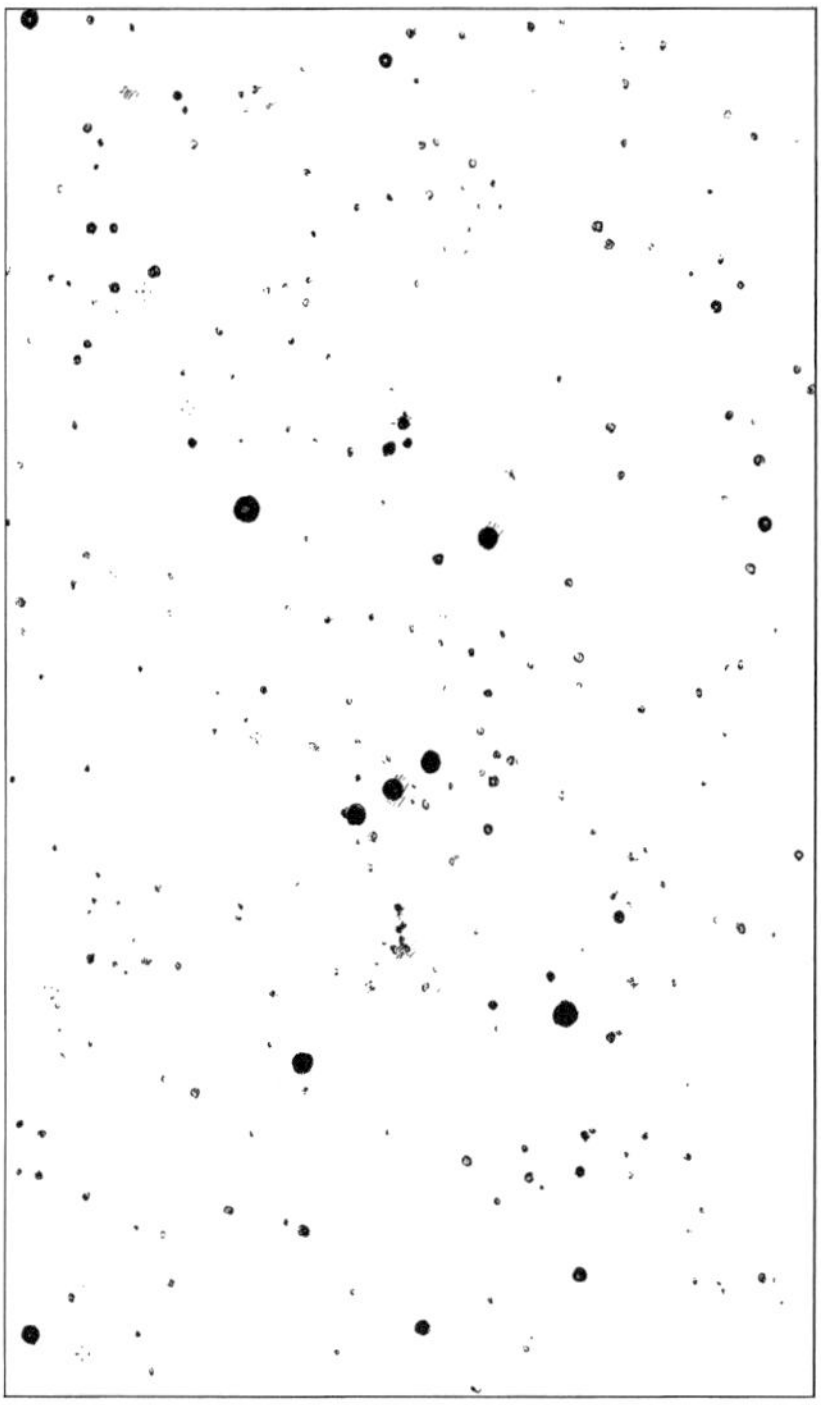

図1

物理的・生理的刺激は、民族を問わず変わらないので、当然、星の結び方は、かなり似通ったものになる。それ故、地理的に全く影響関係があり得ないほど離れた民族の間にあっても、類似した形を連想することはよくあることである。ただ同じ形を連想しても、単に○とか△と言った捉え方は少なく、身近な動物・器物・神々を連想することが多い。例えば、S字型に並んだ星の配列から、砂漠地帯に住む遊牧民は身近な害虫のサソリを連想したが、太平洋の熱帯の島々に住む漁民は職業として必須な身近な釣り針を連想したと言った違いがある。S字型の物理的・生理的刺激は同じでも、その民族にとって、より身近なS字型をした動物や器物を連想する訳である。これは、星座の発生の最も基本的なパターンである。

日本の場合も、野尻抱影氏・内田武志氏・桑原昭二氏・北尾浩一氏等によって収集されてきた日本の星の方言で星座の形を持つものは、昴《すばる》の羽子板星や、カシオペアの蝶子星等、みな、この考えで説明できる。

その中で神々を星座で描くことはどのように始まったのであろうか。これも基本的には動物や器物の星座と同じ過程を経て成立したと見なすべきであろう。神々の星座というとギリシア神話が有名で、ギリシアしかそういった星座がないと思っている人もいるが、実際はそうではなく、世界中に普遍的に存在するものである。神はどこの民族、どの宗教でも、人間と同様な形を持つものとして把握されてきた。従って、人間と同様な手や足、頭と言った形を連想させる並び方を持つ星座は神の姿をした星座と成りうるのである。

二、星座が先か、神話が先か

神々の星座の場合、星座が先にあって神が生まれたのか、それとも、神話が先にあってその神に相応しい星座が選ばれたのか、これは大きな問題である。結論から言えば、星座が先にあって、神が生まれたと考えるのが自然である。

例えば、太陽と太陽神の関係から理解するのが分かりやすい。日本の天照大御神、エジプトのラー、ギリシアのアポロン等、太陽神は、世界中に数多く存在する。その場合、太陽と太陽の神がどちらが先に存在したかは、言うまでもないであろう。毎朝、東の地平線（水平線）から現れて夜の暗闇の恐怖から人々を救い、また光によって、万物がよく見えるように照らしてくれて、さらに、その温かい光線によって寒さから生き物を救い、植物の成長を促し、穀物を実らせ、飢えから解放してくれる太陽という存在が、その有り難さ故に、神として、祭られるようになったのは余りにも自然な成り行きであろう。つまり、太陽が先にあって、あとから、太陽神が生まれたことは否定できない。同様に、星座の場合も、人々に季節・時間・方位を知らせ、穀物の播種や収穫、漁撈の時期や時刻、航海に於ける方位を教えてくれる大切な指標であった。その有り難さが、太陽の場合と同様に、神として祭られる大きな理由であったと思われる。例えば、天の北極近くにあって、ほとんど動かずに、常に北の方向を教えてくれる北極星や、天の赤道上にあり、東と西の方向を正確に教えてくれるオリオン座の三星等はその星のお陰で安全な航海ができるので、航海神となる条件を備えていると言える。

黄道十二宮の一つである天秤《てんびん》座が、二千年前は、ここに秋分点があり、昼夜の長さが等しいことと天秤の釣り合いのイメージが重なって、天秤座という星座が設けられたと言われていることも、先に、天文現象があって、そこから星座が作られたという過程をよく示すものであろう。実際、本書で述べる星座は、先に、星座が存在して、後から神が生まれたという理解で、基本的に問題なく説明できると考える。そうして作られた星座や神々が、後に政治的に利用されるのは、また、全く別の問題である。

三、星座の歴史と神話

天文書を繙けば、星座を初めて持ったのは現在のイラクの地に紀元前三千年頃住んでいたカルデア人であると、どの本にも記してある。(1) 実際、記録上は、確かにそうであろう。彼らは、遊牧民として、夜も羊の番をし、星を「天の羊」、惑星を「年寄りの羊」と呼び黄道を十二の星座に分け、星占いをしたと言う。カルデア人を征服したバビロニア人は、カルデア人の天文知識を取り入れ、日食・月食・彗星、惑星の出入りで占いを行い、黄道上の十二星座を惑星の予言を手伝う神々とみなした。黄道以外の星座と星を含めた全体数は二百にも及ぶという。占いの内容には、農作業の時期や洪水の終息期等が当然含まれていた。このカルデア・バビロニアの星座が、フェニキア・ヘブライ・エジプト・ギリシアに伝わり、ローマ時代にアレキサンドリアの学者プトレマイオスによって四十八星座に纏《まと》められた。但し、エジプトの星座については、黄道十二宮がバビロニアの影響下にあるものの、他の多くはエジプト独自のもので、時代的にはバビロニアより古いと主張する学者もいるようである。筆者は、エジプトの星座の独自性は認めるが、古さは、カルデア・バビロニアに一歩譲ると見るべきだと考える。

一方、この星座の見方は、アラビアに伝播し、航海での利用等により、さらに発展した。星名にアラビア語が多いのは、そのためである。

また、インドでは、古くから二十八宿（二十七宿）の星宿が存在し、そこにギリシアからの天文知識が伝わり、独自の発展を遂げたとされる。また、諸説あるが、この二十八宿の観念が中国に伝わり、中国の二十八宿となったとされる（中国からインドに伝播したという説もある）。中国では、後世、西洋の天文学が入る前から独自の星座観念が発達し、特に、『史記』天官書は、二十八宿と七十余りの星座を全天に散りばめたもので、それも、朝廷の組織を天上に移し替えたものである点、ユニークである。さらに、西暦三世紀の陳卓《ちんたく》は二八三官（星座）一四六四星の星図を作り、六〇〇年頃には、丹元子《たんげんし》が星座を読み込んだ韻文「歩天歌」を作った。「歩天歌」では、全天の星が、北極付近は「紫微垣《しびえん》」「太微垣《たいびえん》」「天市垣《てんしえん》」の三垣《えん》に、残りは二十八宿に分属された。朝鮮の星座も中国の影響下にあり、ほぼ同じとされる。

さて、日本の星座であるが、これは、中国や朝鮮から伝来したものと、日本独自のものの両方があったと考える。伝来したものは、高松塚古墳やキトラ古墳の石室天井に残る星図に見られるもので、その星座の形・配列は中国・朝鮮と明らかに関係する。例えば、畢星《ひっせい》は、通常八星とされるが、キトラ古墳では附耳《ふじ》を含めて九星としており、「歩天歌」の九星（附耳《ふじ》を含む）に近い。

日本独自のものとは、中国や朝鮮から伝来する以前から行われていた星座で、神話と深く関わるものである。その発生を言えば、他の国の神話と同様に、航海や農業・漁業の指標として、特定の星座が利用されたことが起こりで、航海の安全や種まきや刈り取り、網入れの時期や時刻を教えてくれて、豊作や豊漁をもたらしてくれる星座が尊い神として祭られたのが、始まりと考える。その後、各氏族の神話が再編されるにあたり、日本の神話の骨格部分として、『古事記』『日本書紀』の中に取り込まれたものであろう。何故、骨格部分かと言えば、日本の神話は、皇祖神天照大御神を至上神とするので、その天照大御神が太陽神である点がその根本的理由である。天上世界から太陽神が地上に子孫を降臨させて支配者とするのが、日本神話のテーマであるから、太陽神の血筋を引いた神の地上への降臨という場合に、天上世界からの出入口、また、地上への引率等において、他の天体との関わりが、どうしても必要になってくるのである。天《あめ》の石屋戸《いわやと》神話や天孫降臨神話等がその大きな舞台である。これは、他の国の神話においても、太陽神の行動は、黄道上の星座と深く関わっている点を想起すれば納得できることであろう。例えばギリシア神話で、太陽神アポロンの子パエトンが父の太陽の車を借りて天上世界を走らせた時、蠍座《さそりざ》等の黄道上の星座に次々と出逢う場面を思い起こせば良い。つまり、太陽神天照大御神の神話の成立には、星座の神々の神話、即ち、星辰神話が不可欠であったのである。従って、『古事記』や『日本書紀』を繙《ひもと》けば、星座の神話、星の神の記述と推測されるものが、少なからず見いだされるのは怪しむに足りない。以下、日本の神話に描かれた星座の神話を紹介し、星座を通して、日本神話を解釈してみたい。

【注】

（１）以下の星座についての記述は、主に次の資料を参考にした。
新天文学講座１『星座』（野尻抱影、恒星社厚生閣、昭和三十九年二月）・『星の神話・伝説集成』（野尻抱影、恒星社厚生閣、昭和三十年一月）・『日本星名辞典』（野尻抱影、東京堂出版、昭和四十八年十一月）・『星座の文化史』（原恵、玉川大学出版部、一九八二年七月）・『星座の神話――星座史と星名の意味』（原恵、恒星社厚生閣、昭和五十二年三月）・『星座とその伝説』（恒星社厚生閣、山本一清、昭和四三年六月）・『中国の星座の歴史』（大崎正次、雄山閣出版、昭和六十二年五月）。

第三章　なぜ星座で神話が読み解けるのか

――古代と変わらぬ星空が天上に残っている

一、想像力による日本神話の復元

現在、『古事記』を一つのテクストとして、そこに描かれた世界をそのままに読み取ろうとする研究が盛んである。『古事記』の抱える矛盾や齟齬は一先ず棚上げして、太安万侶の作った作品として、完結した世界として読み取ろうとするあり方である。一つの方法として、正当なものであろう。しかし、『古事記』が、「糊と鋏と朱筆」で作られた作品であれば、それをもう一度、糊で付けられた以前の姿に分解して、考察することは可能なはずである。そして、その作業は、現に行われてきたし、行われている。『古事記』序文にあるように、

朕《われ》聞《き》く、諸家《しょか》の賫《もた》る帝紀《ていき》及《およ》び本辞《ほんじ》、既《すで》に正実《せいじつ》に違《たが》ひ、多《おほ》く虚偽《きよぎ》を加《くは》ふと。……故惟《かれこ》れ、帝紀《ていき》を撰録《せんろく》し、旧辞《きうじ》を討覈《とうかく》して、偽《いつはり》を削《けづ》り実《まこと》を定《さだ》めて、後葉《のちのよ》に流《つた》へむと欲《おも》ふ。（私が聞くところによ

れば、多くの家々が持ち伝えている帝紀及び本辞は、既に真実と食い違い、多くの偽りを加えているそうだ。……それ故、帝紀を選び記録し、旧辞を調べて正し、虚偽を削除し、真実を確定し、後世に伝えようと思う。）

と、天武天皇が発言した点からは、当時、帝紀と本辞（旧辞）が、各氏族に別個に伝来していたことは否定できない。帝紀にも諸説あるが、帝王の事績を紀伝体で記録したもの、本辞（先代旧辞とも言う）は、紀伝体ではない、物語・神話・歌謡等の部分を指すと考えて、ほぼ間違いあるまい。当面の対象である神話は、この本辞の部分に含まれていたのであり、「諸家」によって、様々な内容の神話が伝承されていたことは明白である。現に、『日本書紀』の「正文《せいぶん》」と「一書《いっしょ》」は、そうした伝承がバラエティに富んでいたことを如実に示している。『古事記』について言えば、「諸家」の持っていた「本辞」を、辻褄が合うように、「糊《のり》と鋏《はさみ》」で切り貼りして成立したことは疑い得ない。それ故、全体としては、神田秀夫氏が「なかなかよくできてゐる、一本の樹のやうなまとまり」と言われた[1]ように『古事記』は、太安万侶の文章能力によって、極めて筋の整った一貫した神話として体系づけられている。しかし、上述のように、明らかな齟齬も決して少なくない。よって、その齟齬の意味を検討する必要がある。

　また、第一章で述べた如く、日本神話では現存している神話よりも、失われた神話の方が、恐らく遥かに多いと推測される。『古事記』や『日本書紀』は、ほんの一部の神話を遺存しているに過ぎない。そう解釈しないと理解できないことがあまりにも多いのである。勿論、ないものを勝手に作ることなど出来ないし、してはならない。しかし、後世の文学作品の伝本校合でこうした本文や内容があったはずだという推測と同じレベルで、神話の全体像を推測することは、研究の方法論的にも間違っていないと思う。その意味では、神話の考察は、考古学に於ける土器の復元作業や、古生物学に於ける化石の復元作業と似ている面がある。どちらも、残された断片を手掛かりにして、他の土器や生物の骨格等と比較して、全体像を復元する訳である。本書で行う古代日本人の宇宙観の復元は、まさにそうした断片から全体像を組み立てる作業である。他の土器や骨格に相当するのが、『古事記』『日本書紀』以外の文献や、あるいは、外国の神話や伝説に於ける宇宙観である。もし、この作業を否定するのなら、土器の復元や化石の復元も同様に否定されることになってしまおう。

これは、勿論想像力を働かせなければならない作業である。こうした方法を邪道と思う方もおられるだろうが、想像力は学問の原点であることを疑わない。それに、古代の文学を研究すればするほど、如何に古代人が豊かな想像力を持っていたかに驚かされる。古代の文学、特に神話を研究するには、古代人に匹敵するだけの想像力を持つことが不可欠であると痛感する。五十万年前の日本に住んだ原人が既に家屋を持ち、五千年前には、五階建てに匹敵する高層建築を建てていたことが判明した現在、古代人が現代人より劣っているという先入観は捨て去らなければならない。

二、神話解釈における天文知識の必要性

勿論、専門は国語国文学であるから、言葉の面での神話の解釈はつとめて厳密に行いたい。土台が不安定では良い建物は建てられないからである。その上で、神話学・宗教学・民俗学・歴史学等の隣接諸科学の成果は、出来る限り取り入れたい。また、本書の特徴は天文学的な知識を最大限に活用した点にある。天文学の専門家ではないので、天文学という言葉を使うのは躊躇されるので、敢えて、天文学的と表現させてもらった。

さらに言えば、文学や天文学と言った学問の内容は、古代にも、文章道《もんじょうどう》と文章博士《もんじょうはかせ》、陰陽道《おんみょうどう》と天文博士《てんもんはかせ》と言った言葉で区別はあったが、こと神話に関して言えば、それを生み出した人々には、そうした区別はなかった。だから、逆に言えば、そうした原点に帰った時、神話の研究では、文学にも、天文にも、どちらのことにも目を向けないと行けなくなるに過ぎないのかも知れない。つまり、それほど天文の知識や宇宙論的見方が、神話の解釈には不可欠だということである。

三、星座神話は実際の天空で検証可能

学問は仮説を立て、論証することで成り立つ。星座神話の場合、神話の本文から星座を見出した場合、それを論証する必要がある。文献を使って論証することは勿論重要な手段である。上述の如く、神話の表現を国語学・国文学等の知識で分析し、先ずは、その実態を正しく理解する必要があ

る。その上で必要なことは、民俗学・宗教学等の成果を利用し神話を習俗・信仰の面から解明することであろう。しかし、星座神話の場合は、それだけでは不十分である。天文学的知識はどうしても必要である。また、日本や外国での星座に関する知識や星座の方言を十分に知って、星座とそれを生み出した人々の心の接点を知っておく必要がある。しかし、それ以外に、星座神話の場合には強い味方がある。というのは、星座を形作る星の並び方は、神話が生み出された古代と比べて、ほとんど変わりない状態を観察出来るからである。つまり、千数百年の時間差では、天空における恒星の位置はほとんど変化しないから、現代人でも、古代人が仰いだのと、ほとんど変わらぬ星空を仰ぐことが出来るのである。歳差現象で星空の見える範囲は極く僅か異なるが、この現象は星座を形成する星の配置には数百年という単位ではほとんど影響を与えないから、星座を考察するには実質上問題とならない。本書では、実際に天文図や天体写真で、本文から抽出した星座神話と、実際の天空における星の配置を対比させた。これは、考えて見れば、研究をする上で、この上ない僥倖と言えよう。古典文学の研究で、例えば、万葉集に読まれた事物を考察することを考えて見れば良い。当時の家屋は、法隆寺の建築物を除いて、先ず一つも残ってはいない。山や川でも同じである。香具山や飛鳥川にしても、当時とどこまで一致するかは極めて怪しい。まして、多くの地形は開発や破壊で跡形もないものが多い。万葉集の地理的考察など、現在ではかなり困難を伴う。それと比べると、星空は人間の手で破壊されることがないから、高松塚古墳やキトラ古墳に描かれた天文図と同じ天文の姿を現在も見ることが出来るのである。人物・服装・建築物・地形等と比べ、星空の不変性は、比較にならないほど明確である。これほど確かな証拠が残っている古代を対象とした学問はあまりあるまい。その確かな証拠を使えるのが、本研究の大きな強みである。

四、神話研究における象徴表現の重層性

本書で、神話の考察を行うに当たって強く感じたことは、神話というものが一筋縄では行かず、重層的な存在であるという点である。これが神話の特性であろうが、一つの解釈が成り立つと同時に、もう一つの別の解釈が並立的に存在しうるのである。例えば、伊邪那岐命・伊邪那美命の大きさを考えた場合、淤能碁呂島《おのごろしま》に降り立ち、天《あめ》の御柱《みはしら》の周囲を廻る描写では、二神の大きさは、人間とあまり変わらないような印象があるが、続く、淡路島以下の島々を生む場面では、どう考えても、天や地をイメージする巨大な姿が彷彿される。つまり、伊邪那岐命・伊邪那美命は、人間に形も大きさも近い身体を持つ側面と、天や地を象徴的に表わす側面を同時に持つのであり、両者は共存し、矛盾しないのである。

これは、他にも幾らでも指摘出来る。天《あめ》の石屋戸《いわやと》神話では、石屋戸《いわやと》に籠もった天照大御神《あまてらすおおみかみ》は、人間と似た形・大きさを持つが、同時に太陽そのもののイメージも持つのである。それ故、天照大御神の石屋戸籠りは、人間の形に似た神が石で出来た戸を開けて、中に入る様子と、太陽が日食で

隠れたり、冬至で弱るイメージがダブっているのである。

こうした重層性が神話的思考の特徴であるから、こうした見方が理解できないと神話の解釈は不可能となる。

イメージやシンボルと言ったものは、神話解釈に不可欠な要素であり、これなくしては神話の十全な解釈は困難である。本書では、この点を重視し、従って挿絵等も出来る限り掲載して、神話を視覚的にも把握できるように努めたつもりである。

また、一つの星や星座が幾つもの異なった神や物体として星座化されていることが度々ある。これは、野尻抱影氏『日本星名辞典』(2)やアレンの"*Star Names, Their Lore and Meaning*"(3)を見れば一目瞭然であるように、星の物理的刺激は同じでも、その光の線の刺激から、どういう神や物体を想像するかは、個人差・民族差・時代差があり、形は何処かに共通性があっても、微妙な違いは必ず存在するので、致し方ないことである。例えば、オリオン座のように形が明確な星座であっても、觜宿《ししゅく》という星を顔に見て、全体を西洋では猟師のオリオンと見たが、中国では、白い虎が四足を広げた形と考えた。また四つの大きな星と中央の三つ星を結んで、鼓《つづみ》や蝶々《ちょうちょう》に見立てたり、さらには、三つ星と周りの星で枡《ます》を、小三つ星《こみつぼし》で柄《え》を作り、併せて酒枡星《さかますぼし》と呼ぶものもある、というように様々である。星座神話という場合にも、同じ星座が別の神名として、重ねて出てくることがある。これは、その星座の信仰の地域差・時代差等に基づくもので、複数存在することの方がむしろ自然なので、その点はご了解いただきたい。

【注】

（1）神田秀夫『古事記の構造』（明治書院、昭和三四年五月）。

（2）野尻抱影『日本星名辞典』（東京堂出版、昭和四八年十一月）。

（3）R.H. Allen "*Star Names, Their Lore and Meaning*," 1963, Dover Publications, New York.

第四章　天津甕星《あまつみかほし》と天香香背男《あまのかかせお》——金星(明けの明星)の神格化

本章は、『日本書紀』に出てくる星の神「香香背男《かかせを》」、別名「天津甕星《あまつみかほし》」とは何かを説明したい。

一、星の神香香背男《かかせお》、天津甕星《あまつみかほし》の登場

『日本書紀』の神代下では、天照大神《あまてらすおおみかみ》の孫の火瓊瓊杵尊《ほのににぎのみこと》が天上世界から地上世界の葦原中国《あしはらのなかつくに》に下る所謂天孫降臨《てんそんこうりん》の記述が見られる。

遂《つひ》に皇孫天津彦彦火瓊瓊杵尊《すめみまあまつひこひこほのににぎのみこと》を立《た》てて、葦原中国《あしはらのなかつくに》の主《きみ》とせむと欲《おもほ》す。然《しか》も彼《そ》の地《くに》に、多《さは》に螢《ほたる》火《び》の光《かかや》く神《かみ》、及《およ》び蠅声《さばへな》す邪《あ》しき神《かみ》有《あ》り。復《また》草木《くさき》咸《ことごとく》に能《よ》く言語《ものいふこと》有《あ》り。(天照大御神は)遂に孫の天津彦彦火瓊瓊杵尊を立てて、葦原中国の支配者としようと思った。しかし、その葦原中国には、螢の火のように光り輝く神や、五月の蠅の如く騒がしい声を立てる悪い神がいた。また、草や木は、

どれもこれも皆話をすることが出来た。）

天照大神は、孫の火瓊瓊杵尊《ほのににぎのみこと》を葦原中国の支配者としたいが、そこは、蛍のような光を発して輝く神や蠅のようにうるさい声を立てる神がおり、さらには、草や木も人のように声を発する世界であった。それらは、一まとめで「邪《あ》しき鬼《もの》」即ち「邪悪な神」のいる世界とされている。草や木が物をしゃべるというのは、現代人には不思議な感覚だが、古代の人は、実際に信じていたのだろう。『大祓《おおはらえ》の祝詞《のりと》』にも、同様な表現が見られる。

語問《ことと》ひし磐《いは》ね樹立《こだち》、草《くさ》の片葉《かきは》をも語止《ことと》めて、（話をしていた岩や木立、草の一片の葉も話すのを止めて）

これは、『常陸国風土記』にも見られる表現で、古代の人がまだ森の中で生活していたころ、樹木を吹き抜ける風で、木が唸《うな》ったり、草をかき分ける風がそよいだりするのを聞いて、それぞれ言葉を持っていて話をしているのだと感じたのであろう。また、木霊《こだま》・山彦《やまびこ》に見られるように、森の中や山での声の反響を、樹木や山が人の如き身体を持ち、人間の声を真似すると考えた精神と繋がるものかも知れない。それは、まさに、童話の世界等に描かれた幼児の感覚の世界に近い。実際、神話の世界は、童話や昔話と物の捉え方を共有する面を有するのであり、極めてナイーブな世界である。さらに言えば、万物に霊魂の存在を見出すアニミズムの世界そのものである。蛍火の世界も、漆黒の暗闇の世界の中で点滅する蛍の光への恐怖が生み出したものであろう。

天孫降臨神話では、その悪しき神を征伐するために様々な神が派遣される。……最終的に、津経主神《ふつぬしのかみ》と武甕槌神《たけみかづちのかみ》を遣わして、やっと葦原中国の邪悪な神々の平定が成される。神代下第九段正文には、次の如くある。

武甕槌神有《たかみかづちのかみま》す。……経津主神《ふつぬしのかみ》に配《そ》へて、葦原中国《あしはらのなかつくに》を平《む》けしむ。……是《ここ》に、二《ふたはしら》の神《かみ》、諸《もろもろ》の順《まつろ》はぬ鬼神《かみたち》等を誅《つみな》ひて、一《ある》に云《い》はく、二《ふたはしら》の神遂《かみつひ》に邪神及《あしきかみおよ》び草木石《くさきいし》の類《たぐひ》を誅《つみな》ひて、皆已《みなすで》に平《む》けぬ。其《そ》の不服《うべな》はぬ者《もの》は、唯星《ただほし》の神香香背男《かみかかせを》のみ。故《かれ》、加倭文神建葉槌命《またしとりがみたけはつちのみこと》を遣《つかは》せば服《うべな》ひぬ。

（武甕槌神《たかみかずちのかみ》が居た。……経津主神《ふつぬしのかみ》に配《そ》えて、葦原中国《あしはらのなかつくに》を平定させた。……この時二柱の神は様々な順わない鬼神等を誅伐して、一書で言うことには、二柱の神は遂に、邪しき神や、物を言う草木石の類を誅伐して、どれも既に平定した。其の中で服従しない唯一のものは、星の神香香背男だけである。そこで、倭文神建葉槌命を遣したところ、この神も服従した。）

ここで、武甕槌神《たけみかずちのかみ》と経津主神《ふつぬしのかみ》が邪神や言葉を話す草木石の類を平定するが、唯一従わないものとして、「星《ほし》の神香香背男《かみかかせを》」が出て来る。この星の神は、一体どういう存在か。

同じく、『日本書紀』神代下、一書第二には、次のような描写が見られる。

天神《あまつかみ》、経津主神《ふつぬしのかみ》・武甕槌神《たけみかづちのかみ》を遣《つかは》して、葦原中国《あしはらのなかつくに》を平定《しづ》めしむ。時《とき》に二《ふたはしら》の神曰《かみまう》さく、「天《あめ》に悪《あ》しき神有《かみあ》り。名《な》を天津甕星《あまつみかほし》と曰《い》ふ。亦《また》の名《な》は天香香背男《あまのかかせを》。請《こ》ふ、先《ま》づ此《こ》の神《かみ》を誅《つみな》ひて、然《しか》して後《のち》に下《くだ》りて葦原中国《あしはらのなかつくに》を撥《はら》はむ」とまうす。（天神《あまつかみ》は、経津主神《ふつぬしのかみ》・武甕槌神《たけみかづちのかみ》を遣《つかわ》して、葦原中国《あしはらのなかつくに》を平定させた。その時に二柱《ふたはしら》の神様が申し上げることには、「天に悪い神がいます。名を天津甕星《あまつみかほし》と言います。亦の名は天香香背男《あまのかかせお》です。お願いですから、先ず、此の神を誅伐して、それから後《のち》に下《くだ》って葦原中国《あしはらのなかつくに》を平定したいと思います。）

ここでは、経津主神・武甕槌神二神が天降る前に、天に「悪しき神」としての「天津甕星《あまつみかほし》」別名「天香香背男《あまのかかせを》」が登場する。二神は先ずこの天津甕星を退治してから葦原中国へ下ろうとする。天津甕星は、別名天香香背男《あまのかかせお》が示すように、『日本書紀』本文の星の神香香背男《かかせお》と同一の神であることは間違いない。

二、天津甕星（香香背男）に関する諸説

天津甕星に関する諸説は次の通りである。

1、神威の大きな星。星を特定せず。――日本古典文学大系『日本書紀』、上田正昭『日本神話』、『時代別国語大辞典上代編』等。

2、天にあって輝く星。星を特定せず。――飯田季治『日本書紀新講』、松岡静雄『日本古語大辞典』

3、金星（明けの明星）。――平田篤胤『古史伝』、野尻抱影『星の神話伝説』の第一説。武田祐吉『日本古典全書日本書紀』

4、シリウス（天狼星）。――野尻抱影『星の神話伝説集成』の第二説

5、彗星（妖星）として天下に害を為す物。――谷川士清『日本書紀通証』、飯田武郷『日本書紀通釈』

6、流星（巨大流星＝天狗星、妖星）として天下に害を為す物。――谷川士清『日本書紀通証』、飯田武郷『日本書紀通釈』

7、妖星に譬えられた賊の呼称。――河村秀根・益根『書紀集解』

8、火星。――柴山久美子「記紀に表われる星――美須麻流の珠と天津甕星――」『国文鶴見』十一号、昭和五一年五月

9、見え隠るる星の義。――『桑家漢語抄』

これら諸説の検討のためには、この星の神の名義を明らかにする必要があろう。

まず、天津甕星《あまつみかほし》は、語構成から、「天《あま》」「津《つ》」「甕星《みかほし》」に分けられよう。

「天」には、天空を表わす実質的な意味と美称的な意味があるが、「天に悪しき神有り」とする『日本書紀』の記述から、この場合、「天」は実際の天空を意味すると考えて良いだろう。「津《つ》」は連体格の助詞「つ」で、「天」と「甕星」を繋ぐものであることは異論なかろう。

問題は、「甕星」の「甕」である。平安時代の古辞書では、「甕」の字を、こう訓む。

「大甕――美賀《みか》」「浅甕――佐良介《さらけ》」「甕――毛太比《もたひ》」（以上『倭名類聚鈔』）、「甕――美加《みか》」

(『新撰字鏡』)、「甕子——モタヒ」「大甕——ミカ」(以上『観智院本類聚名義抄』)

これらの用例から、「甕」は「みか」と読むことが多く、「大甕」に「みか」の読みがあるところから、特に大きな容器を指したことが分かる。つまり、正訓字(漢字本来の正しい意味)で訓む時は、酒・穀物等を入れる大きな容器としての甕《かめ》を指すことになろう。

一方、「甕《みか》」の字は、『古史伝』に、「甕《みか》は、甕速日神《みかはやひのかみ》の甕《みか》とおなじく、伊迦《いか》と通ひて厳《いか》く大なるを言なり」とか、日本古典文学大系『日本書紀』に、「ミカはミイカの約。ミは祇の意。イカは、厳」とあるように、「厳めしい」「威力のある」ことを表す「みか」の借訓としての用法もある。

そこで、上代文献で、「甕」が文字通りの「かめ」の意味で使われる正訓字か、「みか」という音を借りただけの借訓か、調べてみると次のような結果となる。

	正訓字	借訓	計
神名	7例	3例	10例
人名	1例	1例	2例
地名・宮殿名	3例	1例	4例
容器の甕	8例	ナシ	8例

以上のように、「甕」が正訓字と借訓と両様あって、神名でもどちらも使われるということは、

天津甕星の場合も、両義考えられよう。つまり、正訓字の場合は、「天上界にある甕の如き形をした星（の神）」「天上界にあって甕のように大きな星（の神）」の意味に、借訓の場合は、「天上界にある神威大なる星（の神）」「天上界にあって勢い盛んな星（の神）」の意義となろう。

一方、「天香香背男《あまのかかせお》」の名義はどうか。

この名は、「天」「香香」「背」「男」に分けられよう。「天」は、やはり「天上世界に存在すること」を、「男」は男性を表わす点で問題はない。「香香」については、「輝く」の意とする点で諸説共通している。上代において、「輝く」は「かかやく」と清音であったことが確認されているから、その点でも問題ない。難しいのは「背」の扱いである。正訓字と取れば、やはり男性を表わす表現であった可能性があるが、「男」と重複してしまう。「背男《せお》」で年長の男性という意味があれば、星々の中の指導者という意味に取れるかも知れないが、用例がない。

一方、「背」を借訓と取れば、動詞「かく（輝く意）」に尊敬の助動詞「す」の未然形が付いて、「かかせ（輝いていらっしゃる）」となったとも推測される。「かく」という動詞は、『記紀』の垂仁天皇の条や『万葉集』巻一八・四一一一の歌に見られるトキジクノカクノコノミという不老長寿の植物の名の一部に登場する「カク」が「光り輝く」意であることに例が見られる。故に、その場合は、「天上界で光り輝いていらっしゃる男性（の神）」の意味に取れよう。

三、天津甕星（天香香背男）の実態

前節まで見た如く、天津甕星《あまつみかほし》、別名天香香背男《あまのかかせお》は、「甕の如き形をした」「甕のように大きな」、あるいは「神威大なる」「勢い盛んな」、さらには「光り輝いていらっしゃる」星と推測された。

これらの特徴は、この星が、星々の中でもとりわけ大きく光が強い星であることを示していよう。つまり、現実の星に当てはめれば、見た目も大きく光度が極めて強い星であることになろう。そこで、実際の天球上の星で光度が強い星を順に挙げると、次のようになる。

1、金星　　実視等級マイナス4・4等
2、木星　　実視等級マイナス2・5等
3、水星　　実視等級マイナス1・9等
4、火星　　実視等級マイナス1・8等
5、シリウス　実視等級マイナス1・8等
6、カノープス　実視等級マイナス0・7等

このうち、何といっても光度の強い星は金星で、太陽・月に次ぐ明るさを持つこの星は一番星として、また昼間でさえ見える星として古くから日本人の関心を集めてきた。先ず光度から言えば、金星が天津甕星（天香香背男）として一番相応しいだろう。

実際、金星は1～6の星の中で最も古代日本人に親しい存在であったことが知られており、『万

葉集』の中にも金星の記述は見出せる。

a、……明星《あかほし》の（明星之）　明《あ》くる朝《あした》は　敷栲《しきたへ》の　床《とこ》の辺《へ》去《さ》らず　立《た》てれども　居《を》れども　共《とも》に戯《たはぶ》れ　夕星《ゆふつつ》の（夕星乃）　夕《ゆふへ》になれば……（巻五・九〇四）（明の明星によって夜が明けるその朝には、わが子の古日は、寝床から去らず、私が立っている時も、座っている時にも一緒に戯れて、宵の明星が輝く夕べになれば……）

b、……夕星《ゆふつつ》の　か行《ゆ》きかく行《ゆ》き（夕星乃　彼往此去）……（巻二・一九六）（宵の明星が西に出たかと思うと明けの明星として東に現れるように、あっちへ行ったりこっちへ行ったりして、落ち着かず……）

c、夕星《ゆふつつ》も（夕星毛）通《かよ》ふ天道《あまち》を何時《いつ》までか仰《あを》ぎて待《ま》たむ月人壮子《つきひとをとこ》　（巻十・二〇一〇）

（あの金星でさえも、〔たとえゆっくりでも、〕天の道を通って、西へ東へと往き来しているのに、〔彦星である自分は、早く織女に逢いたいにも係わらず、一年に一度しか織女に逢えないことになっているので、七夕までじっと我慢して、待っていなくてはならない。しかし、もうこの我慢も限界だ。〕月人壮子さんよ、一体何時まで私は、恨めしそうに天の道を仰いで、我慢して待っていなくてはならないのか。〔何とかして、早く天の道を通って、天の河を船で渡れるようにしておくれ。〕）

aからcに出る「夕星《ゆふつつ》」「明星《あかほし》」は、それぞれ、宵の明星、明けの明星のことであり、aでは、夕べと夜明けの到来を告げる指標となっている。時計が一般人とは無縁の時代に宵の明星、明けの明星が時計代わりになったのであり、万葉時代において、金星と日本人が既に親しい関係にあったことが知られる。

また、b・cでは、宵の明星として西の空に現れたり、明けの明星として東の空に出現する様子を「か行《ゆ》きかく行《ゆ》き」と言った描写で表しており、内惑星としての金星の動きに対して、古代日本人が正しい知識を持っていたことが窺われる。

金星が、一定の周期で東西を行き来することに対して、筆者は、古代人は、十分な知識を持っていたと考えるが、疑問を抱いている方も存在する。例えば、海部宣男氏は、次のように述べられている。(1)

夕星《ゆうつつ》も通ふ天道《あまじ》を何時までか仰ぎて待たむ月人壮子《つきひとおとこ》　作者不詳（巻十、二〇一〇）

『万葉集』のこの歌は、七夕の歌に入っていることもあっていろいろと解釈があるようだ（たとえば勝俣隆による詳しい論考がある。）私には、シンプルに月の出を待ちこがれる心をうたったものという解釈が、しっくりくる。夕つつ（金星）も、西の地平へと恋人の所へ通ってゆくではないか。早く月よ、上がってこい。……金星は太陽の周りを回る惑星で、しかも地球より太陽に近い軌道を回っている。そのため、見かけ上太陽の西に来たり東にまわったり、太陽とつかず離れずに「宵の明星」と「明けの明星」を繰り返すということは、今でこそ常識である。しかし私は、これら古代の歌い手が夕つつと明けの明星が同一の星（つまり、金星）と知っていたかどうか、大いに疑わしいと思っている。……最も目立つ星である夕つつが、夕暮れの西空で日を追って位置を変え、見えたり見えなかったりすることから、「カユキカクユキ」にかかるようになったとも考えられよう。古の歌びとにとって、夕つつはあくまで「夕星」だったのではないだろうか。

しかし、筆者は、次のように考える。『万葉集』に見える、「彼往《かゆ》き此去《かくゆ》き」という表現は他の用例から考えても、「西空で日を追って位置を変え、見えたり見えなかったりする」という意味に採るのは、語義として無理があること。「東西に」を「かにかくに」と訓むように、「彼《か》」と「此《かく》」が並んで使われる場合は、広い空間での往来反復運動を表していると見るべきであること。それは、「通ふ」という言葉についても同様で、ある地点に出現することを「通ふ」とは言わず、二つの地点を往復する場合に「通ふ」を使うこと。これは、現在でも、「学校に通う」「会社に通う」と言った言い方に見られる通りで、これらは、家と学校（会社）の往復運動を言っていることは間違いない。そもそも、夕星が日を追って位置を変えていることを観察するくらいの人であれば、地中に沈んだ夕星が、一定日時後に、明けの明星になって東の夜明けの空に出てくることには気づいてもおかしくないのでないか。西に沈んだ天体が東から再び出現する時、同じ天体と見なすだろうかという疑問はもっともであるが、例えば、太陽が西に沈んで、また翌朝、東から現れてくる時、同じ太陽が再び出現したと見なすのが普通であろう。恐らく、これは古代人の場合も同様と推測されよう。勿論、中国の扶桑伝説の如く、太陽が十もあって、毎日、交代で新しい太陽が昇ってくるという見方もあったかも知れない。しかし、その場合も、西に沈んだ太陽は、地中を一巡りして、扶桑の根元に再び辿り着き、順次、木を上方に登って行って、木の先まで来た時、再び新たな太陽として出発するのであって、全く新しい太陽が出てくるわけではない。西の地平線の下に沈んだ天体が、地中を潜り抜け、時間を置いて、再び東の地平線上に出現するという点では、太陽も金星も変わりはない。後世の例であるが、お伽草子の『諏訪の本地』には、次のような記述がある。

此の日ほんてらさせたまふ月日は、いつくよりして、いつかたへ、御参り候やらんと、とひ玉へは、そう、又、しゆみせんの、さかひとして、四ほうをめくりたまふなり。ほくしうには、にしより、日いてゝ、ひかしに入玉ふ、あれのひるは、これのよるなり、これのひるは、あれのよるなり。……

これは、仏教的な宇宙観に基づくものであるが、地上で西に沈んだ日が、「ほくしう」では、西から出て東に入り、その東に沈んだ日が地上では東から再び出てくることになる。それ故、「あれのひるは、これのよるなり、これのひるは、あれのよるなり」という昼夜の逆転現象が説明されるのであろう。これは、西に沈んだ日が地下を通って、また東から出現することを、現象として認知していた一つの例と言えよう。

さらに、『おもろさうし』には、次の如き歌が見える（第二、首里王府の御さうし42）。

聞ゑ《きこ》中城《なかぐすく》　東方《あがるい》に　向《む》かて　板門《いちゃぢゃ》　建《た》て直《なお》ちへ　大国《だくに》　添《おそ》う　中城《なかぐすく》　鳴響《とよ》む中城《なかぐすく》　てだが穴《あな》に　向《む》かて（有名な中城《なかぐすく》　東方に向かって　城の板の門を建て直し　大きな国まで　支配する中城　世間に名声が鳴り響く中城　太陽の出る穴に　向かって　聳えている）

この「てだが穴」は、太陽が出現する穴のことで、『おもろさうし』の世界では、太陽は「東方」の「てだが穴」から毎日出現するものと考えていたことになる。太陽の出現する穴があるということは、地中（あるいは海中）に、太陽の通り道としての穴が開いており、その穴を逆上れば、西方の太陽の沈む穴へ行き着くことになろう。つまり、『おもろさうし』の世界でも、西から東への天体の移動が明らかに看取されるのである。

また「夕星《ゆふつつ》の彼往《かゆ》き此去《かくゆ》き」では、「夕星」という本来宵の明星を表わす言葉で、明けの明星のことも含めて表現していることに一般的に違和感が感じられることは否定できまい。確かに、金星に「夕星」と「明星」の二つの名が存在することは、古くは、この星を別個の存在と考えていた可能性があろう。古代ギリシアでも明けの明星はフォスフォルスやルシフェル、宵の明星はヘスペルスと呼び、別の星と思っていたらしい。また、中国で、夜明けの金星を啓明、夕べの金星を長庚と呼んで区別したのは、古くは別個の星と考えていたからだろう。しかし、どの国でも、ある時点で、両者が同じ星が位置を移動しているのだということに気づいた。しかも、それは、かなり早い時期のことで、中国では、紀元前から、日本でも、万葉時代には既に常識になっていたと推測される。その場合、朝と夕べで同じ星に二つの名が既に付いてしまっていたので、両者を合わせて呼ぶ時には、どちらかで代表することになり、日本の場合は、恐らく、一番星として、より見つけやすい夕方の呼称が選ばれて、「夕星（ゆふつつ）」と呼ばれたのでなかろうか。このように、同一の物体に二つの名がある場合、その片方の名称で代表して呼ばれたり、朝晩起こる現象が片方だけの名称で呼ばれるようになることは決して珍しいものではない。例えば、潮（うしほ）は、朝の「潮」と夕べの「汐」があるが、朝のものも夕べのものも、本来、朝の「潮」を意味する「潮」の字で代表することがよくある。

従って、言葉の点からも、「夕星の彼往き此去き」や「夕星の通ふ天道を」等は、金星の東西の往復運動を指していると見るべきであろう[2]。

さて、『続日本紀《しょくにほんぎ》』には、天文の記事が少なからず見いだされるが、日月を除けば、金星についての記事が一番多い。例えば、次のような描写が見える。

d、養老六年（七二二）七月。己卯《つちのとう》（十日）……太白《たいはく》昼に見る。（養老六年七月十日、……金星が昼間見える。）

e、天平五年（七三三）六月。甲辰《きのえたつ》（九日）太白《たいはく》、東井《とうせい》に入る。（天平五年六月九日金星が、東井（双子座）に入った。）

f、天平七年（七三五）八月。乙酉《きのととり》（二十四日）、太白《たいはく》と辰星《しんせい》と相犯《あひおか》す。（天平七年八月二十四日、金星と水星が互いに重なった。）

他にも、月による金星食が二例、金星昼見記事が六例、他の惑星や星宿との接近状況（犯、合、同舎、入宿等）が四例『続日本紀』に見られ、古代の天文観測においても金星が注目されていたことが分かる。（詳しくは、神田茂氏『日本天文史料』、斉藤国治氏『国史国文に現れる星の記録の検証』を参照されたし(3)）。

2の木星は、『日本書紀』『続日本紀』に金星や火星との合の記録があるのみ（『古事記』序文・『日本書紀』持統天皇六年〈六九二〉七月、『続日本紀』神亀二年〈七二五〉十月）で、親しまれた星とは言えない。『倭名類聚鈔』（九三一〜九三八年頃撰進）には、

明星　兼名苑云歳星一名明星　此間云　阿賀保之

とあって、歳星、則ち木星を「阿賀保之《あかほし》」としている。現代の方言でも、木星を「夜中の明星（明神）」と呼ぶ地方（鳥取・瀬戸内海の志々島等）があるから、木星が「あかほし」とされることはあり得るが、一般的には、「明星（あかほし）」は、「明けの明星」のことを指す。『色葉字類抄』（一一四四〜一一八一年頃成立）では、

明星　ミヤウシヤウ、アカホシ……太白　同

として、明らかに金星（明けの明星）を指している。特に夜明けを導く星としては、「明星」は木

星でなく、金星（明けの明星）を指すことは間違いないだろう。

3の水星は、最も内側の内惑星として観測しにくいため、記録上もほとんど現れない。

4の火星は『日本書紀』や『続日本紀』に幾つか用例が見られる（天武天皇十年〈六八一〉九月。癸戌《みずのとい》（十七日）の火星食。養老四年〈七二〇〉正月、庚午《かのえうま》の逆行現象等）が、上代では、それほど注目を集めた星とは言えない。夏日星《なつひぼし》という和名も平安以降に付けられたもののようである。

5のシリウスは恒星としては最も明るいが、上代文献に確かな記録はない。

6のカノープスは、老人星・南極老人星・南極寿星と呼ばれ、この星が出ると、天下太平で長寿が授かると言われるめでたい星である。平安時代には老人星祭が行われ、昌泰四年（九〇一）七月十五日に延喜へ改元されたのも、昌泰三年（九〇〇）十二月十一日に老人星が見え、かつ、昌泰四年が辛酉革命の年にあたっていたからだと言われる。平安時代以降は注目された星であるが、上代には用例は見られないようである。

以上から判断して、星の光度・上代文献における用例の多さ、古代日本人の生活との関係深さ、星としての馴染みの度合い、等様々な観点から総合的に判断して、平田篤胤や野尻抱影氏が指摘されるように、1の金星が、天津甕星（天香香背男）として、一番相応しいのではないかと考える。

四、最後まで服従しない悪神天津甕星

第一節に示したように、天津甕星《あまつみかほし》（天香香背男《あまのかかせお》）は、他のすべてが服従した後も、最後まで「服《まつろ》はぬ」「悪しき神」として登場する。何故天津甕星は、最後まで服従しない悪神なのか。そのためには、金星の特徴を検討してみる必要があろう。金星はすべての星の中で最も光度が強い。昼間見えるほど光度が強いことと天津甕星が悪神とされたことは深い関係にあると思われる。

何故なら、すべての星で光度が一番強ければ、一番星として最初に現れるばかりでなく夜明けになっても一番最後まで消えずに残っている星であることを意味するからである。

ウノ・ハルヴァの『シャマニズム　アルタイ系諸民族の世界像』に拠れば、日本の高天原神話との関連が指摘されている北方系神話圏に属するイェニセイ人にとり、金星は次のようなものとされる。(4)

金星は最も年長の星で、星々を危険から守り、定められた時刻より前に失せないように気を配っていると語っている。したがって、金星は、天に「最初に現れ最後に去るもの」である。

星の光度・色・数・動き等に関する民族の認識は、極めて類似性が高く、人間の物の見方に対する共通性・普遍性が窺われるので、結局、最後まで「服はぬ」天津甕星とは、明けの明星として、他の星々が消えた後も燦然と光を放って、独り暁天に残る金星の姿を神格化したものと言えよう。

ところで、天津甕星は何故「悪神」とされているのか。一つには、すべての星の中で最も光度が

強いため、「太白昼見《たいはくちゅうけん》」（金星が昼間見えること）が起こるが、これは、中国の陰陽五行説では、戦乱の兆しとされ、臣が君を損なう凶兆とされたことと係わろう。『漢書』天文志には、

太白天《たいはくてん》を経《ふ》れば、天下革《てんかあらた》まり、民《たみ》、王《おう》を更《か》ふ。（金星が昼間見えると、天下に革命が起き、民衆は王を交代させる。）

とある。「太白天を経」るというのは、「太白昼見」と同義で、太白は金の精で、白帝の子で、大将の気があるとされたので、昼間、太陽（天子）の側に見えては、太陽（天子）に匹敵するものがいることになり、太陽（天子）の地位を脅かすので、凶兆とされたのであろう。『続日本紀』にも、

大宝二年（七〇二）十二月戊戌《つちのえいぬ》（六日）星、昼に見る。……甲寅《きのえとら》（二十二日）太上天皇崩《かむあが》りましぬ。（大宝二年十二月六日、昼間金星が見える。……十二月二十二日、太上天皇〔譲位された持統天皇〕が崩御された。）

とあって、金星が昼間見えたことが、持統太上天皇の崩御の兆しになったことが描かれる。日本において、天皇は太陽神天照大神の子孫として日の御子《みこ》の性格を受け継ぐとされるから、太陽に象徴される天皇の存在を脅かす星として強い光度の金星が、「悪しき神」とされたのであろう。

さらに言えば、冒頭の『日本書紀』の記述は天孫降臨神話の記述であり、天孫の火瓊瓊杵尊《ほのににぎのみこと》が高千穂の峯に天降《あまくだ》るが、この神話は冬至における太陽の復活を表わすとされる。西郷信綱氏は、具体的には冬至の朝の東の地平線からの太陽の出現で表わされるという(5)。火瓊瓊杵尊は、天照大神の孫

として、尊自身が太陽神の性格を持つので、天孫降臨は、冬至に於ける太陽の地平線上への出現そのものに他ならないと言えよう。火瓊瓊杵尊が太陽として地上に出現しようとしている時に、もし金星が何時までも光輝を放っていたら、太陽は何時まで経っても出現できないことになろう。金星は太陽の出現の直前に輝き、太陽が出現すれば消える性質のものだからである。

故に、金星たる天津甕星（天香香背男）がその光輝で、太陽神火瓊瓊杵尊の地上への出現を邪魔していることになるから、「悪しき神」とされたとも言えよう。

【注】

（1）海部宣男『宇宙をうたう　天文学者が訪ねる歌びとの世界』（中公新書、一九九九年六月）

（2）詳しくは、拙稿「万葉集に描かれた金星についての考察」（『長崎大学教育学部人文科学研究報告』四六号、平成五年三月）を参照されたい。

（3）神田茂『日本天文史料』上・下（原書房、昭和十年十一月刊、昭和五十三年十一月復刻）及び、斉藤国治『国史国文に現れる星の記録の検証』（雄山閣出版、昭和六十一年十一月）

（4）ウノ・ハルヴァ『シャマニズム　アルタイ系諸民族の世界像』（三省堂、田中克彦訳、一九七一年九月）。

（5）西郷信綱『古事記の世界』（岩波新書、昭和四十二年九月）。

第五章　天《あめ》の御柱《みはしら》廻《めぐ》りと国生《くにう》み神話

——天を支える柱である北極星と世界の中心に位置する聖なる大八島国《おおやしまぐに》

古代日本人は、天空の回転という現象はどのように把握していたのか。本章は、その点について述べてみたい。

一、国生《くにう》み神話について

『古事記』では、国生み神話を次の如く描く。

是《ここ》に、天《あま》つ神諸《かみもろもろ》の命《みこと》以《もち》て、伊邪那岐命《いざなきのみこと》・伊邪那美命《いざなみのみこと》の二柱《ふたはしら》の神《かみ》に詔《のりたま》はく、「是《こ》のただよへる国《くに》を修理《つくろ》ひ固《かた》め成《な》せ」とのりたまひき。天《あめ》の沼矛《ぬぼこ》を賜《たま》ひて、言依《ことよ》し賜《たま》ひき。故《かれ》、二柱《ふたはしら》の神《かみ》、天《あめ》の浮橋《うきはし》に立《た》たして、其《そ》の沼矛《ぬぼこ》を指《さ》し下《おろ》して画《か》きしかば、塩《しほ》こをろこをろに画《か》き鳴《な》して、引《ひ》き上《あ》げし時《とき》に、其《そ》の矛《ほこ》の末《すえ》より垂《しただ》り落《お》ちし塩《しほ》は、累《かさな》り積《つも》りて島《しま》と成《な》りき。是《これ》、淤能碁呂島《おのごろしま》ぞ。其《そ》の島《しま》に天降《あまくだ》り坐《ま》して、天《あめ》の御柱《みはしら》を見立《みた》て、八尋殿《やひろどの》を見立《みた》てき。是《ここ》に、其《そ》の妹《いも》伊邪那美命《いざなみのみこと》に問《と》ひて曰《い》ひしく、「汝《なむち》が身《み》は如何《いか》に成《な》れる」といひしに、答《こた》へて白《まを》ししく、「吾《あ》が身《み》は、成《な》り成《な》りて成《な》り合《あ》はぬ処一処《ところひとところ》在《あ》り」とまをしき。爾《しか》くして、伊邪那岐命《いざなきのみこと》の詔《のりたま》ひしく、「我《あ》が身《み》は、成《な》り成《な》りて成《な》り余《あま》れる処一処《ところひとところ》在《あ》り。故《かれ》、此《こ》の吾《あ》が身《み》の成《な》り余《あま》れる処《ところ》を以《もち》て、汝《な》が身《み》の成《な》り合《あ》はぬ処《ところ》を刺《さ》し塞《ふた》ぎて、国土《くに》を生《う》み成《な》さむと以為《おも》ふ。生《う》むは、奈何《いか》に」とのりたまひしに、伊邪《いざ》那美命《なみのみこと》の答《こた》へて曰《い》ひしく、「然《しか》、善《よ》し」といひき。爾《しか》くして、伊邪那岐命《いざなきのみこと》の詔《のりたま》ひしく、「然《しか》らば、吾《あれ》と汝《なむち》と、是《こ》の天《あめ》の御柱《みはしら》を行《ゆ》き廻《めぐ》り逢《あ》ひて、みとのまぐはひを為《せ》む」とのりたまひき。如《か》此期《くちぎ》りて、乃《すなは》ち詔《のりたま》ひしく、「汝《なむち》は、右《みぎ》より廻《めぐ》り逢《あ》へ。我《あれ》は、左《ひだり》より廻《めぐ》り逢《あ》はむ」とのりたまひき。約《ちぎ》り竟《をは》りて廻《めぐ》りし時《とき》に、伊邪那美命《いざなみのみこと》先《ま》づ言《い》はく、「あなにやし、えをとこを」といひ、後《のち》に伊邪那岐命《いざなきのみこと》の言《い》ひしく、「あなにやし、えをとめを」といひき。各言《おのおのい》ひ竟《をは》りし後《のち》に、其《そ》の妹《いも》に告《の》らして曰《い》ひしく、「女人《をみな》の先《ま》づ言《い》ひつるは、良《よ》くあらず」といひき。然《しか》れども、くみどに興《おこ》して生《う》みし子《こ》は、水蛭子《ひるこ》。此《こ》の子《こ》は、葦船《あしぶね》に入《い》れて流《なが》し去《さ》りき。次《つぎ》に淡島《あはしま》を生《う》みき。是《これ》も亦《また》、子《こ》の例《かず》には入《い》れず。是《ここ》に、二柱《ふたはしら》の神《かみ》の議《はか》りて云《い》はく、「今吾《いまわ》が生《う》める子《こ》、良《よ》くあらず。猶《なほ》天《あま》つ神《かみ》の御所《みもと》に白《まを》すべし」といひて、即《すなは》ち共《とも》に参《ま》ゐ上《のぼ》り、天《あま》つ神《かみ》の命《みこと》を請《こ》ひき。爾《しか》くして天《あま》つ神《かみ》の命以《みこともち》て、ふとまにに占相《うらな》ひて詔《のりたま》ひしく、「女《をみな》の先《ま》づ言《い》ひしに因《よ》りて、良《よ》くあらず。亦《また》、還《かへ》り降《くだ》りて改《あらた》め言《い》へ」とのりたまひき。故爾《かれしか》くして、返《かへ》り降《くだ》りて、更《さら》に其《そ》の天《あめ》の御柱《みはしら》を行《ゆ》き廻《めぐ》ること、先《さき》の如《ごと》し。是《ここ》に、伊邪那岐命《いざなきのみこと》の先《ま》づ言《い》はく、「あなにやし、えをとめを」といひ、後《のち》に妹伊邪那美命《いもいざなみのみこと》の言《い》ひしく、「あなにやし、えをとこを」といひき。如此言《かくい》ひ竟《を》はりて御合《みあひ》して生《う》みし子《こ》は、淡道之穂之狭別島《あはぢのほのさわけのしま》。次《つぎ》に、伊予之二名島《いよのふたなのしま》を生《う》みき。此《こ》の島《しま》は身一《みひと》つにして面四《おもてよ》つ有《あ》り。面《おも》ごとに名《な》有《あ》り。故《かれ》、伊予国《いよのくに》は愛比売《えひめ》と謂《い》ひ、讃岐国《さぬきのくに》は飯依比古《いひよりひこ》と謂《い》ひ、粟国《あはのくに》は大宜都《おほげつ》比売《ひめ》と謂《い》ひ、土佐国《とさのくに》は建依別《たけよりわけ》と謂《い》ふ。次に隠伎之三子島《おきのみつごのしま》を生《う》みき。亦《また》の名《な》は、天之忍許呂別《あめのおしころわけ》、次《つぎ》に、筑紫島《つくしのしま》を生《う》みき。此《こ》の島《しま》も亦《また》、身一《みひと》つにして面四《おもてよ》つ有《あ》り。面《おも》ごとに名《な》有《あ》り。故《かれ》、筑紫国《つくしのくに》は白日別《しらひわけ》と謂《い》ひ、豊国《とよのくに》は豊日別《とよひわけ》と謂《い》ひ、肥国《ひのくに》は建日向日豊久士比泥別《たけひむかひとよくじひねわけ》と謂《い》ひ、熊曽国《くまそのくに》は建日《たけひ》別《わけ》と謂《い》ふ。次《つぎ》に、伊岐島《いきのしま》を生《う》みき。亦《また》の名《な》は、天比登都柱《あまひとつはしら》と謂《い》ふ。次《つぎ》に津島《つしま》を生《う》みき。亦《また》の名《な》は、天之狭手依比売《あめのさでよりひめ》と謂《い》ふ。次《つぎ》に、佐度島《さどのしま》を生《う》みき。次《つぎ》に、大倭豊秋津島《おほやまととよあきづしま》を生《う》みき。亦《また》の名《な》は、天御虚空豊秋津根別《あめのみそらとよあきづねわけ》と謂《い》ふ。故《かれ》、此《こ》の八《や》つの島《しま》を先《ま》づ生《う》めるに因《よ》りて、大八島国《おほやしまぐに》と謂《い》ふ。然《しか》くして後《のち》に、還《かへ》り坐《ま》しし時《とき》に、吉備児島《きびのこじま》を生《う》みき。亦《また》の名《な》は建日方別《たけひかたわけ》と謂《い》ふ。次《つぎ》に、小豆島《あづきしま》を生《う》みき。亦《また》の名《な》は、大野手比売《おほのてひめ》と謂《い》ふ。次《つぎ》に、大島《おほしま》を生《う》みき。亦《また》の名《な》は、大多麻流別《おほたまるわけ》と謂《い》ふ。次《つぎ》に女島《をみなしま》を生《う》みき。亦《また》の名《な》は、天一根《あまひとつね》と謂《い》ふ。次《つぎ》に、知訶島《ちかのしま》を生《う》みき。亦《また》の名《な》は、天《あめ》の忍男《おしお》と謂《い》ふ。次《つぎ》に、両児島《ふたごのしま》を生《う》みき。亦《また》の名《な》は、天両屋《あめのふたや》と謂《い》ふ。吉備児島《きびのこじま》より天両屋島《あめのふたやのしま》に至《いた》るまで、并《あは》せて六《む》つの島《しま》ぞ。（ここに、天つ神ご一同の命令で、伊邪那岐命《いざなきのみこと》・伊邪那美命《いざなみのみこと》の二柱の神に詔を下して、「この漂っている国を整えて固定せよ」とおっしゃって、天《あめ》の沼矛《ぬぼこ》を授けて、委任なさった。そこで二柱の神は天《あめ》の浮橋《うきはし》にお立ちになり、其の沼矛《ぬぼこ》を指し下ろして掻き回し、潮をごろごろと音を立てて掻き回し引き上げた時に、その矛の先から滴り落ちた潮が、重なり積って島となった。これが淤能碁呂島《おのごろしま》である。その島に二柱の神は天降りなさって、天《あめ》の御柱《みはしら》を立て、八尋殿《やひろどの》をお建てになった。此処で、其の妻の伊邪那美命に尋ねておっしゃることには、「お前の体は、どのように出来ていますか」と言うと、「私の体は段々と出来上がって、まだ出来上がらないところが一か所あります」と申した。一方、伊邪那岐命がおっしゃることには、「私の体は段々と出来て行って、出来すぎたところが一か所ある。だから、私の体の余分なところで、お前の体の足りないところを刺し塞いで、国土を生んで作ろうと思う。生むことはどうか」とおっしゃたところ、伊邪那美命が答えて「それが、良いでしょう」と言った。そこで、伊邪那岐命がおっしゃることには、「そうであれば、私とお前と、是の天の御柱を巡って行って逢って結婚をしよう」とおっしゃった。このように約束して、そこでおっしゃることには、「お前は、（柱を）右から廻って私と出逢え。私は（柱を）左から廻ってお前と出逢おう」とおっしゃった。約束しおえて柱を巡って出逢った時に、伊邪那美命が先に「ああ、何と素敵な青年でしょう」と言い、後から伊邪那岐命が「ああ何と愛らしい乙女だろう」と言った。お互いが言い終わった後で、伊邪那岐命が妻におっしゃることには、「女性が先に言ったのは良くなかった」と言った。しかし婚姻の場所で結婚なさって生んだ子は、水蛭子《ひるこ》であった。此の子は葦船に入れて流して遠くへやった。次に、淡島《あわしま》を生んだ。これも、子供の数には入れない。そこで、二柱の神は相談して言うことには、「今私達が生んだ子は、良くない。やはり天つ神のいらっしゃるところで申し上げよう」と言って、すぐに一緒に高天原に昇って、天つ神のご命令を求めた。そこで、天つ神は太占《ふとまに》で占っておっしゃることには、「女が先に言ったのが原因で良くないのだ。亦、葦原中国へ還り下って、もう一度、改めて言いなさい」とおっしゃった。これで、二柱の神は、淤能碁呂島へ還り下って、また、その天の御柱をぐるっと廻ることは、先と同じようである。ここで、伊邪那岐命が先に言うことには、「ああ、何と愛らしい乙女だろう」と言い、その後で伊邪那美命が、「ああ、何と素敵な青年でしょう」と言った。このように言い終わって結婚して生んだ子は、淡路之穂之狭別島《あわじのほのさわけのしま》である。次に伊予之二名《いよのふたなの》島《しま》を生んだ。この島は、体は一つだが顔は四つ有る。顔ごとに名が有る。即ち伊予国（現在の愛媛県）は愛比売《えひめ》と謂い、讃岐国（現在の香川県）は飯依比古《いいよりひこ》と謂い、粟国《あわのくに》（現在の徳島県）は大宜都比売《おおげつひめ》と謂い、土佐国（現在の高知県）は建依別《たけよりわけ》と言う。次に隠伎之三子島《おきのみつごのしま》を生んだ。亦の名は天之忍許呂別《あめのおしころわけ》、次に筑紫島《つくしのしま》を生んだ。この島も、体は一つだが顔は四つ有る。顔ごとに名が有る。それ故、筑紫国（現在の福岡県）は白日別《しらひわけ》と言い、豊国《とよのくに》（現在の大分県）は豊日別《とよひわけ》と言い、肥国《ひのくに》（現在の佐賀県と長崎県、及び熊本県北部）は建日向日豊久士比泥別《たけひむかひとよくじひねわけ》と言い、熊曽国《くまそのくに》（現在の熊本県南部・鹿児島県・宮崎県）を建日別《たけひわけ》と言う。（なお、現在の宮崎県の地域は、肥国に入るという見方もある）次に、伊岐島《いきのしま》（壱岐）を生んだ。亦の名《な》は、天比登都柱《あめひとつはしら》と言う。次に、津島《つしま》（対馬）を生んだ。亦の名《な》は、天之狭手《あめのさで》依比売《よりひめ》と言う。次に、佐度島《さどのしま》を生んだ。次に、大倭豊秋津島《おほやまととよあきづしま》（本州）を生んだ。亦の名《な》は天御虚空《あめのみそら》豊秋津根別《とよあきづねわけ》と言う。それ故《ゆえ》、此《こ》の八《や》つの島《しま》を先《ま》ず生んだことにより、大八島国《おおやしまぐに》と言う。こうして後《のち》に、お還《かえ》りになった時に、吉備児島《きびのこじま》（現在の児島半島）を生んだ。亦の名《な》は建日方別《たけひかたわけ》と言う。次に、小豆《あずき》島《しま》（現在の小豆島《しょうどしま》）を生んだ。亦の名《な》は、大野手比売《おおのてひめ》と言う。次に、大島《おおしま》（現在の愛媛県大三島、または山口県屋代島）を生んだ。亦の名《な》は、大多麻流別《おおたまるわけ》と言う。次に女島《おみなしま》（現在の姫島）を生んだ。亦の名《な》は、天一根《あまひとつね》と言う。次に、知訶島《ちかのしま》（現在の五島列島）を生んだ。亦《また》の名《な》は、天《あめ》の忍男《おしお》と言う。次に、両児島《ふたごのしま》（現在の男女群島の男島・女島）を生んだ。亦の名《な》は、天両屋《あめのふたや》と言う。吉備児島《きびのこじま》より天両《あめのふ》屋島《たやのしま》に至《いた》るまで、并《あわ》せて六《む》っつの島《しま》である。）

以上の国生み神話の記述で、「こうして後に、お還《かえ》りになった時に、吉備児島《きびのこじま》（現在の児島半島）を生んだ」という部分は、どこに還ったのかが以前から問題とされている。種々の解釈があるが、筆者は、伊邪那岐命と伊邪那美命が、四国や九州のそれぞれの場所に赴いて島としての国土を生み、本州を生む時点で淤能碁呂島《おのごろしま》に戻ったと理解するのが適当だろうと考える。それは、何故かと言えば中心のシンボリズムということが係わるからである。ミルチャ・エリアーデに拠れば、都市・寺院・家屋とか言ったものは、「世界の中心」に合一することで実在となるのであり、その点で八尋殿《やひろどの》のある淤能碁呂島は世界の中心なのであり、そこから出発し、そこへ帰らなければ、大八島国は実在のものにならないのである。

さて、以上を要約して示せば、太古、まだ大地はクラゲのように漂っていた。そこで、それを固定するよう命令された伊邪那岐命《いざなきのみこと》・伊邪那美命《いざなみのみこと》の二神が、天《あめ》の浮橋《うきはし》の上に立ち天《あめ》の沼矛《ぬぼこ》を原始の海に指し下ろし掻き回して掬《すく》い上げると、そこから塩が垂れて、島が出来た。その名を淤能碁呂島と言う。この部分、「天《あめ》の浮橋《うきはし》」も諸説あるが、古くからある如く、虹を天に浮く橋に見立てたものとする解釈に立ちたい。[1] 二神が、天の浮橋から「天《あめ》の沼矛《ぬぼこ》」を原始の海水中に差し下ろして掻き回すのは、海の中に銛《もり》を刺して魚を獲るように、原始の大海から国土を突き刺して獲得するイメージであろうと考える。実際、『日本書紀』正文では、

開闢《ひらく》る初《はじ》めに、洲壌《くにつち》の浮 漂《うかびただよ》へること、譬《たと》へば遊魚《あそぶうを》の水上《みづのうへ》に浮《うか》べるが猶《ごと》し。(天と地が開ける初めの時に、国土が浮かんで漂うことは、譬《たと》えて言うと、泳ぐ魚が水の上に浮いているようなものであった。)

とあり、国土を魚のイメージで捉えている。また、正文では、その後、

廼《すなは》ち天之瓊矛《あまのぬほこ》を以《も》ちて、指《さ》し下《おろ》して探《さぐ》りたまひ、是《ここ》に滄 溟《あをうなはら》を獲《え》き。其《そ》の矛《ほこ》の鋒《さき》より滴瀝《しただ》る潮《しお》、凝《こ》りて一 島《ひとつのしま》に成《な》れり。名《な》づけて磤馭慮島《おのごろしま》と曰《い》ふ。(そこで、天之瓊矛《あまのぬほこ》でもって、指し下ろして探りなさると、青海原を突き刺して海原を獲得した。其の矛の先から滴った潮が固まって一つの島になった。名付けて磤馭慮島という。)

とあって、『古事記』と同じく、滴った潮から島が出来るが、一書第二では、

乃《すなは》ち天瓊矛《あまのぬほこ》を以《も》ちて、指《さ》し垂《くだ》して探《さぐ》りしに、磤馭慮島《おのごろしま》を得《え》たまふ。則《すなは》ち矛《ほこ》を抜《ぬ》きて喜《よろこ》びて曰《い》は

く、「善《よ》きかも、国《くに》の在《あ》りける」とのたまふ。（そこで、天《あま》の瓊《ぬ》矛《ほこ》を指《さ》し下《おろ》して探られたところ、磤馭慮島《おのごろしま》を得られた。そこで矛を抜いて喜んでおっしゃることには、「良いことに国があったことだ」とおっしゃった。）

と島自体を矛で獲得すると描く。青海原を得るというのは、矛で突いたにしては、対象が大き過ぎてイメージが湧きにくいが、島を得るのは、魚や水母《くらげ》のように漂っていた島を矛で突いて捕まえたイメージで分かり易い。太古、漁民が、銛《もり》で魚を突き刺して捕らえていた様子が彷彿される。

よく指摘されるように、この神話は、ポリネシア・メラネシア・ミクロネシア等の太平洋の島々に、国土を海中から釣り上げるという神話があるのと類似していよう。(2) しかし、釣り糸で島を釣るのと、矛で突き刺して島を得るのとは、やや趣きが異なることも事実であろう。大林太良氏も、日本の国生み神話の場合は、インドの乳海攪拌《にゅうかいかくはん》物語同様に、原初海洋攪拌のモチーフも伴うことを指摘されている。『古事記』の「修理固成」をどう解釈するかは種々の論があるところだが、「固成」という点から言えば、漂流している島を釣り上げるよりも、矛や銛《もり》で突き刺して固定してしまう方がイメージとして理解し易いであろう。天の沼矛で突き刺すことが、修理固成の少なくとも、主要な部分であり、それによって、大地は漂流せず、一か所に固定されたのであろう。

さて、伊邪那岐命・伊邪那美命二神は、淤能碁呂島に降りたって結婚をして、淡路島・四国と言った順で八つの大きな島々を生んで、日本の国を生み出す。その神話を国生み神話という。二神は結婚の際に、天《あめ》の御柱《みはしら》という淤能碁呂島に立った大きな柱を回り、八尋殿《やひろどの》（後述）という御殿で結婚する。この天の御柱とは何であって、何故、二神は、その周囲を回って結婚する必要があったのか。以下、説明したい。

二、天の御柱を廻る方向

注目すべきは、天の御柱を廻る時の方向である。『古事記』には、次のようにある。

伊邪那岐命《いざなきのみこと》詔《の》りたまひしく、「然《しか》らば吾《あ》と汝《な》と是《こ》の天《あめ》の御柱《みはしら》を行《ゆ》き廻《めぐ》り逢《あ》ひて、みとのまぐはひせむ。」……「汝《な》は右《みぎ》より廻《めぐ》り逢《あ》へ、我《あ》は左《ひだり》より廻《めぐ》り逢《あ》はむ。」

即ち、男性の伊邪那岐命が左廻り、女性の伊邪那美命が右廻りに天の御柱を回って、出逢った所で結婚することになる。

一方、『日本書紀』では、こうある。

伊奘諾尊《いざなきのみこと》・伊奘冉尊《いざなみのみこと》……即《すなは》ち天柱《あめのみはしら》を巡《めぐ》らむとして約束《ちぎ》りて曰《い》はく、「妹《いも》は左《ひだり》より巡《めぐ》れ、吾《われ》は当《まさ》に右《みぎ》より巡《めぐ》らむ」

『古事記』とは逆に、女性が左廻り、男性が右廻りするが、その結果生まれた子が良くないとして、最終的には、廻りなおす。

二《ふたはしら》の神《かみ》、改《あらた》めて復《また》柱《みはしら》を巡《めぐ》りたまふ。陽神《をかみ》は左《ひだり》よりし、陰神《めかみ》は右《みぎ》よりして、既《すで》に遇《あ》ひたまひぬる時《とき》に、……

『古事記』と同様な方向に廻り直すことによって結婚がうまく行き、無事に日本の島々を生み出す。

何故、伊邪那岐命（伊奘諾尊）が左廻り、伊邪那美命（伊奘冉命）が右廻りに回ると、結婚がうまく行き、無事に日本の国が生まれるのか。

従来の解釈は、家の中の柱、野原に立てられた柱、またはヨーロッパのメイ・ポールのように町の広場に立てられた柱に相当するのが天の御柱で、男女がその廻りを回って、結婚の相手を探す儀式の反映であるという見方が支配的であった。また、粟の農耕儀礼として、小正月に夫婦が裸で囲《い》炉《ろ》裏《り》の廻りを回る風習の反映とする見解もあった(3)。確かに、古代日本には歌垣《うたがき》という男女が集まり、歌を掛け合って配偶者を選ぶ風習は存在したが、その時に、柱を廻ったとする証拠は、文献学的にも、民俗学的にも、例がなく、証明されていない。また、囲炉裏では、柱とイメージが違い過ぎるし、夫婦が同方向へ廻る点も疑問が残る。

この神話を正しく理解するには、やはり天の御柱とは何なのかをまず明らかにする必要がありそうである。

三、天の御柱とは何か

『日本書紀』に、次の記述がある。

伊奘諾尊《いざなきのみこと》・伊奘冉命《いざなみのみこと》、……共《とも》に日《ひ》の神《かみ》を生《う》みまつります。……是《こ》の時《とき》に、天地相去《あめつちあひさ》ること未《いま》だ遠《とほ》からず。故《かれ》、天柱《あめのみはしら》を以《も》て、天上《あめ》に挙《おくりあ》ぐ。次《つぎ》に月《つき》の神《かみ》を生《う》みまつります。……故《かれ》、亦天《またあめ》に送《おく》りまつる。（伊奘諾尊《いざなきのみこと》・伊奘冉尊《いざなみのみこと》は、……一緒に日の神をお生みなさった。……此の時、天と地は、互いに離れていることは、まだ遠くなかった。そこで、天柱を使って、日の神を天上にお上げなさった。次の月の神をお生みなさった。……そこで、又天に送り申し上げた。）

この記述では、天柱《あめのみはしら》（天《あめ》の御柱《みはしら》）を、太陽神・月神を天上界へ送るための通路と描く。つまり、天柱は、天地を繋ぐ壮大な柱として観念されたことを示す。「天《あめ》」が付く言葉は『古事記』『日本書紀』の中で、基本的に天上世界と関わりを持つ事物に使われている。また、柱《はしら》は、橋《はし》・箸《はし》・梯《はし》子《ご》と語源的に同源で、離れた二地点を結び付けるものという意味がある。それ故、天柱も、天と地を繋ぐ柱という意味で、自然な命名と言える。

ところで、天柱（天の御柱）が、天地を結ぶ壮大な柱であるならば、その周囲を廻る伊邪那岐命・伊邪那美命も巨大な神であることを想像させよう。事実、伊邪那伎命は、筑紫《つくし》の日向《ひむか》の橘《たちばな》の小《お》門《ど》で行った禊祓《みそぎはらえ》において、その顔の一部である左眼から天照大御神《あまてらすおおみかみ》、右眼から月読命《つくよみのみこと》、鼻から速須佐之男命《はやすさのおのみこと》を生み出す。

太陽や月は、天の神や巨人の眼であるという発想が、ユーラシア大陸の高文化地帯に広がっている事実は、伊邪那岐命も、太陽や月を眼として持つ天の神、即ち、天父神《てんぷしん》であることを示そう。天を表す神の眼から日や月が誕生するのは、極めて自然な発想である。

一方、伊邪那美命は、火の神を生んで火傷を負い、「多具理《たぐり》（嘔吐）」をしてこの世を去るが、これは、噴火口からの火の出現や溶岩の流れを表すとされる。また、死の真際に生み出す神が、鉱山・粘土・農業・生産の神々ばかりであることは、伊邪那美命が大地の神、地母神《ちぼしん》の性格を持つことを想起させよう。さらに、伊邪那美命が、日本の島々を生み出すのであるから、島以上の大きな身体を持たなくてはならない道理であろう。

それ故、この神話は、天を表す巨大な男性の神伊邪那岐命《いざなきのみこと》と大地を表す巨大な女性の神伊邪那《いざな》美命《みのみこと》が、壮大な天《あめ》の御柱《みはしら》の周囲を逆方向に廻って出会い、結婚し、日本の大きな島々を生み出す宇宙的規模での神話であると言えよう。

四、天の左旋と地の右旋

しかしながら、何故、二神は天の御柱の周囲を左右逆方向に廻るのか。この点については、中国の古代神話・古代の世界観の影響が見られるようである。中国の古文献では、『春秋緯《しゅんじゅうい》』元命包《げんめいほう》に「天《てん》は左旋《させん》し、地《ち》は右動《うどう》す」、『芸文類聚《げいもんるいじゅう》』天部《てんぶ》所引の白虎通《びゃっこつう》に「天《てん》は左旋《させん》し、地《ち》は右周《うしゅう》す」、

『医心方《いしんぽう》』所引の洞玄子《どうげんし》に「夫《そ》れ天《てん》は左転し、地《ち》は右廻《うかい》す。……此物事《これものごと》の常理也《じょうりなり》。……故に、必ず男は左転《さてん》し、女は右廻《うかい》すべし」等、「天は左に回転し、地は右に回転する」という記述が見られる。

これは、天の御柱廻りの神話を理解する助けとなろう。上述のように、伊邪那岐命が天父神、伊邪那美命が地母神であれば、天の性格を持つ伊邪那岐命が左廻り、地の性格を持つ伊邪那美命が右廻りに廻る点がよく理解できるからである。

古代中国人の世界観では、蓋天説《がいてんせつ》と渾天説《こんてんせつ》が有名だが、地下を除けば、半球状の天が大地を覆うとする点は共通している。その世界観では、天が星・太陽・月を含んで、北極星を中心に反時計回りに回転していることを、太古の時代から認識していた。「天は左に回転する」とは、古代中国人が、北の空を眺めた時、天空が北極星を中心に反時計回り、即ち左廻りに回転していることを指したのである。一方、天空が北極星の廻りを左回転すれば、大地は必然的に、逆に右廻りしているように見えるであろう。それが、「地は右に回転する」という表現を生み出したのである。

さて、天の左回転、地の右回転が北極星を中心とした回転運動であれば、伊邪那岐命の左回転、伊邪那美命の右回転も、北極星を中心としたものと見なすことができよう。つまり、天の御柱とは、北極星を柱に見立てた表現であった可能性が出てくるのである。

五、北極星としての天の御柱

天の御柱は北極星から想定されたと言っても、星が何故、天地を繋ぐ壮大な柱となるのか疑問を持たれるかも知れない。しかし、北極星を天の中心にある柱状のものと見なす見方は、汎世界的な広がりを持つ見方なのである。ウノ・ハルヴァの『シャマニズム　アルタイ系諸民族の世界像』には、こうある(4)。

天蓋は北極星のあたりを中心に規則的に回転している。……あの神秘的な天の中心は、北半球に住むすべての民族の注意をすでに早くから集めて来た。大地のへそのほかに、アジアとヨーロッパの多くの民族は《天のへそ》あるいは《天の轂《こしき》》とも言い、このことばでほかならぬ天の回転の中心を指していた。……天蓋はそのへそのまわりを規則的にまわるのであるから、人間は、天蓋がそこで留めてあるのだと考えた。多くの北方諸民族は、それ故、北極星を《釘《くぎ》》と名付けている。……天の神秘的な円運動はさらにすすんで釘よりも強くて頑丈な一種の巨大な柱あるいは軸という観念を呼び起こし、天はその尖で支えられてまわっていると考えた。アルタイ系諸民族もまた、これと同じように北極星を命名している。モンゴル、ブリヤート、カルムクは《金の柱》。キルギス、バシキール、西シベリア・タタール諸族は《鉄の支柱》、テレウートは《鉄の杭》、ツングース、オロチョンは《金の柱》と呼んでいる。

以上のように、アルタイ系諸民族には、北極星を天を支える巨大な柱と見なす見方が普遍的に存在している。シベリアに居住するこれら諸民族と日本民族は、血液型からも民族的に近縁であることが、松本秀雄氏『日本人は何処から来たか』等で指摘されている。[5] また、従来から高天原神話は北方的要素が強いことが論じられてきた。それ故、日本の天の御柱神話も、アルタイ系諸民族同様に、北極星を天を支え、天地を繋げる巨大な柱と見なす観念から成り立ったのではないかと推測されるのである。

日本の方言で、北極星を「しんぼし（芯星）」（青森県他）「しんぼう（心棒）」（島根県）と呼ぶのは、北極星は星空の回転軸で天空を支える柱だと見なしたものとして興味深い。

六、世界の中心を表す天の御柱

ところで、当該の天の御柱は、上述のように淤能碁呂島《おのごろしま》に立てられたもので、淤能碁呂島は、そこを中心に日本の国が生み出されるのだから、神話上、世界の中心を表す土地であったことになる。その上、天の御柱は、八尋殿《やひろどの》という御殿と一体のものでもあった。この八尋殿について、ネリー・ナウマンは、「八」に方位を表す完全な数字「八（方）」を読み取り、小宇宙（ミクロコスモス）を表すとする。[6] 天の御柱が天の中心を支える柱であれば、その柱が立つ八尋殿も、淤能碁呂島も大地の中心、世界の中心に位置するという考えは、極く自然な発想であろう。

先に、天の御柱は、『日本書紀』では、「天柱」と表記されたが、それは、中国に出典を求めることが出来る。

『東方朔神異経《とうほうさくしんいけい》』では「崑崙《こんろん》に銅柱有《あ》り。其《そ》の高きこと天《てん》に入《い》る。所謂天柱《いわゆるてんちゅう》なり」とあって、崑《こん》崙《ろん》に天まで届く銅柱があり、それを「天柱《てんちゅう》」と呼ぶと記す。曽布川寛《そぶかわひろし》氏は、「崑崙山と昇仙図」の中で、次の如く述べる。(7)

崑崙山は大地の中央に位置し、柱の如き形状をして、その高さは天にまで達する山である。大地の中央というのは、崑崙山の直上空に天帝の居があったことと関連し、天帝の居である北辰(北極)が天の中心に位置するのに対して、地の中央に位置すると考えられたのである。

崑崙山は大地の中央から天の中心である北極星に向かって聳え立つ柱状の山であり、「天上と地上をつなぐ通路」(同氏)であったのである。また、ミルチャ・エリアーデの『永遠回帰の神話』にも、次の記述がある。(8)

インド人の信仰に拠れば、メル山は世界の中心に聳え立ち、その真上に北極星が光っている。ウラル・アルタイ人はまた中心の山スメルウを持ち、その頂上に北極星が固定されているという。

これに拠れば、世界の中心に位置する高山の頂上が北極星と繋がっているという見方は、中国ばかりでなく、ユーラシア大陸で広汎に見られた観念と言えよう。さらに、エリアーデ『シャーマニズム』に拠れば、「アルタイ人の間では——チュクチ人と同様に——空への道は北極星を貫通しているという」とある。これらから判断すれば、先の『日本書紀』の記述で、日神・月神が天柱を通って天上世界へ送られるのは崑崙山の「天柱」同様に、日本神話の「天柱」も、北極星に由来する天空を支える柱であると共に、天地を結ぶ通路となっていたからであろう。

以上、日本神話の天の御柱廻りの神話は、北極星を天地を繋ぎ、天を支える巨大な柱と見なす観点から成り立ったもので、北極星が天の中心と観念されたために、その柱の立つ地上部分の大地も、世界の中心・宇宙の中心である聖なる空間とされたのであろう。それ故、その世界の中心に立つ天の御柱を廻って結婚することは、聖なる空間で聖なる結婚をすることになり、その結果生まれる大八島国《おほやしまぐに》（神話上の全世界としての日本の国）も、聖なる国家として誕生したことになり、祝福されるのであろう。

従って、伊邪那岐命が左廻り、伊邪那美命が右廻りに天の御柱を廻るのは、天が左廻り地が右廻りに北極星の周りを廻ることを意味する。先に、『日本書紀』の記事で、最初、伊奘諾尊が右廻り、伊奘冉命が左廻りに廻ったところ、結婚がうまく行かず、次に、伊奘諾尊が左廻り、伊奘冉命が右廻りに廻りなおしたらうまくいったというのは、最初は、天（伊奘諾尊）が右廻り、地（伊奘冉命）が左廻りというように自然の摂理に反するものであったためで、後に、天（伊奘諾尊）が左廻り、地（伊奘冉命）が右廻りに廻ると、自然の巡行通りになって、結婚がうまく言ったという意味に取れよう。

結び――壮大な宇宙論的神話

以上、日本神話の天の御柱廻りによる国生み神話は、北極星から想定され天地を結ぶ壮大な柱として観念された天の御柱の周りを、天を象徴する伊邪那岐命と地を象徴する伊邪那美命が、それぞれ左右に自然の摂理に合わせて廻り、出会ったところで、聖なる結婚をし、聖なる国土を生み出すスケールの大きな宇宙論的神話として理解できるであろう。その聖なる結婚たることを保証するのが、天の御柱が世界の中心たる聖なる空間に立っているという観念である。即ち、古代日本人は、北極星を世界の中心に位置する不動の星として、世界の中心、宇宙の中心を表し、天を支える壮大な柱、聖なる柱として認識し、その柱で支えられて天空は左廻り、大地は右廻りに回転していると考えたことになろう。

【注】

(1) W・G・アストン『神道』(平成四年一月、安田一郎訳、青土社版に拠る)では、「天の浮いている橋(天の浮橋)は、虹であることは疑いない。それは地上では、神社のまえの池にかかった半円形の橋、ソリバシ、あるいはタイコバシであらわされる。それは、日常的に使う上には勾配が急すぎる。それは儀式ばった時に神や神官が使うのにとっておかれる。この場合の慣習は、さきの神話からおそらく示唆されたのであろう」と指摘する。他にも、天の浮橋を虹と見なす論は、神田秀夫・古野清人・安間清・大林太良・ペッタツオーニ・孫久富氏等に見られる。筆者も基本的にこの立場に立っている。
(2) 詳しくは、大林太良『日本神話の起源』(角川選書、昭和四八年三月) を参照されたし。
(3) 安田尚道「イザナキ・イザナミの神話とアワの農耕儀礼」(『日本神話研究2』所収、学生社、昭和五二年八月)。
(4) ウノ・ハルヴァ『シャマニズム アルタイ系諸民族の世界像』(三省堂、田中克彦訳、一九七一年九月)。
(5) 松本秀夫『日本人は何処から来たか』(NHKブックス、一九九二年十月)
(6) ネリー・ナウマン「天の御柱と八尋殿についての一考察」(藤本淳雄訳、『日本神話研究2』所収、学生社、昭和五二年八月)。
(7) 曽布川寛「崑崙山と昇仙図」(『東方学報』五一冊、一九七九年。及び『崑崙山への昇仙』(中公新書、昭和五六年一二月)。
(8) エリアーデ『永遠回帰の神話——祖型と反復——』(未來社、堀一郎訳、一九六三年三月)。

第六章　伊邪那岐命《いざなきのみこと》の禊祓《みそぎはらえ》と三貴子誕生まで

——日月星辰誕生の天文神話

伊邪那岐命《いざなきのみこと》の禊《みそ》ぎにおいて、日本の神々の中で至高の存在である天照大御神《あまてらすおおみかみ》が誕生する。

『古事記』は、その部分を次の如く描く。

是《ここ》を以《も》ちて伊邪那伎大神《いざなきのおほかみ》詔《の》りたまひしく、「吾《あ》は伊那志許米志許米岐穢《いなしこめしこめききたな》き国《くに》に到《いた》りて在《あ》りけり。故《かれ》、吾《あ》は御身《みみ》の禊為《みそぎせ》む。」とのりたまひて、竺紫《つくし》の日向《ひむか》の橘《たちばな》の小門《おど》の阿波岐原《あはきはら》に到《いた》り坐《ま》して、禊《みそ》ぎ祓《はら》ひたまひき。故《かれ》、投《な》げ棄《う》つる御杖《みつゑ》に成《な》れる神《かみ》の名《な》は、衝立船戸神《つきたつふなとのかみ》。次《つぎ》に投《な》げ棄《う》つる御帯《みおび》に成《な》れる神《かみ》の名《な》は、道之長乳歯神《みちのながちはのかみ》、次《つぎ》に投《な》げ棄《う》つる御裳《みも》に成《な》れる神《かみ》の名《な》は、時量師神《ときはかしのかみ》。次《つぎ》に投《な》げ棄《う》つる御衣《みけし》に成《な》れる神《かみ》の名《な》は、和豆良比能宇斯能神《わづらひのうしのかみ》。次《つぎ》に投《な》げ棄《う》つる御褌《みはかま》に成《な》れる神《かみ》の名《な》は、道俣神《ちまたのかみ》。次《つぎ》に投《な》げ棄《う》つる御冠《みかがふり》に成《な》れる神《かみ》の名《な》は、飽咋之宇斯能神《あきぐひのうしのかみ》。次《つぎ》に投《な》げ棄《う》つる左《ひだり》の御手《みて》の手纏《たまき》に成《な》れる神《かみ》の名《な》は、奥疎神《おきざかるのかみ》。次《つぎ》に奥津那芸佐毘古神《おきつなぎさびこのかみ》。次《つぎ》に奥津甲斐辨羅神《おきつかひべらのかみ》。次《つぎ》に投《な》げ棄《う》つる右《みぎ》の御手《みて》の手纏《たまき》に成《な》れる神《かみ》の名《な》は、辺疎神《へざかるのかみ》。次《つぎ》に辺津那芸佐毘古神《へつなぎさびこのかみ》。次《つぎ》に辺津《へつ》甲斐辨羅神《かひべらのかみ》。

右《みぎ》の件《くだり》の船戸神以下《ふなとのかみよりしも》、辺津甲斐辨羅神以前《へつかひべらのかみよりさき》の十二神《とをまりふたはしら》は、身《み》に著《つ》ける物《もの》を脱《ぬ》くに因《よ》りて生《な》れる神《かみ》なり。

是《ここ》に詔《の》りたまひしく、「上《かみ》つ瀬《せ》は瀬速《せはや》し。下《しも》つ瀬《せ》は瀬弱《せよわ》し。」とのりたまひて、初《はじ》めて中《なか》つ瀬《せ》に堕《お》り迦豆伎《かづき》て滌《すす》ぎたまふ時《とき》、成《な》り坐《ま》せる神《かみ》の名《な》は、八十禍津日神《やそまがつひのかみ》、次《つぎ》に大禍津日神《おほまがつひのかみ》。此《こ》の二《ふた》神《はしら》は、其《そ》の穢繁国《けがらはしきくに》に到《いた》りし時《とき》の汚垢《けがれ》に因《よ》りて成《な》れる神《かみ》なり。次《つぎ》に其《そ》の禍《まが》を直《なほ》さむと為《し》て、成《な》れる神《かみ》の名《な》は、神直毘神《かむなほびのかみ》。次《つぎ》に大直毘神《おほなほびのかみ》。次《つぎ》に伊豆能売神《いづのめのかみ》。次《つぎ》に水《みづ》の底《そこ》に滌《すす》く時《とき》に、成《な》れる神《かみ》の名《な》は、底津綿津見神《そこつわたつみのかみ》。次《つぎ》に底筒之男命《そこつつのをのみこと》。中《なか》に滌《すす》く時《とき》に、成《な》れる神《かみ》の名《な》は、中津綿津見神《なかつわたつみのかみ》。次《つぎ》に中筒之男命《なかつつのをのみこと》。水《みづ》の上《うへ》に滌《すす》く時《とき》に、成《な》れる神《かみ》の名《な》は、上津綿津見神《うはつわたつみのかみ》。次《つぎ》に上筒之男命《うはつつのをのみこと》。此《こ》の三柱《みはしら》の綿津見神《わたつみのかみ》は、阿曇連《あづみのむらじ》等の祖神《おやがみ》と以《も》ち伊都久神《いつくかみ》なり。故《かれ》、阿曇連《あづみのむらじ》等は、其《そ》の綿津見神《わたつみのかみ》の子《こ》、宇都志日金拆命《うつしひがなさくのみこと》の子孫《うみのこ》なり。其《そ》の底筒之男命《そこつつのをのみこと》、中筒之男命《なかつつのをのみこと》、上筒之男命《うはつつのをのみこと》の三柱《みはしら》の神《かみ》は、墨江《すみのえ》の三前《みまへ》の大神《おほかみ》なり。是《ここ》に左《ひだり》の御目《みめ》を洗《あら》ひたまふ時《とき》に、成《な》れる神《かみ》の名《な》は、天照大御神《あまてらすおほみかみ》。次《つぎ》に右《みぎ》の御目《みめ》を洗《あら》ひたまふ時《とき》に、成《な》れる神《かみ》の名《な》は、月読命《つくよみのみこと》。次《つぎ》に御鼻《みはな》を洗《あら》ひたまふ時《とき》に、成《な》れる神《かみ》の名《な》は、建速須佐之男命《たけはやすさのをのみこと》。（こういう訳で、伊邪那伎大神《いざなきのおおかみ》は、「私は、酷く醜い汚い国に行っていたことだ。だから、私は、御身体の禊ぎをしよう。」と仰せられ、筑紫の日向《ひむか》の橘《たちばな》の小門《おど》の阿波岐《あわき》原《はら》に到着なさって、禊《みそ》ぎ祓《はら》えをなさった。そこで、投《な》げ棄《す》てた御杖《みつえ》に成った神《かみ》の名《な》は、衝立船戸神《つきたつふなとのかみ》。次《つぎ》に投《な》げ棄てた御帯《みおび》に成《な》った神《かみ》の名《な》は、道之長乳歯神《みちのながちはのかみ》。次に投《な》げ棄てた御裳《みも》に成《な》った神《かみ》の名《な》は、時量《ときはか》師神《しのかみ》。次に投《な》げ棄《す》てた御衣《みけし》に成《な》った神《かみ》の名《な》は、和豆良比能宇斯能神《わずらいのうしのかみ》。次に投《な》げ棄《す》てた御褌《みはかま》に成《な》った神《かみ》の名《な》は、道俣神《ちまたのかみ》。次に投《な》げ棄《す》てた御冠《みかがふり》に成《な》った神《かみ》の名《な》は、飽咋之宇斯能神《あきぐいのうしのかみ》。次に投《な》げ棄てた左《ひだり》の御手《みて》の手纏《たまき》に成《な》った神《かみ》の名《な》は、奥疎神《おきざかるのかみ》。次に奥津那芸佐毘古神《おきつなぎさびこのかみ》。次に奥津甲斐辨羅神《おきつかいべらのかみ》。次に投《な》げ棄てた右《みぎ》の御手《みて》の手纏《たまき》に成《な》った神《かみ》の名《な》は、辺疎神《へざかるのかみ》。次に辺津那芸佐毘古神《へつなぎさびこのかみ》。次に辺津甲斐辨羅神《へつかいべらのかみ》。

右《みぎ》の件《くだり》の船戸神《ふなとのかみ》以下《よりしも》、辺津甲斐辨羅神《へつかいべらのかみ》以前《よりさき》の十二神《とおまりふたはしら》は、身《み》に著《つ》ける物《もの》を脱《ぬ》ぐことに因《よ》って生れた神《かみ》である。

是《ここ》に伊邪那伎大神は、「上の瀬は流れが速い。下《しも》の瀬《せ》は流れが弱い。」とおっしゃって、初《はじ》めて中《なか》の瀬《せ》に下りて潜《かず》き、滌《すす》ぎなさった時《とき》、成《な》った神の名は、八十禍津日神《やそまがつひのかみ》、次《つぎ》に大禍津日神《おおまがつひのかみ》。此《こ》の二神《ふたはしら》は、其《そ》の穢繁国《けがらわしきくに》に到着なさった時の汚垢《けがれ》によって成《な》った神である。次に其《そ》の禍《まが》ごとを直《なお》そうとして、成《な》った神《かみ》の名《な》は、神直毘神《かむなおびのかみ》。次《つぎ》に大直毘神《おおなおびのかみ》。次に伊豆能売神《いずのめのかみ》。次に水《みず》の底《そこ》で滌《すす》ぐ時《とき》に、成《な》った神《かみ》の名《な》は、底津綿津見神《そこつわたつみのかみ》。次に底筒之男命《そこつつのおのみこと》。水の中《なか》程で滌《すす》ぐ時《とき》に、成《な》った神《かみ》の名《な》は、中津綿津見神《なかつわたつみのかみ》。次に中筒之《なかつつの》男命《おのみこと》。水《みず》の表面で滌《すす》ぐ時《とき》に、成《な》った神《かみ》の名《な》は、上津綿津見神《うわつわたつみのかみ》。次に上筒之男命《うわつつのおのみこと》。此《こ》の三柱《みはしら》の綿津見神《わたつみのかみ》は、阿曇連《あずみのむらじ》等の祖神として祭り仕える神である。それで、阿曇連等は、其《そ》の綿津見神《わたつみのかみ》の子《こ》、宇都志日《うつしひ》金拆命《がなさくのみこと》の子孫である。其《そ》の底筒之男命《そこつつのおのみこと》、中筒之男命《なかつつのおのみこと》、上筒之男命《うわつつのおのみこと》の三柱《みはしら》の神《かみ》は、住吉大社《すみよしたいしゃ》の三座《さんざ》の大神《おおかみ》である。ここで左《ひだり》の御目《みめ》を洗《あら》いなさった時《とき》に、成《な》った神《かみ》の名《な》は、天照大御神《あまてらすおおみかみ》。次に右《みぎ》の御目《みめ》を洗《あら》いなさった時に、成《な》った神《かみ》の名《な》は、月読命《つくよみのみこと》。次に御鼻《みはな》を洗《あら》いなさった時に、成《な》った神《かみ》の名《な》は、建速《たけはや》須佐之男命《すさのおのみこと》。）

この場面は、伊邪那伎大神《いざなきのおおかみ》が黄泉国《よみのくに》から戻って、禊祓《みそぎはらえ》をしようとする場面で、様々な神々が誕生する。最後には、住吉大社の底筒以下三神が生まれ、続いて、太陽神天照大御神と月神月読命が伊邪那岐命の左右の目から誕生する。天照大御神という天皇家の祖先神で日本の神で至高の存在が、天体の代表の太陽神で、月読命が月の神格化であること、即ち、三貴子の二柱は天体であることが注目される。天父神伊邪那岐命の顔全体を天空と捉えれば、その二つの目が太陽と月になることはよく理解できよう。実際、インドネシア語では、太陽のことを、matahari（天の目）と言う。太陽や月を天空という顔の目とみなす見方は、天空を仰げば実感できよう。

　ところで、天照大御神や月読命の誕生直前に底筒以下三神が誕生しているのは何故か。第七章で述べるように、底筒以下三神は、オリオン座三星の神格化である。この三星は、水平線上に三つ並んで等間隔に垂直に昇るので良く目立ち、かつ、上筒之男命《うわつつのおのみこと》の位置に天の赤道が通っているので、真東から昇り真西に沈み、東西を知る良い指標として航海神とされた。興味深いことに、このオリオン座三星の名を西洋で「東方の三博士」と呼ぶ。キリストは、誕生日のクリスマスが元々冬至の祭りに由来するように、太陽神の性格の濃い神である。そのキリストの誕生を見つけたのが、東方の三博士であった。三博士は、ベツレヘムの星を目当てにキリストの誕生を知ったとされるが、天文的には、この三博士自体がオリオン座三星で、冬至の日の宵に東の地平線から、三星が出現することで、太陽（キリスト）の誕生（一陽来復）を知ったのが、この説話でなかったのか。キリスト教の聖なる復活祭イースターが語幹に「東」を意味する「イースト」を含むように、「東」は、復活生成の聖なる方位であり、それは陰陽道でも同じであった。「日向《ひむか》」も「東（ひむかし）」の語幹「ひむか」から来ており、「東」であると共に「復活生成の聖地」の意味を持つ。日本神話でも、日向《ひむか》の地で天父神の禊ぎがなされ、住吉三神が生まれ、続いて天照大御神が誕生している。これも、東方の三博士がキリストの誕生を導いたのと同様の意味で、日向《ひむか》（東）の地に出現した住吉三神（オリオン座三星）が太陽（天照大御神）の誕生を導いたのではなかったろうか。故に、三貴子誕生の神話も、天文的要素の強い神話と言えよう。

これは、見方を変えれば、この伊邪那伎大神の禊祓《みそぎはらえ》で神々が誕生するのは、極めて宇宙論的な壮大な神話と言えるのでなかろうか。伊邪那伎大神は再三述べるように、天父神としての性格を持つ。つまり、天空そのものを身体として持つ。故に、伊邪那伎大神が禊ぎをすることは、天と海が東を意味する聖地で接触し、触れ合い、ぶつかり合うことで、太陽や月が誕生するという壮大な構想の宇宙的規模での神話であったのでないか。

そして、それをさらに敷衍すると、伊邪那伎大神が黄泉国から帰還して、投げ棄てた御杖に成った衝立船戸神《つきたつふなとのかみ》以下多くの神が出現するが、この神々も、天空神たる伊邪那伎大神の身につけていたものであるから、住吉三神や日や月のように、星や星座として天上世界に投げ捨てられた可能性があるのでないか。黄泉国から引き続く暗黒の天空の中に、天の神である伊邪那岐命が、次々と衣服等を脱ぎ捨てる度ごとに、それが、夜空を飾る星々に変わって行くという発想は、古代人の発想の豊かさからすれば、大いにあり得ることでないか。

例えば、衝立船戸神は、杖が地面に突き刺さって、不動になった状態を表わす命名であるが、地面から杖状のものが突き出ている形は、国生み神話に於ける天の御柱のイメージに繋がるではないか。つまり、衝立船戸神も不動の星北極星の象徴でないのか。次に、御帯《みおび》から成った道之長乳歯神《みちのながちはのかみ》は、その細長い形態が天の河をイメージするのでないか。これは、『おもろさうし』（第十、ありきゑとのおもろ御さうし、五三四番）の有名なおもろに関連した描写が見られる。

ゑけ　上《あ》がる三日月や　　（ゑけ　天に上がる三日月は
ゑけ　神《かみ》ぎや金真弓《かなまゆみ》　　ゑけ　神の立派な弓
又ゑけ　上《あ》がる赤星《あかぼし》や　　又ゑけ　天に上がる金星は
又ゑけ　神《かみ》ぎや金細矢《かなまゝき》　　又ゑけ　神の立派な矢
又ゑけ　上《あ》がる群《ぼ》れ星《ぼし》や　　又ゑけ　天に上がる昴星《すばる》は
又ゑけ　神《かみ》が差《さ》し櫛《くせ》　　又ゑけ　神の差し櫛

又ゑ　け　上《あ》がる貫《の》ち雲《くも》は　　又ゑ　け　天に上がる雲の如き天の河は
又ゑ　け　神《かみ》が愛《まな》きゝ帯《おび》　　又ゑ　け　神が大切にしている帯）

日本思想大系『おもろさうし』の頭注では「赤星　金星。宵の明星」としているが、金星は白い星で赤くはないので、「赤」は誤りであろう。「明星（あかほし）」を「赤星（あかほし）」とした可能性は高い。また、「明星（あかほし）」なら、明けの明星とも考えられるが、三日月との組み合わせであれば、西の空に輝く宵の明星「夕星」の方が適切であろう。同じく、「群れ星」を「星群のこと」とするが、沖縄の方言で、昴星を「プレブシ。ムレブシ。ボレブシ。ボレボシ。（すべて、群れた星の意）」と呼ぶので、これは間違いなく、昴星のことであろう。実際、新村出氏の随筆「昴星讃仰」の中に、京都の東山から出てきた昴星の群れを舞子さんが付けている簪《かんざし》に譬える一文が見られる。また、野尻抱影氏『日本星名辞典』では、昴星の方言として、「カンザシボシ（山梨県甲府市）」が見られる。昴星の星々を簪の飾りの玉に見立てた見方が広く存在するのであろう。

さらに、「貫ち雲」については、「横雲。「のち」はヌチといい横糸を意味する。即ち横糸のようにたなびく美しい雲。対語「あやくも（綾雲）」」と解説する。しかし、他は天体のことを言っているのに、ここだけ気象の話になってしまうのも、やや不自然である。

これは、海部宣男氏が『宇宙をうたう』(1)の中で、「のちくも」を、私は天の川であると思いたい。ここは「横雲」、「夜空にたなびく雲」などと訳されるのだが、星が輝く夜空では、仮に雲がたなびいていても、暗くてほとんど見えない。漆黒の天球をとりまいてきらめく天の川こそ、この雄大にして優美な天の神をかざる帯にふさわしいのではないだろうか。

とあるのに賛同したい。天の川を神が身に着けていた帯に譬えることが有るならば、伊邪那伎大神が脱ぎ棄てた帯が天の川になるという発想も分かりやすいであろう。また、天の川を「貫ち雲」と雲の如きものと見なすのは、中国で、天の川の別名で「雲漢」が『詩経』大雅、雲漢八章や『楚辞』巻十七、九思章句等に見られることからも自然なものであろう。英名で銀河がnebula（星雲）とも呼ばれるのも、ギリシア語の「雲」に由来するのであり、やはり、天の川を雲状のものと見なしたことを示している。また、プトレマイオスは、銀河をFascia（「帯」）と呼んでおり、『おもろさうし』や『古事記』との共通性が見られる。

さらに、出石誠彦氏の『支那神話伝説の研究』に拠れば、天の川には、次のような見方があるという。(2)

1、死者の霊魂の集り帰る所、もしくは霊魂昇天の道とするもの。古代ギリシア……霊魂の集合場所。フィン人・リトアニア人……魂が鳥となって天に昇る道→「鳥の道」。メキシコ・ボリビア・ブッシュマン・アメリカインディアン……霊魂の通路。

2、昼間太陽の通った道（黄道）とするもの。……チュートン諸民族・アラビア人。

3、現実の道や川に譬えたもの。Watling Street……イギリスの通りの名。天のナイル……エジプト。天のユーフラテス……バビロニア。天漢……天の漢水。

特に注目されるのが、死者との関係である。アレンの“*Star Names, Their Lore and Meaning*”では、古代スカンジナビア人は、戦闘で殺された英雄達の宮殿、即ちグラッズヘイムにあるヴァルハラへ行くための幽霊達の小道が、即ち天の川であると言う。また、アメリカインディアンにも同様の観念が見られると言う。[3] 天の川が死者の世界への通路であるならば、伊邪那伎大神が、死者の国である黄泉国から帰還する通路としても、天の川は実に相応しいではないか。西宮一民氏も、『日本古典文学集成　古事記』所載の「神名の釈義」の中で、当該の「道之長乳歯の神」について、「説話的には、黄泉国から現し国への脱出の道程の長さを暗示する」とされている。ここで注目されるのが、『万葉集』巻三・四二〇番歌である。これは、「石田王《いはたのおほきみ》の卒《みまか》りし時に、丹生王《にふのおほきみ》の作る歌一首」（石田王が亡くなった時、丹生王が作る歌一首）であり、

天地《あめつち》の　至《いた》れるまでに　杖《つゑ》つきも　つかずも行《ゆ》きて　……天《あめ》なる　ささらの小野《をの》の　七《なな》ふ菅《すげ》
手《て》に取《と》り持《も》ちて　ひさかたの　天《あま》の河原《かはら》に　出《い》で立《た》ちて　みそぎてましを　高山《たかやま》の　巌《いはを》の上《うへ》に
いませつるかも

「天地が接するその涯《はて》まで　杖を衝いてでも衝かなくても　何とかして行って　……天上のささらの小野（月世界の野）にある　七節の菅を　手に取り持って　天の河原に出て行って　禊ぎをす

れば　良かったのに　それをせずに　石田王を　高山の　巌の上に　置いてしまった（葬ってしまった）ことだ」という意味だが、何故、天の河で禊ぎをするのかと言えば、古代日本においても、天の川は死者があの世へ行くための通路で、そこでは、石田王の霊魂が、今まさに昇天しようとしているから、それを捕まえて、再生させることが出来ると考えたのではなかろうか。歌としては、実際は不可能であった訳だが、観念としては、霊魂の天の川を通しての昇天と、魂の再生・復活という意味合いが存在したことを示しているのではないか。

以上、御帯《みおび》から成った道之長乳歯神《みちのながちはのかみ》は、その細長い形態が天の河をイメージすると解釈したい。

次に、御裳《みも》に成《な》った神《かみ》である時量師神《ときはかしのかみ》はどうか。この部分は、「御裳《みも》」とする本文と、「御嚢《みふくろ》」とする本文の両方があり、難しい面を持つが、禊ぎをするに当たって、衣服を脱いで行く順番等から考えて、「御裳」説を採りたい。[4]その場合、「時量師神《ときはかしのかみ》」という名称との関わりは、「解《と》き佩《はか》しの神」の借訓で、「（神が）腰から下に身に着けていらっしゃるものをお解きになる（ことから生まれた）神」の意とした。しかし、「時量師神」を文字通り、「時《とき》を量《はか》る神《かみ》」として正訓字で理解する可能性も否定はしなかった。そこで、今回は、その可能性を探ってみたい。

『古本説話集』巻下・第四十七には、次のような話がある。

空《そら》つゝ闇《やみ》になりて、くもりて、星も見えねば、「なにをしるしにてか、刻《とき》をはからはすべきやうもなし。」など言ふほどに、風も吹かぬに、御堂《みだう》のうゐにあたりて雲方《ほう》四五丈ばかり晴れて、七星きら〳〵とみえ給ふ。それをもちて時をはかる。とら二つになりにけり。（空は真っ暗闇になって、星も見えないので、「何を基準として、時刻を〔計ろうか。〕計らせる方法もない。」等と言っているうちに、風も吹かないのに、御堂の上に当たるところが、雲が四五丈〔一二メートルから一五メートル〕四方程晴れて、北斗七星がはっきりと見えなさった。此れによって時刻を図って見たところ、寅二つ〔午前三時半頃〕になっていた。）

『今昔物語集』巻十二・二十一話にも、「陰陽師《おんやうじ》安倍《あべ》ノ時親《ときちか》ト云《い》フ者」の話としてほぼ同内容の説話が見える。

これは、陰陽師が、北斗七星の柄の指す方向で時刻を判定するものである。「時を量」るという表現が出てくることが注目される。北斗七星で時を計っていたのであれば、北斗七星は、時を知らせる指標として神になりうるのでないか。つまり、文字通り、「時量師神」になるのでないか。『古本説話集』や『今昔物語集』は、平安後期の作品なので、『古事記』とは時代が隔たっている。しかし、陰陽師自体は、『古事記』編纂以前から存在した。

『日本書紀』天武天皇十三年（六八四）二月の条には、次のようにある。

庚辰《かのえたつのひ》〔二十八日〕に、……陰陽師《おむやうじ》・工匠《たくみども》等を畿内《うちつくに》に遣《つかは》して、都《みやこ》つくるべき地《ところ》を視《み》占しめたまふ。（二月二十八日に、……陰陽師や大工等を畿内に派遣して都を造るべき場所を占わせた。）

とあり、さらに、天武天皇四年（六七五）正月の条には、丙午《ひのえうま》の朔《ついたちのひ》に、大学寮《ふむやつかさ》の諸《もろもろ》の学生《ふむやわらは》・陰陽寮《おむやうのつかさ》・外薬寮《とのくすりのつかさ》……薬及《くすりおよ》び珍異《めづら》しき等物《ものども》を捧《ささ》げて進《たてまつ》る。……庚戌《かのえいぬのひ》（五日）に、始《はじ》めて占星台《せむせいだい》を興《た》つ。（一月一日に、大学寮のもろもろの学生・陰陽寮・外薬寮……薬と珍しいものなどを手に持って来て進上した。……五日に、（日本で）初めて占星台を建てた。）

とあり、既に、陰陽寮が成立して、ある程度時間が経っていることが分かるから、かなり早くから、陰陽師は存在したのであろう。そして、夜、北極星を観て時間を計っていたとすれば、「時量師神」が、そこから生まれる可能性も確かにあり得よう。

その場合、「投《な》げ棄《う》つる御裳《みも》に成《な》れる神《かみ》の名《な》は、時量師神《ときはかしのかみ》」とあることは、どう説明すべきであろうか。北斗七星と御裳はどう結びつくのか。これは、実はなかなか難しい問題であるが、単純に考えれば、北斗七星の並び方が、裳を解いた形と似ているのでなかろうか（図2参照）。北斗七星の形は西洋では、大熊や杓《ひしゃく》、車、鋤《すき》の形に、中国では、杓や車、剣の形に、日本では、サイコロ・杓・枡《ます》・船・舵《かじ》の形に見た。[5] 共通しているのは、杓の形に代表されるように、台形をしたものに柄が付いたような形が多いということである。つまり、裳を解いだ時、裳と裳の紐（帯）が広がった形は、北斗七星の一般的な形態として、十分あり得る形態ではないかと思うのである。

「次に投げ棄つる御衣《みけし》に成《な》れる神《かみ》の名《な》は、和豆良比能宇斯能神《わづらひのうしのかみ》」とある部分も、同様に何かの星と見なすことも可能だろうが、何を指すのか現時点では不明である。

「次に投げ棄《う》つる御褌《みはかま》に成《な》れる神《かみ》の名《な》は、道俣神《ちまたのかみ》」とある部分は、Y字型をした星団である畢星《ひっせい》（ヒアデス星団、おうし座の顔）を指すのではないかと考える。Y字型は、まさに「褌」の形そのものである（図3参照）。また、野尻抱影氏の『星の神話伝説集成　日本及び海外編』では、「おうし座」の項で、インドネシアの次のような伝説を紹介している。

　インドネシアのある部族では、タマンカバは酋長の名である。ある時、彼は天へ昇っていたが、下界へ下りる道が分からなくなった。それを尋ねると、「二またに分れた道に出たら左へ行くがいい」と云われた。その通りに行ってみると、川べりに出た。木の枝が橋にかかっていたが、渡ろうとするとひどくゆれる。それで、あと戻りして右の道を行ってみるとすばるのところへ出た。そこの住民はタマンカバにいろいろ農作のことを教えてくれた。やがて或る日のこと、タマンカバが高地に登ってみると、目の下に下界が見えたので、急いでとび下りた。そこが家の近くだった。それから、タマンカバは、天上でおぼえて来た農作の方法を部族の人たちに授けてから、「おれは七日の後に石になる」と予言した。はたしてその通りになって、今でもそこに大石が祭ってある。それ以来、すばるをタマンカバと呼ぶようになった。

　野尻抱影氏は、この伝説を「農作の知識をすばる星から教えられたとする伝説として、世界にも類のない、すぐれたもの」と称賛された。この伝説の中で、「二またに分れた道」が出てくるが、これは明らかに畢星（ヒアデス星団）のY字型を二股の道と見なしたものである。その証拠に、

「左へ行くがいい」と云われて、その通りに行ってみると、川べりに出た」と描くが、これは、ヒアデス星団のY字型のVの部分の左の方、即ち、主星アルデバランがある方に行くと天の川に出ることを示していよう。また、「あと戻りして右の道を行ってみるとすばるのところへ出た」というのは、ヒアデス星団のY字型のVの部分の右の方へ行くと、昴星に近づくことを指していよう。これを図示すると、図3のようになる。このことは、ヒアデス星団、即ち畢星が、別れ道、即ち、「道俣《ちまた》」として描かれていることになる。つまり、その道俣が神であれば、まさに「道俣神《ちまたのかみ》」となろう。

さらに言えば、第十二章で述べる如く、この畢星の部分は、天孫降臨の段で、天《あめ》の八衢《やちまた》に居る猨《さる》田毘古神《たびこのかみ》の顔となる部分である。『日本書紀』神代下第九段一書第一では、「猨田彦大神《さるたひこのおおかみ》」を「衢《ちまたの》神《かみ》」と呼んでおり、まさに畢星から成り立つ神として相応しい呼称を持つ。

これは、恐らく、道長乳歯神という黄泉国からの長い道のりの後で、別れ道に来て、どちらに行くか迷うと言った意味合いが込められているのであろう。

これ以降の「次に投げ棄《う》つる御冠《みかがふり》に成《な》れる神の名は、飽咋之宇斯能神《あきぐひのうしのかみ》」は、そのままストレートに考えれば、冠の如き形態の星座と見なせるが、よく分からない。

「次に投げ棄《う》つる左の御手《みて》の手纏《たまき》に成《な》れる神《かみ》の名《な》は、奥疎神《おきざかるのかみ》。次に奥津那芸佐毘古神《おきつなぎさびこのかみ》。次に奥《おき》津甲斐辨羅神《つかひべらのかみ》。次に投《な》げ棄《う》つる右《みぎ》の御手《みて》の手纏《たまき》に成《な》れる神《かみ》の名《な》は、辺疎神《へざかるのかみ》。次に辺津那芸佐毘古《へつなぎさびこの》

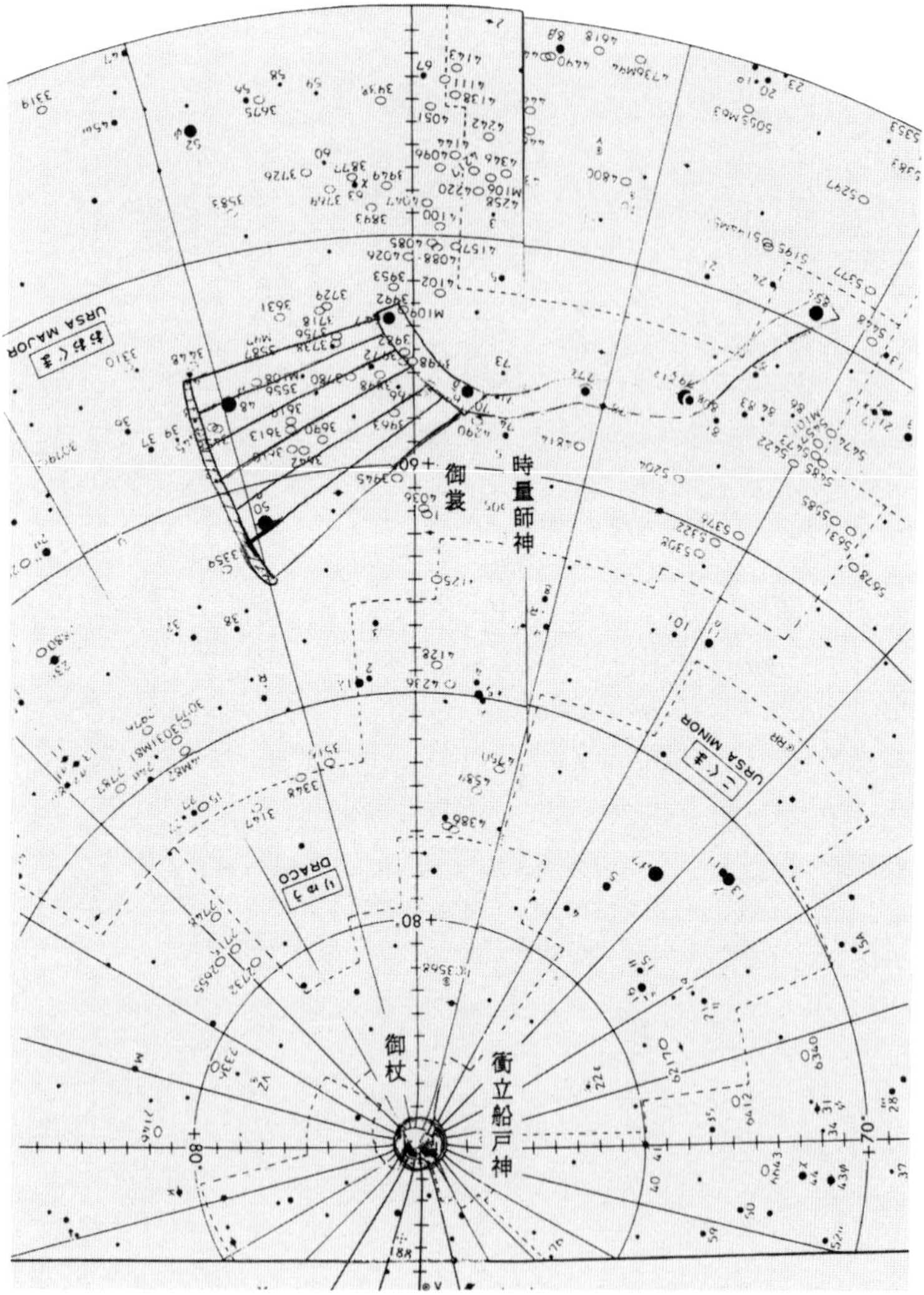

図 2

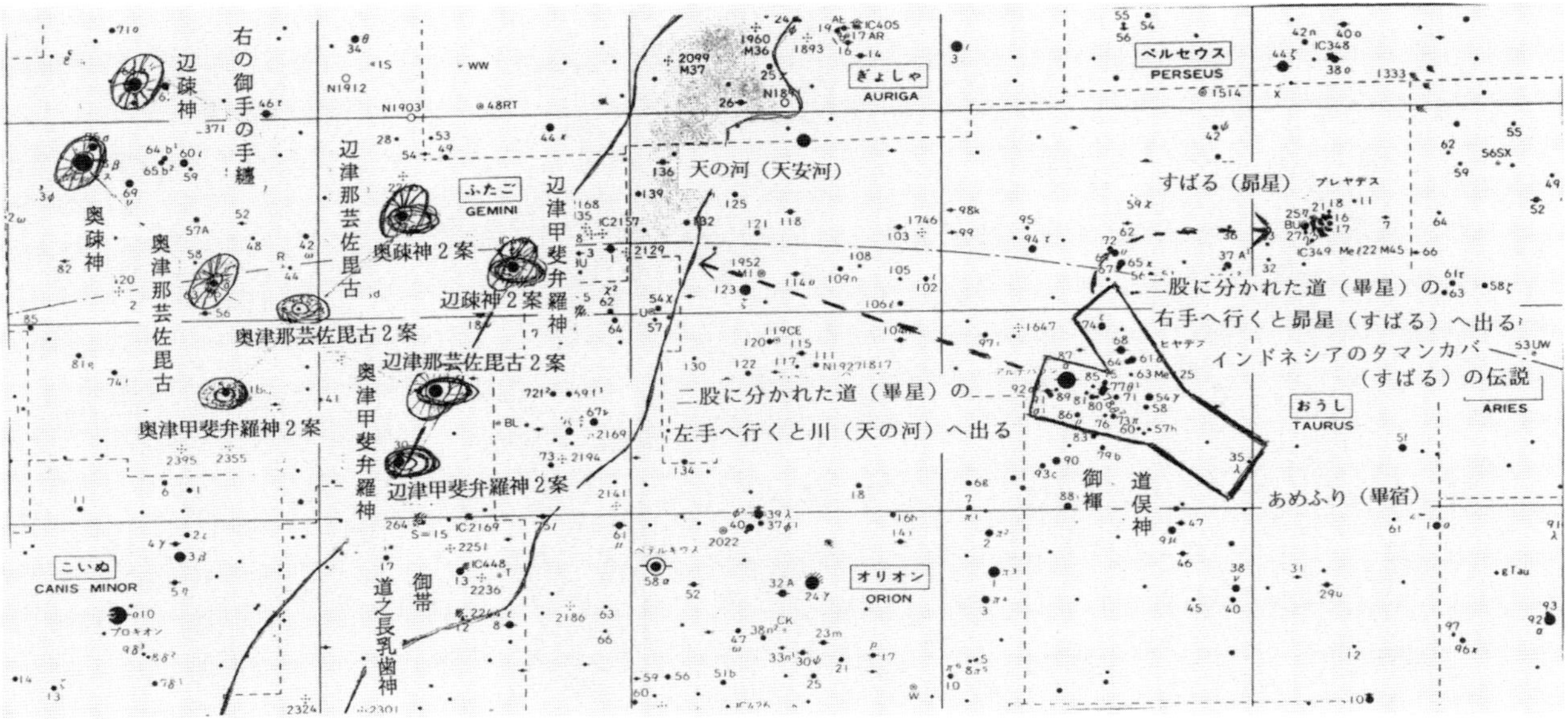
右の御手の手纏
辺疎神
奥疎神
奥津那芸佐毘古
奥津甲斐弁羅神
辺津那芸佐毘古
辺津甲斐弁羅神
奥疎神２案
辺疎神２案
奥津那芸佐毘古２案
辺津那芸佐毘古２案
奥津甲斐弁羅神２案
辺津甲斐弁羅神２案
道之長乳歯神
御帯
天の河（天安河）
二股に分かれた道（畢星）の
左手へ行くと川（天の河）へ出る
すばる（昴星）
プレヤデス
二股に分かれた道（畢星）の
右手へ行くと昴星（すばる）へ出る
インドネシアのタマンカバ
（すばる）の伝説
御褌
道俣神
あめふり（畢宿）
ふたご
GEMINI
ぎょしゃ
AURIGA
ペルセウス
PERSEUS
おうし
TAURUS
ARIES
オリオン
ORION
こいぬ
CANIS MINOR
プロキオン
ベテルギウス
アルデバラン
ヒヤデス
図 3

神《かみ》。次に辺津甲斐辨羅神《へつかひべらのかみ》」とあるのは、一つの可能性として、双子座の星が並んだ様子の神格化と見ることが可能でないか。アラブ世界では、双子座のαをアル・アウワル・アル・ディラー、即ち、「前腕の先端」、βをアル・ターニー・アル・ディラー、即ち「前腕の踝《くるぶし》部分」と腕と関連付けた呼称を持つことが参考になろう。日本の方言では門杭（かどぐい、静岡県加茂郡稲取町）、門柱（もんばしら、静岡県焼津市）、門星（もんぼし、静岡県榛原郡川崎）等、門松の柱に見立てたものがある。双子のカストールとポルックスが並んでいる様を門松に見立てた訳だが、これと同様な見方で、左右の手に着けた腕輪の神が想像されたのではなかろうか。(5) なお、中国の井宿《せいしゅく》の星々に相当するという見方もできる。（図3参照）

これ以外にも、多くの神々が出現するが、これらが何に該当するか、あるいはしないかは、現時点では不明である。

この後、住吉三神であるオリオン座の三つ星、並びに、太陽神天照大御神と月の神月読命が、伊邪那岐命の禊ぎで出現する訳であるが、これも、天空神の体から、オリオン座の三つ星、太陽・月などが生まれる様子、つまり、天空から日月・星辰が誕生する天文神話に他ならない。伊邪那岐命の禊祓の条は、非常に難解な神話であるが、天からの日月の誕生は誰も否定できないところであろう。本章は、それを少しさかのぼらせ、それ以前の部分も、同様に解釈できないかを試みた一試論である。オリオン三つ星、太陽の神・月の神については、次章以下で詳しく説明したい。

【注】

(1) 海部宣男『宇宙をうたう　天文学者が訪ねる歌びとの世界』(中公新書、一九九九年六月)。

(2) 出石誠彦『支那神話伝説の研究』(増補改訂版、中央公論社、昭和四八年十月)。

(3) Richard Hinckley Allen "*Star Names, Their Lore and Meaning*", Dover Publications, Inc., New York, 1963.

(4) 拙稿「伊邪那岐命の禊祓の段における時量師の神の解釈について」(『古事記年報』三九号、平成九年一月)。

(5) 注 (3) 並びに、野尻抱影『日本星名辞典』(昭和四八年十一月、東京堂出版) 等に拠る。

第七章　住吉三神の誕生と星を目当ての航海

――オリオン座の三つ星は航海の神

住吉大社の祭神である住吉三神は、伊邪那岐命《いざなきのみこと》の竺紫《つくし》の日向《ひむか》の橘《たちばな》の小門《おど》の禊《みそ》ぎで出現する。その場面を『古事記』は、次のように描く。

次《つぎ》に水《みづ》の底《そこ》に滌《すす》く時《とき》に、成《な》れる神《かみ》の名《な》は、底津綿津見神《そこつわたつみのかみ》。次《つぎ》に底筒之男命《そこつつのをのみこと》。中《なか》に滌《すす》く時《とき》に、成《な》れる神《かみ》の名《な》は、中津綿津見神《なかつわたつみのかみ》。次《つぎ》に中筒之男命《なかつつのをのみこと》。水《みづ》の上《うえ》に滌《すす》く時《とき》に、成《な》れる神《かみ》の名《な》は、上《うは》津綿津見神《つわたつみのかみ》。次《つぎ》に上筒之男命《うはつつのをのみこと》。……其《そ》の底筒之男命《そこつつのをのみこと》・中筒之男命《なかつつのをのみこと》・上筒之男命《うはつつのをのみこと》の三柱《みはしら》の神《かみ》は、墨江《すみのえ》の三前《みまへ》の大神《おほかみ》なり。（伊邪那岐命《いざなきのみこと》が、次《つぎ》に水《みず》の底《そこ》で体《からだ》をお洗《あら》いになった時に、成《な》った神の名は、底津綿津見神《そこつわたつみのかみ》。次に底筒之男命《そこつつのおのみこと》。水の中《なか》ほどで体をお洗いになった時に、成《な》った神《かみ》の名《な》は、中《なか》津綿津見神《つわたつみのかみ》。次に中筒之男命《なかつつのおのみこと》。水の表面で体をお洗いになった時に成《な》った神《かみ》の名《な》は、上津綿津見神《うわつわたつみのかみ》。次に上筒之男命《うわつつのおのみこと》。……其《そ》の底筒之男命《そこつつのおのみこと》・中筒之男命《なかつつのおのみこと》・上筒之男命《うわつつのおのみこと》の三柱《みはしら》の神《かみ》は、住吉大社《すみよしたいしゃ》の三座《さんざ》の大神《おおかみ》である。)

この底筒之男命以下三柱の神が、如何なる神で、何故住吉大社に祭られているのかという点については、次の如き諸説がある。(1)

一、オリオン座の三つ星《みぼし》の神格化と見なす説。即ち、底筒之男命以下の神名中の「筒《つつ》」は星を表し、その数が三で、航海の指標となるから。(西村真次、野尻抱影、倉野憲司氏等)

二、「底つ津」「中つ津」「上つ津」で、船着場の神。(山田孝雄、西郷信綱氏等)

三、船の安全を守護する「船玉《ふなだま》の神」を納める筒柱《つつばしら》を神として信仰したもの。底・中・上には、海を三分したことに準じたもので、深い意味はない。(西宮一民氏等)

これらの説の中では、どれが適切であろうか。それぞれ一理あると考えるが、二説も三説も、何故、「底」「中」「上」と三神に分かれなければならないのかという点が十分納得のいく説明がなされていないように思われる。その点、第一説は、オリオン座の三つ星と見なすので、数字的には、一番説得力があると思われる。そこで、第一説の星神説を中心に航海との関係を併せて以下考察してみたい。

一、野尻抱影氏の説――オリオン座の三つ星

住吉三神をオリオン三つ星と見た代表として、野尻抱影氏の説を取り上げたい。

氏は、『星の神話・伝説集成』において、次のように述べられた。(2)

住吉三神が上代以来航海の神として仰がれてきたことは周知の事実で、これは海に関係ある星の神格化と考えられる。その場合、ミツボシ以外の星は求められない。

このミツボシとは、オリオン座の中心に位置し、一直線に、かつ等間隔に並んだ三星のことである。中国の星名で、オリオン座の中央の鼓《つづみ》型を「参《しん》」と呼ぶのも、このミツボシ（三星）に基づく命名である。このミツボシ（以下三つ星と表記する）を住吉三神であると野尻氏が推定されているのは、どういう根拠からであろうか。整理すると、次のようになる。

1、住吉三神は航海神であるが、三つ星は正しく東から昇るので、北斗七星と共に方角を教える代表的な星群として尊ばれてきたのであり、航海神として神話化されるには相応しい条件を有していたこと。

2、三つ星は、昴星、北斗七星と共に、どんな未開の民族にも知られ、かつ、親しまれて来た星群であること。

3、三神が海から次々と誕生する仕方は、三つ星が直立して、一つ一つ海から出現する姿を連想させること。

以上の三点が、論拠とされる主な点である。これらの論点は、確かにどれも納得できるものである。しかし、こうした星神説に対する反論もあるので、その点も併せて考察する必要があろう。

最初に2の点について言えば、この点は、ほとんど問題があるまい。オリオン座は、天の赤道上に位置するため、全世界から見ることが出来、かつ、一等星が二星、二等星が五星（それぞれ全天の十分の一）も集まった光彩の強さと、赤・白・黄・青の色彩美、さらには、鼓型に整った整合美によって、満天で一番良く目立つ星座である。この星座に関する神話・伝説・口碑の類は枚挙に遑がない程である。この星座の存在を知らない民族は実際に皆無と思われる。日本の方言においても他の諸星座を圧倒して最も多く、野尻氏の『日本星名辞典』には、約百種類あり、その半数が、当該の三つ星に関するものである。日本人にとっても、三つ星が非常に親しみ易い星群であったことは間違いあるまい。現代の方言に見られる、「みつがみサマ（三神様）」「さんじょうさま（三星様）」「おさんだいしょうさま（お三大星様）」「さんだいしさま（三大師様）」などと、三つ星を神格化し、さらに敬意と親愛を込めて呼ぶ方言が各地に残っているのは、日本人の三つ星に対する接し方をよく示しており、三つ星が神話化される可能性を有していたことの傍証となろう。(3)

翻って、1の点について、西宮氏は次の如く述べられている。(4)

「筒《つつ》」を「星」の意とし、星による航海神だとする説がある。しかし、星は「つづ」であり、また古代の航海は潮流と風向きと磯づたいによったもので、この説は成立しない。

このように日本の古代に星による航海があったとする説と無かったとする説は、どちらが妥当であろうか。

第一に、航海を否定する説では、星は「つつ」でなく、「つづ」だとされるが、「つつ」である可能性はないのであろうか。

大野晋氏は、島根・壱岐・大分・香川等で粒をツヅというところから、古く空の星粒をツツまたはツヅと言ったのであろうと指摘された。(5)

古代語の「星」は「ツツ」でなく「ツヅ」だとするのは、『日葡辞書』に"Yŭtçuzzu"、『伊京集』に「太白星《ユフツヅ》」、文明本『節用集』に「太白星《ユフツヅ》」などとあるのを根拠にされていると思われる。宵の明星を意味するこの言葉が、室町末期において、「ゆーつづ」と発音されていたと言えることは間違いあるまい。しかし、十六世紀に濁音で発音されていたからと言って、それより九百年以上前にも、同じく濁音で発音されていたという保証はない。これには、二つの理由を挙げることが出来よう。

一つは、平安時代の辞書類にも、ユフツツという語は見出されるが、それらの清濁は既に不分明であることが、その理由である。

例えば、『倭名類聚鈔』には、「太白星・長庚」に対して、「由布都々（真福寺本）」「由不豆々（元和本）」とあり、『類聚名義抄』には、「長庚　ユフツヽ（観智院本）」とある。もともと『倭名類聚鈔』は清濁の区別をしていないし、『類聚名義抄』は、部分的の清濁があるのみで全体を覆っていないので、この「ユフツヽ」が表記通り清音なのか、濁音表記を付けていないだけなのか不明だからである。結局、平安時代においてユフツゝは、〔ユフツツ〕か〔ユフツヅ〕か、その清濁は判然としないのである。まして、それよりさらに以前の、飛鳥・奈良時代の「ツツ」という語の清濁は、〔ツツ〕か〔ツヅ〕か決定しかねるのである。

第二に、ツヅク（続く）という語の語幹「ツヅ」は、現代語では勿論のこと、室町時代の辞書、例えば、『日葡辞書』には、"Tçuzzuqi, u, uita"とあり、遡って、平安朝の辞書でも例えば、『類聚名義抄』には、「接　ツヅク（観智院本）」と、濁音の語幹「ツヅ」を有している。それ故、「ツヅク」という語は、現代から室町を経て、平安末期に至るまで第二音節が濁音の「ヅ」であったことは間違いないのである。ところが、さらに遡って、奈良朝になると、『記紀』『万葉』の表記から判断して、第二音節が清音の「ツツク」であったことはほぼ明らかなのである。[6]

従って、「続く」は、平安末期以降、「ツヅク」と濁って発音したにもかかわらず、上代には、「ツツク」と清んだ訳で、語幹だけに注目すれば、平安末以降の「ツヅ」と上代の「ツツ」が対応していることになる。この一事から推しても、室町期に「ツヅ」であったから、上代でも「ツヅ」であったなどとは、簡単には言えないことが分かるのである。

平安朝に濁音例がある語でも、奈良朝における清濁が逆転しているのだから、まして、室町期にしか濁音例がない語は、奈良朝に於ける清濁は、万葉仮名の例がない以上、辞書類からの判定によっては、不明であるとすべきである。

ところで、そうした困難さがあるにしてもツツの清濁を判定することは全く不可能であろうか。一つの解決法として、古代日本人の思惟方法から接近する試みが可能ではなかろうか。言葉を換えて言えば、語源的解釈と言っても良い。即ち、古代日本人が、中国語の「星」に相当するものを、どのように把握していたかということである。「星」を意味する大和言葉として、ホシとツツ（ツヅ）があることは、周知の事実である。このうち、ホシについては、大野晋氏は、朝鮮語のPyol（星）と関係があると述べられ、他にも諸説が行われているが、今一つ判然としない。狩谷棭斎《かりやえきさい》のように、「按《あん》ずるに保《ほ》は火《ほ》なり。星《ほし》の光《ひかり》、燿《かがや》くこと火《ひ》の光《ひかり》の如《ごと》し」（考えてみるとホシのホは火である。星の光が輝くことは火の光のようである。『箋注倭名類聚鈔《せんちゅうわみょうるいじゅしょう》』）として、火の光と関係づけるのも有力な見方で、筆者も、ホシのホは、火（ほ）と関係づけるのが適当ではないかと考えている。

一方、当該の「ツツ（ツヅ）」であるが、星を表わす確実な例は「ユフツツ（宵の明星）」のみである。ただ、複合語にしか用いられず、単独で使用された例が見られないのは、ホシよりもさらに古い、日本語の基層に位置する語であることを意味しているのかも知れない。

さて、上記の困難を承知で、敢えて言えば、当該のツツ（ツヅ）は、やはり、清音のツツであったと考える。それは、『記紀』の天孫降臨神話等から推定して、古代日本人は、天を、ある一定の厚さを持った確固とした物質で覆われたドーム状のものだと考えていた形跡が見られるからである。そのドーム状の宇宙観にあっては、星は、そのドームを貫き天地を結ぶ丸く細長い中空の穴である訳で、それを一言で表せば、ツツ（筒）となるのである。すなわち、古代日本人は、星を、天に開いた、円く細長い中空の穴と観念したために、ツツ（筒）と呼んだのではないかと思われるのである。この点については、第十章で、改めて詳しく述べたいと思う。

その場合、先のホシと関係付けて言えば、その天の穴たる筒（ツツ）から漏れている光が、すなわち、星（ホシ、火の光）でないかとも推測されるのである。

もし、この推論が正しければ、古代において、星を意味する語は清音のツツであったのであり、現在考察の対象としている底筒之男命以下三神は、「筒（ツツ）」という表記と発音から考えて、星を意味した「筒（ツツ）」の貴重な残存例と推測されるのである。

二、星と航海の関係について——航海の指標としての星

第二に、古代において、星を航海の指標とすることが有ったか無かったか、その適否を検討したい。

現在、海洋を航行するのには、地文航法、天文航法、電波航法等がある。このうち、天文航法は、その歴史も古く、最も基本的で、かつ正確な航法であり、天文学の発達と相俟って発展してきた航海術である。これは、世界中で行われて来た最も一般的な航海術であるから、外国にも沢山の資料がある。例えば、古代ギリシアのホメーロス作の『オデュッセイアー』第五書には、次の如く

ある。(7)

それから彼は舵をあやつり、技《わざ》もたくみに船をどんどん進めていった、坐ったまま、だが、けっして睡りが眼瞼《まぶた》の上にふりかかるのも許さなかった、すばるの星をながめたり、おくれて牧人座の星、あるいはまた大熊座の、世の人に荷車（北斗七星）と仇名を呼ばれ、同じところをぐるぐる廻って、オーリオーンの見張りをつづけ、ただひとり、大洋河《オーケアノス》の水の沐浴《ゆあみ》にあずからない、星々の、観察を怠らないのも、女神のうちにも気高いカリュプソーが、（オデュッセウスに）海上を進んでゆくおり、いつでも左手《ゆんで》におくようと命じたからで。

ここには、昴星・アルクツールス・北斗七星・北極星を左手に見ながら、東に向かって航海するオデュッセイアーの姿が活写されている。日本の場合はどうであろうか。

大洋の航海では勿論であるが、日本の近海や内海の航行においても、天文航法が頻繁に利用されてきたことは、多くの例を挙げることが出来る。順序として、現代から古代へ遡ることにする。

例えば、昭和初期の採集例では、帆船に何十年も乗っていた老船頭の発言として、真っ暗闇の玄海や周防灘を航海する時には、夜通し不眠不休で、ネノホシ（北極星）やシソウボシ（四三星、北斗七星のこと）を見守りながら舵づかを握っていたという例が報告されている。(8) また、第二次大戦中、南支那海で爆沈された運送船の乗員の一部が、オリオン座の三つ星で方向を知り、ボートを台湾北端の無人島に漕ぎ着けて助かったという。(9) また、宮城県亘理郡荒浜村の老漁夫、菱田助治郎氏は、星アテ（星の位置によって方位等の見当をつけること）について、次のように発言されている。[10]
今ではコンパリ（コンパスの針）を使うが、もとは昼間は山アテ、夜は星アテを使った。星アテにする一番はキタノヒトツ（北極星）、これは年中少しも動かない星。（中略）明け方の出船はアケノミョージン（明けの明星、金星）を見るが、時にはヨナカノミョージン（木星）、ヨイノミョージン（宵の明星、金星）もある。沖から帰って来る時は、マツグイ（双子座のα、β）とサンカク（大犬座のシリウス下方の三星）をアテにする。どっちも天井から少し下がった辺りを沖から山の方へ動く。（中略）冬の星にはムヅラ（すばる）とサンデーショ（三大星、オリオン座の三つ星）がある。サンデーショが明け方初めて見えるのは、土用の丑の日。それから、この星が宵から出て海から水ばなれする時刻が、当地の名産イシガレイの一番よく取れる時だ。
この発言に拠れば、沿岸しか航海しない漁船にとっても、いかに多くの星々が、方位等を示すアテ星として、ごく最近まで使われていたかがよく了解される。
また、桑原昭二氏に拠れば、瀬戸内地方では、件のオリオン座の三つ星が、まさしく「アテボシ」という方言で呼ばれており、三つ星が、瀬戸内海を航行する船舶にとって、航海の指標であったことが如実に示されているのである。[11]
遡って、江戸時代には、次のような例がある。安永四年（一七七五）の俳人旦水《たんすい》の『佐渡日記』

には、次の如く記されている。[12]

暮《くれ》ぬ間《ま》に小木《おぎ》のみなとへといらつて漕《こぎ》わたり、しほゐもなくて日暮《ひくれ》たれば、下《しも》の五日《いつか》のやみ、汐《しほ》のみ底《そこ》に光《ひか》る。船子《ふなご》のいふ、「かう闇夜《やみよ》となりて、此海《このうみ》づらの覚束《おぼつか》なきに、やるかた猶《なほ》あやふし。さればとて船《ふね》は小《ちひ》さし、波《なみ》は高《たか》し。爰《ここ》に泊《はつ》べきてだてあらじ」とひた歎《なげき》になく。旦水《たんすい》、船《ふね》のうへ聊《いささか》こゝろ得《え》てあるが、声《こゑ》をいからし、「未練《みれん》の舟子《ふなご》哉《かな》。あれ見《み》よ。三《み》ツ連《つら》ねたる星《ほし》にあてゝやらんには、磯輪《いそわ》かならずはぐるべからず。おせやおせや」と、舷《ふなばた》たゝきて、をたけひす。（中略）又三《またみ》ツの星《ほし》にあてゝ漕《こぐ》ほどに、「あれよ、磯《いそ》かたに火《ひ》の二《ふた》ツもみゆるぞ。よせよよせよ」と曳々《えいえい》こゑ出《いだ》してやりつくれば、小木《おぎ》の外《そと》の間《ま》といふに船入《ふないり》たり。〔日が暮れないうちに、小木《おぎ》の港へと舟を貸し切って漕いで渡って行ったところ、汐《しお》の流れも無くなり、日が暮れてしまったので、月の下旬五日〔二十五日〕の闇の中で、汐だけが海の底で光って見える。船頭が言うことには、「このような闇夜になって、此の海面がはっきり見えず、行く先はやはり危険だ。そうは言っても舟は小さいし、波は高い。此処《ここ》で停泊する方法もない」とひたすら嘆く。私旦水《たんすい》は、舟の操縦について少し知識があったので、声を怒らして言うことには、「未練がましい船乗りだな。あれを見なさい。三つ並んでいる星を目当てとして舟を進ませれば、磯の入り組んだ所でも、目当ての場所をはずれてしまうことはない。どんどん進め」と舷《ふなばた》を叩《たた》いて、雄叫《おたけ》びの声を挙げる。〔中略〕そこで、また、三つ並んだ星を目当てとして漕いで行くうちに、「あれを見よ。磯の方に火が二箇所も見えるぞ。〔あの火の所に」近づけよ近づけよ」とエイエイと声を出して、舟を進ませたところ、小木《おぎ》の外《そと》の間《ま》と言うところに入港出来た。）

ここには、「三ツ連ねたる星」を目当てとして、無事に目的地に着けた様子が活き活きと描写されている。この「三ツ連ねたる星」は、野尻抱影氏に拠れば、当該のオリオン座三つ星のことである。[13] この一文によって、当時においては、俳人でさえ、星アテを知っていて航海に利用したことが分かるのである。

また、江戸時代の俚謡として次のような歌が残っている。[14]

○北の麓にて一つ《ひとつ》出る星は、諸国船出の目あて星（八丈島司庁の古記録）（北の空の麓〔下方〕に一つ出る星〔即ち北極星は、じっと動かないので〕諸国の船出の時の目当ての星になるよ）

○あだに思ふなニノホノホシを、殿が見あてに舟はせる（若狭、雄島村安島の盆踊り歌）（浮《うわ》ついたものだと想いなさるな、ニノホノホシ〔子の方向の星、即ち、北に位置する北極星〕を。殿は、あの星を目当てに舟を走らせて、あなたのところに来るのだから）

これは、北極星を目当てに航海することを歌った民謡で、航海と星の深い関係が、民衆のレベルで語られていたことを物語るものである。

さらに遡って、室町時代では、お伽草子の次のような記事が注目される。[15]

五からす、御ふみ、うけとり、（中略）かのたひに、おもむきて、とひゆくほとに、かいしやう、まんまんとして、ほとりもなく、くものなみ、けふりのなみをしのき、ひるはひねもす、日の入る方を、目にかけ、夜るはよもすから、九よう七ようの、ほしをしるへに、あけぬくれぬと、とひゆくほとに、（室町時代末期絵巻『いつくしま』）（五がらすは、とうしやう国の王様から御ふみを、受け取り、〔中略〕さいしやう国の姫君の許へ届ける、その旅に赴いて、飛んで行くうちに、海の上は、水が満々として、脚を休める場所もなく、雲のように重なった波や、煙のように立ち込めた波を乗り越えながら、昼は一日中、太陽の沈む方向を目に掛けて、それを目当てとして飛び、夜は夜中、九曜〔すばる〕や七曜〔北斗七星〕の星を標《しるべ》として飛び、夜が明けても、日が暮れても、飛び続けて行ったところ、）

これは、厳島《いつくしま》神社の本地譚で、天竺の一大国とうしやう国のせんさい王が、さいしやう国の姫君に恋をし、その想いを告げるために、五がらすが使者となって、飛び行く場面である。この場面は、鳥の飛翔であるが、航海に準じて考えることが出来よう。昼間は太陽、夜は、九よう（九曜の星、昴星《すばる》のこと）、七よう（七曜の星、北斗七星のこと）を標《しるべ》として飛行したのであり、当時、昴星や北斗七星を目当てに航海したことの反映であることは間違いあるまい。

なお、「いつくしまのゑんぎ」（横山重『室町時代物語集』第一巻所収）では、次のように作る。(16)

昼《ひる》は日《ひ》の入《い》る方《かた》を西《にし》とおもひ、夜《よる》は四三《しさう》のほしを目《め》にかけとび行《ゆく》ほどに、（昼《ひる》は日《ひ》が沈む方向を西《にし》と思って、夜《よる》は四三《しさう》の星〔即ち、北斗七星〕を目に掛けて、飛んで行くうちに、）

こちらの方が方位は明確である。
南北朝時代の『義経記』には、次の如き一節がある。(17)

さる程《ほど》に日《ひ》も暮《く》れぬ。（中略）空《そら》さへ曇《くも》りたれば、四三《しさう》の星《ほし》も見《み》えず。たゞ長夜《ちょうや》の闇《やみ》に迷《まよ》ひける。（そうこうしているうちに日も暮れてしまった。（中略）空さえ曇ってしまったので、四三《しそう》の星《ほし》（北斗七星）も見えない。ただもう無明長夜《むみょうちょうや》の闇に迷うような有り様であった。）

引用は、義経の一行が、頼朝に追われて、月丸という大船に乗って西国へ逃れて行く途中、武庫沖で、霰交《あられま》じりの暴風に出遇い難儀している場面である。四三《しそう》の星《ほし》（北斗七星）が見えれば、方位が分かり、進路も定まるのに、それが出来ないために、「長夜の闇に迷」わざるを得なかったのである。

さらに、平安朝の海賊に淵源する伊予の水軍、能島《のじま》家に伝わる『能島家伝《のじまけでん》』巻五には、その「日《ひ》和《より》見《み》様《よう》之《の》事《こと》」の中に、次のような一節がある。(18)

一、（前略）四三《しさう》星《ほし》一《ひと》つの星《ほし》なとゝて用《もちふ》るは船中《せんちう》にて方角《はうがく》をしらん為也《ためなり》。（四三の星（北斗七星）、一つの星（北極星）などと言って用いるのは、船中で方角を知ろうとする為である。）

これは、瀬戸内の海賊が、北斗七星や北極星を方角を知る指標として使っていたことを如実に物語るものである。この「日和見様之事」の前文には、「先古来より伝説する所を記《しるし》て、その大要をしらしむ」（最初に古来から言い伝えて来たことを記して、その大まかな要点を知らせようと思う）とあって、平安朝以来、伊予灘《いよなだ》・周防灘《すおうなだ》・日向灘《ひゅうがなだ》などを横行した能島家一族の多年の経験を子孫に伝授することが目的であったことが知られる。即ち、こうした知識は、古く、平安時代にまで遡りうると推定されるのである。

ところで、その瀬戸内の海賊に悩まされた一人に紀貫之《きのつらゆき》がいる。『土佐日記』には、海賊を恐れる貫之の姿が活き活きと描かれている。その一節に次の如くある。(19)

かくあるをみつゝこぎゆくままに、やまもうみもみなくれ、よふけて、にしひんがしもみえずして、てけ（天気）のこと、かぢとりのこゝろにまかせつ。をのこもならはぬは、いともこゝろぼそし。まして、をんなはふなぞこにかしらをつきあてゝ、ねをのみぞなく。（一月九日、奈《な》半《は》の泊《とまり》の条）（美しい宇多の松原の様子を見ながら船を漕いで行くうちに、山も海も日が暮れて、夜更けてからは、西も東も分からなくなり、天気のことは、舵取りの判断に任せた。男性でも〔こうした航海に〕慣れていない者は、大層心細そうである。まして、女である私は、船底に頭を押し当てて、声を挙げて泣いた。）

ここには、夜になって、山も海も見えず、西東も区別のつかない心細い様子が描かれている。勿論、これは、都の貴族にとって、あるいは、女性に仮託した貫之にとっての心細さであり、一方、舵取りは、この一文から判断しても、「てけ（天気）のこと」を判じて航海する術を心得ていたことが分かる。この「てけのこと」とは、先の『能島家伝』の「日和見様之事」に相当すると思われるが、『能島家伝』に、星による方位判断が含まれていたように、ここも、星によって方位を知ることを含めた意味での「てけのこと」だろう。そうでなければ、西東も分からない状態での航海は不可能のはずである。

以上、現在から平安時代に至るまでの航海を一瞥してみた。これによって日本の近海、内海、沿岸の航行において、昼は山アテ、夜は星アテが航海術の基本原則となっていたことが、ほぼ窺われよう。

さて、これでいよいよ、奈良時代以前の航海に入って行けることになる。

日中・日朝の交流は、三世紀の『魏志倭人伝』以来、『後漢書倭伝』『宋書倭国伝』、さらには八世紀の『日本書紀』等に記載された記事によって、連綿と続いていたことが窺い知れる。その場合、彼我を隔てる大海を渡って長距離の航海をした訳で、地上の目標物の見えない地点、及び夜間においては、先の原則に拠れば、太陽や星と言った天体を利用して航海をせざるを得なかったのでないかと推測される。

今、その一例として、円仁《えんにん》の著した『入唐求法巡礼行記《にっとうぐほうじゅんれいこうき》』の一節を採り上げて見よう(20)。

十五日《じゅうごにち》、……風正西《かぜまにし》より起《お》こる。日出《ひいづ》る処《ところ》を指《さ》して行《ゆ》く。……日《ひ》の没《ぼっ》する処《ところ》を見《み》て、大檣《おほかぢ》を正中《まなか》に当《あ》てる。……子《ね》の時《とき》、風《かぜ》、西南《ひつじさる》に転《てん》ず。久《ひさ》しからずして、正西《まにし》に変《か》はる。月《つき》の没《ぼっ》する処《ところ》を見《み》て艫《とも》を舵倉《かじぐら》の後《うしろ》に当《あ》てる。……二十五日《にじゅうごにち》……暗霧《あんむ》倏《たちま》ちに起《お》こり、四方《しはう》倶《とも》に昏《くら》し。何方《いづち》の風《かぜ》か知《し》らず。何方《いづち》へ向《むか》ひて行《ゆ》くか知《し》らず。碇《いかり》を抛《なげ》て停住《ていじゅう》す。風浪相競《かぜなみあひきそ》ふ。揺動《ゆれうご》きて辛苦《しんく》なり。……通夜《つうや》息《や》むこと無《な》し。（十五日《じゅうごにち》、風が真西から起きた。日が出る処《ところ》（東の方向）を指して行く。……日が沈む処《ところ》（西の方向）を見て、大櫂《おおかじ》を真中《まんなか》に当てる。……子《ね》の時《とき》（午前十二時頃）、風が西南に変わった。暫くして、真西に変った。月の沈む処（西の方向）を見て、船の艫《とも》（最後尾）を舵倉の後に当てた。……二十五日……真っ暗な霧がたちまち起こって、四方一面がすっかり暗くなった。何方《どこ》から吹いてくる風か分からない。何処《どこ》へ向かって船が行くのかも分からない。そこで碇《いかり》を抛《なげ》て、そこに停泊した。風や浪が相競《あいきそ》って、船は揺れ動き、辛《つら》く苦《くる》しいことは、夜中止《や》むことは無かった。）

これは、円仁の一行が唐への留学を終え、新羅を経由して日本へ帰国する際の記述で、遣唐使の航海の様子がよく窺える。即ち、日没、月没など天体の運行で、方位を確認し、進行方向を判断している。従って、暗霧に立ち込められ、天体による方向の判断が付かない時には、碇を投じて、停泊したのである。これは、開成四年（八三九）四月の記述だが、奈良朝の遣唐使も、勿論これと同様の航海をしたと推測される。星とは明確に書いてないが、月なき暗夜の航海には、当然星の利用があったことが考えられよう。

なお、飛鳥以前の古い航海の有り様については、管見では文献上資料を見出し得ないが、古墳の壁画に参考になるものがある。それは鳥取市の空山古墳群第十五号墳の横穴式石室に描かれた、帆船と星の図である。[21] これは、既に古墳時代の五～七世紀に、星が航海に利用されていたことを推測させる貴重な資料である。

以上の考察に拠り、資料的制約の困難さはあるにせよ、現在まで連綿と続いている星を航海の指標とする航法は、遥か古墳時代にまで、その濫觴を遡って求めうるのではないかと推測される。

そうであれば、古代日本でも、星を目当てとする天文航法が行われたとする見方の方がより妥当性を持つことになろう。

三、住吉三神の語構成の問題

西郷信綱氏は、ツツを星と見る説について次のように述べられた。(22)

ただ、星を単独にツツと呼んだ例がなく、底ツツ・中ツツ等の語構成が何とも常識はずれになりすぎるのが、この説の弱みである。

しかしながら、阪倉篤義氏の『語構成の研究』に拠れば、(23)「名詞＋名詞」の複合名詞は、全複合名詞の四〇パーセント（全複合語の二六パーセント）に当たり、最も普通の語構成である。さらにその中で、底・中・上などの位置を示す名詞が、次に来る普通名詞を直接に修飾する場合も、決して珍しいものではない。同書に拠れば、マヘモ〔褌（日本書紀古訓・国史大系二九・361）〕、シタヒモ〔衣紐（同五・166）〕、ウチミヤ〔後宮内寝（同一八・38）〕などが挙げられる。また、同様の例としては、『万葉集』の、中淀（なかよど、中与杼、七七六）、表荷（うはに、表荷、八九七）等も挙げられよう。故に、「底」「中」等と「筒（星を意味する普通名詞）」が結合するのは、決して不自然な語構成ではないのである。

一方、西郷信綱氏が良しとする「底つ津の男」説に対しては、表記の面から疑問が提出されている。例えば、西宮一民氏は、次の如く指摘されている。(24)

また「底つ津《つ》の男《を》」とする説がある。しかし「つ（連体助詞）津《つ》」を「筒《つつ》」の借訓《しゃっくん》で表記するのは異常である。

西宮氏の指摘に拠れば、「底筒之男命《そこつつのをのみこと》」を「底《そこ》つ津《つ》の男命《をのみこと》」と解釈する方が、むしろ語構成上、無理があることになろう。それに、この説では、先にも述べたように、何故、底・中・上と三分する必要があるのか、その説明が十分でない。それでは、底筒・中筒・上筒という語構成は、如何に考えれば良いのか。

野尻抱影氏の如く、住吉三神をオリオン座の三つ星と解するならば、底筒之男命・中筒之男命・上筒之男命という三神の語構成も、素直に理解されよう。というのは、緯度の関係から、日本では、オリオン座の三つ星は、海面（水平線）に対して、垂直に出現してくるからである。それ故、三つ星が海中にある状態を考慮すれば、まさしく、それは、底筒（海の底の星）・中筒（海の中程の星）・上筒（海の表面の星、水平線上の星）という呼称が最も相応しいことが分かるからである。（図4参照）

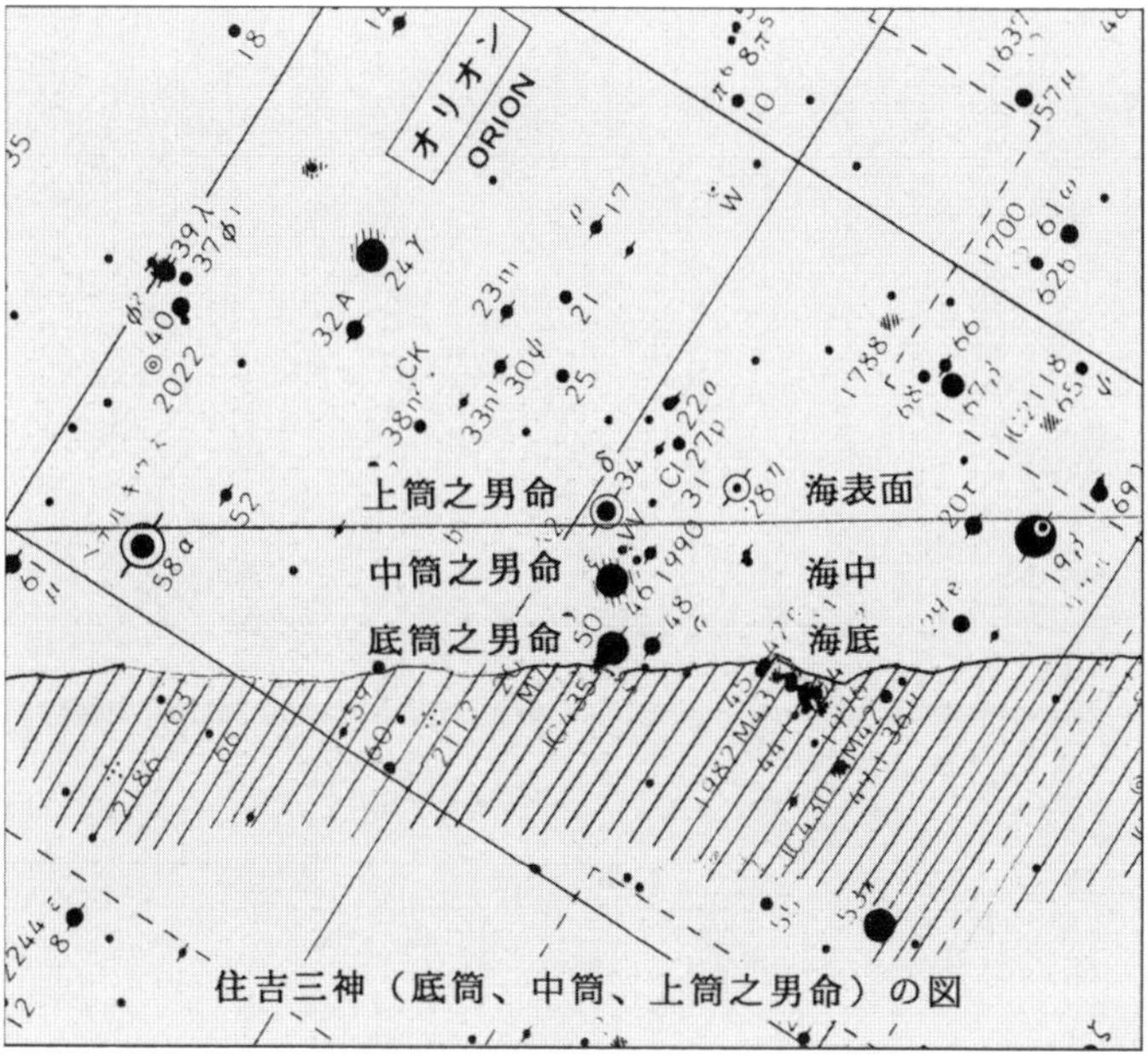

住吉三神（底筒、中筒、上筒之男命）の図

図4

なお、この点について、野尻氏は、次のように述べておられる(25)。

現在でも、諸地方の漁師は、ミツボシを土用一郎、二郎、三郎と呼び、その三日にわたり、沖から一つずつ昇ると言っている。

実に、住吉三神を彷彿とさせる呼称ではないか。

結び——住吉三神はオリオン座三つ星の神格化

住吉三神は、神功《じんぐう》皇后の段にも登場する。神功皇后が新羅へ渡る時に、その船団の先導的役割を果たす。『古事記』では、次のように記す。

「西《にし》の方《かた》に国《くに》有《あ》り。……吾《われ》今《いま》其《そ》の国《くに》を帰《よ》せ賜《たま》はむ」とのりたまひき。……今《いま》如此《かく》教《をし》へたまふ大《おほ》神《かみ》は、……天照大神《あまてらすおほかみ》の御心《みこころ》ぞ。亦《また》底筒男《そこつつのを》、中筒男《なかつつのを》、上筒男《うはつつのを》の三柱《みはしら》の大神《おほかみ》ぞ。今《いま》寔《まこと》に其《そ》の国《くに》を求《もと》めむと思《おも》ほさば……我《わ》が御魂《みたま》を船《ふね》の上《へ》に坐《ま》せて、……（「西《にし》の方《かた》に国《くに》が有《あ》る。……私は今其《そ》の国《くに》を帰服させようと思う」とおっしゃった。……今このようにお教えなさる大神は、……天照大神の御心であるぞ。亦底筒男、中筒男、上筒男の三柱の大神であるぞ。今本当に其の国を欲しいと思うならば、……吾等三神の御魂を船の上に鎮座させて、……）

同様に、『日本書紀』でも、次のように記す。

皇后《きさき》……「吾《われ》……躬《みづか》ら西《にしのかた》を征《う》たむと欲《おも》ふ。……」……既《すで》にして神《かみ》の誨《をし》ふること有《あ》りて曰《い》はく、「和魂《にきみたま》は王身《おほみみ》に服《したが》ひて寿命《みいのち》を守《まも》り、荒魂《あらみたま》は先鋒《みさき》として師船《みいくさぶね》を導《みちび》かむ」とのたまふ。（皇后は、……「私は、……自ら西方（の国）を討伐しようと思う。……」……やがて神のお教えがあって言うことには、「住吉三神の和魂《にきみたま》は御身に付き従ってお命を守り、荒魂《あらみたま》は先鋒となって、軍船を導くでしょう」とおっしゃる。）

さらに、『日本書紀』の一書にも、次のようにある。

表筒雄《うはつつのを》・中筒雄《なかつつのを》・底筒雄《そこつつのを》なり。……則《すなは》ち皇后《きさき》、男《をのこ》の束装《よそひ》して新羅《しらき》を征《う》ちたまふ。時《とき》に、神《かみ》導《みちび》きたまふ。（表筒雄・中筒雄・底筒雄である。……そして皇后は、男装をして新羅を御征討になった。その時に、住吉三神の神がお導きになった。）

これらの記述は、神功皇后は住吉三神に導かれて、西方の国である新羅を征討したと描く。住吉三神が神功皇后の船団を導くのは、まさに、航海の神としての面目が躍如としている。中でも、新羅が西方の国として位置づけられているのが注目される。

上述の如く、オリオン座の三つ星、中でも上筒之男命に当たるδ星（Mintaka）は、天の赤道上に位置しているので、真東から昇って真西へ沈む。それ故、この三つ星に注目すれば東と西の方角は極めて正確に把握できるのである。神功皇后が西の国である新羅に赴くのを導く神として、真西の指標となる、この住吉三神（オリオン座三つ星）ほど、相応しい存在はいないのでないか。神功皇后に対する先導的役割は、そのように理解すべきと考える。逆に言えば、オリオン座三つ星は、東西を示す指標として、航海でよく使われ、特に瀬戸内海の如く東西に長い海域において、古来から、その役割は重要であったと推測される。そのオリオン座三つ星の、三星並ぶその姿の分かりやすさ、真東の海面から垂直に等間隔に並んで上がって来ることに対して感じる神々しさ、また、二等星の並ぶ光彩の強さ等から、そのよく目立つ姿が、夜の航海の安全を守ってくれる神として、段々と信仰を集めて、遂には三座の重要な航海神とされるに至るのは、極く自然な成り行きと思われるのである。

以上の考察を踏まえて、結論を述べれば、天の赤道上に位置するため東西の方位を示す指標として相応しい点、三つ等間隔に並ぶ星の配列が分かりやすい点、二等星が三つ並ぶため光彩の面で良く目立つ点、また、海面から垂直に順番に等間隔に出てくる出現の仕方が底筒以下の名義と一致している点、現在の漁師も、土用一郎、二郎、三郎と、男性で且つ三者を兄弟の如く一まとまりとする類似した発想の名を付けている点、実際に、方言や記録において、方位を知るためのアテ星とされてきたことは明らかな点、さらには、神功皇后の西方への航海を導く点等から、総合的に判断して、やはり、住吉三神はオリオン座の三つ星の神格化と解釈するのが、最も納得が行く説明が出来ると考える。

【注】

（1）西村真次『日本神話と宗教思想』（春秋社、昭和十三年四月）、野尻抱影『星の神話・伝説集成』（恒星社厚生閣、昭和三十年一月）、同『日本星名辞典』（東京堂出版、昭和四八年十一月）、倉野憲司『日本古典文学大系　古事記』（岩波書店、昭和三十三年六月）、山田孝雄『古事記上巻講義一』（国幣中社志波彦神社・塩竈神社、昭和十五年二月）、西郷信綱『古事記注釈』（平凡社、昭和五十年一月）、西宮一民『古典集成古事記』（新潮社、昭和五十四年六月）。

（2）前掲注（1）。

（3）詳しくは、野尻抱影『日本星名辞典』（東京堂出版、昭和四八年十一月）や『新天文学講座一、星座』（恒星社厚生閣、昭和三九年二月）を参照されたし。

(4) 西宮一民『古典集成古事記』(新潮社昭和五十四年六月)中「付録・神名の釈義」。
(5) 岩波日本古典文学大系『日本書紀上』補注1の五三、及び、同　『万葉集二』九二四の歌の補注。
(6) 岩波日本古典文学大系『万葉集三』の「校注の覚え書」中「奈良時代の清音・濁音について」の条。
(7) 呉茂一訳、岩波文庫。
(8)『日本星名辞典』(前掲)の越智勇治郎氏の報告。
(9)『星の神話・伝説集成』(前掲)の「住吉三神」の項。
(10) 野尻抱影『星座遍歴』(恒星社厚生閣、昭和三三年十月)「星アテの星」の項。大島正隆氏採集。( )内は筆者補。
(11) 桑原昭二編『星の和名伝説集――瀬戸内はりまの星――』(六月社、昭和三八年)。
(12)『校注俳文学大系　第十一巻』中、「暁台七部集」に拠る。原文にはない、句読点や括弧を付し、漢字も新字体に改めた。
(13) 但し、当日(安永四年六月二十五日)は、太陽暦に換算すると七月二十二日に当たり、オリオン三つ星の出現は、午前三時頃であるから、やや不審である。暁台には、「星合やわれは嬉しき親になひ」の句があるから、ここもあるいは、親担い星(親担《おやにな》い星の方言は、オリオン三星・蠍座三星にも使うが、この場合、星合《ほしあい》〈彦星と織り姫の出会い〉の語から判断して、彦星の三星、即ち、鷲座のα・β・γ三星のことと思われる)を指しているのかも知れない。
(14) 野尻抱影氏『日本星名辞典』(前掲)。
(15) 引用は、横山重編『神道物語集』(古典文庫、昭和三六年)に拠る。
(16) 引用は、横山重編『室町時代物語集』第一巻(大岡山書店、昭和一二年)に拠る。
(17) 引用は、日本古典文学大系『義経記』(岩波書店、岡見正雄校注、昭和三四年五月)に拠る。
(18) 引用は、海事資料叢書、第十二巻所収『能島家伝』に拠る。
(19) 引用は、日本古典文学大系『土左日記・かげろふ日記・和泉式部日記・更級日記』(岩波書店、昭和三十二年十二月）に拠る。
(20)引用は、『大日本仏教全書』第七二巻（鈴木学術財団編、講談社）に拠る。
(21)明石市立天文科学館の「星と航海展」（昭和五十四年八月一日～九月十五日）で鳥取県立博物館の撮影したものを見た。
(22)西郷信綱『古事記注釈』（平凡社、昭和五十年一月）。
(23)阪倉篤義『語構成の研究』（角川書店、昭和四一年三月）。
(24)西宮一民『古典集成　古事記』（新潮社、昭和五十四年六月）。
(25)野尻抱影『星の神話・伝説集成』（前掲）なお、西洋で、この三つ星を、東方の三博士等と呼んでいるのも、方位・数字等で、発想法は似ていると言える。

（付記）

オリオン座の三つ星が真東から出て真西へ沈むという点については、歳差現象で、例えば、古事記編纂時（七一二年）であれば、上筒之男命の位置は南へ約二度ずれるが、この程度は誤差の範囲であって真東から出て真西へ沈む点に問題は特に無いと考える。

第八章　太陽神の神話——天照大御神《あまてらすおおみかみ》とその子孫達

天照大御神《あまてらすおおみかみ》が太陽神であることは良く知られたことで、改めて言うまでもないであろう。

ところが、天照大御神は皇祖神であって太陽神ではないと言った論を時々見かける。しかしながら、両者は矛盾するものではない。いやむしろ、太陽神であるからこそ皇祖神たり得るのである。何となれば、皇祖神であるためには、その出自が他の氏族と異なり、唯一絶対なものである必要があるからである。天上世界から降臨したことをその根拠とする考えもあろう。しかし、天上世界からやって来た氏族は皇室だけに限らない。「五伴緒《いつのとものお》」と呼ばれる氏族達は、みな天上の高天原から降臨したと物語るのであり、その限りにおいては、皇室と差異はない。それに、工藤隆氏が指摘されるように、単に天上世界から祖先がやって来たということだけであるならば、中国の少数民族において、全くの一般庶民と見なされる人々でさえ、そうした系譜伝承を持つのであり、そのこと

は、皇祖神たることの根拠にはならないのである。(1)

では、皇祖神たることの根拠は何かと言えば、天照大御神が太陽神であることに他ならないであろう。太陽は、この世に一つのみ存在するのであり、太陽の神が皇室の祖先神であれば、他の氏族との決定的な相違点となり得るからである。よく言われるように、古くは、皇室以外にも、太陽を祭り、太陽を祖先神と呼称した氏族は存在したであろうと推測される。しかし、皇室による太陽祭祀の独占が行われ、天照大御神が皇室の祖先神となり、その子孫は、「日の御子《ひみこ》」として、太陽神の系譜を継承することが確定した段階で、皇室は、他の氏族と峻別されるようになったのである。それ故、太陽神天照大御神を祖先神として持つことが、皇統の絶対性の根拠である。換言すれば、天照大御神は太陽神であるからこそ皇祖神としての権威を保ち得るのである。

以上の如き前提で、日本の神話に於ける天照大御神と、その子孫の太陽神的性格を振り返ってみたい。

一、太陽神の表記について

太陽神天照大神は、『古事記』では、天照大御神で一貫していて、分かりやすいが、『日本書紀』では様々な表記が混在している。

『日本書紀』において、天照大御神がどういう表記で登場するかを調べてみると、次のようになる。

第五段（日神の誕生の場面）

正文……大日孁貴《おほひるめのむち》　一書として天照大神《あまてらすおほみかみ》、天照大日孁貴《あまてらすおほひるめのむち》。（伊奘諾尊《いざなきのみこと》・伊奘冉尊《いざなみのみこと》の結婚によ る誕生）。

一書第一……大日孁尊《おほひるめのみこと》。（伊奘諾尊の鏡からの誕生）。

一書第六……天照大神。（伊奘諾尊の左眼からの誕生）。『古事記』と類似。

一書第十一……天照大神。（天上世界の支配者として）。

第六段（素戔嗚尊との誓約の場面）

正文……天照大神。『古事記』と類似。

一書第一……日神《ひのかみ》。

一書第二……天照大神。

一書第三……日神。

第七段（天の岩窟の場面）

正文……天照大神。『古事記』と類似。

一書第一……天照大神。

一書第二……日神・日神尊《ひのかみのみこと》。

一書第三……日神。

第八段　なし

第九段（天孫降臨の場面）

正文……天照大神。

一書第一……天照大神。

一書第二……天照大神。

以上を見ると歴然としているように、『日本書紀』神代巻の天照大御神の表記には、大きく分けて「大日霎貴《おほひるめのむち》」「天照大神《あまてらすおほみかみ》」「日神《ひのかみ》」の三通りがある。同じテーマの場面でも、正文・一書で使い分けがされているから、間違いなく、原資料の違いに基づくものであろう。

そして、神武天皇即位前紀では、「我《わ》が皇祖天照大神《みおやあまてらすおほみかみ》」とあり、「天照大神」が皇祖神としての太陽神の名であることが分かる。ちょうど、大王から天皇になるような過程が、日神や大日霎貴から天照大神になる過程にも存在したのであろう。

以下、神話別に太陽神の神話を位置づけてみたい。

二、天照大神誕生の神話

天照大神の誕生は、『古事記』や『日本書紀』一書第六の如く、伊邪那岐命《いざなきのみこと》の左眼から誕生する形式がある。天照大御神の誕生は、『古事記』では、伊邪那岐命の禊祓《みそぎはらえ》においてである。

是《ここ》に左《ひだり》の御目《みめ》を洗《あら》ひたまふ時《とき》に、成《な》れる神《かみ》は、天照大御神《あまてらすおほみかみ》。次《つぎ》に右《みぎ》の御目《みめ》を洗《あら》ひたまふ時《とき》に、成《な》れる神《かみ》は、月読命《つくよみのみこと》。次《つぎ》に御鼻《みはな》を洗《あら》ひたまふ時《とき》に、成《な》れる神《かみ》は、建速須佐之男命《たけはやすさのをのみこと》。（ここで、左の御目を洗いなさる時に、成った神は、天照大御神。次に右の御目を洗いなさる時に、成った神は、月読命。次に御鼻を洗いなさる時に、成った神は、建速須佐之男命。）

所謂、三貴子登場の場面で、天父神伊邪那岐命の左目から天照大御神、右目から月読命、鼻から須佐之男命が誕生する（図5）。

これは、天父神の目として日月が誕生する神話であって、日や月を天の目と見なすことは、諸外国にも例が多いことが知られている。その場合、左目から天照大御神が誕生しているのは、よく言われるように、左尊右卑の思想に基づくもので、ここでも、太陽神が月神よりも優位に立つことが宣言されていると言って良いであろう。

一方、『日本書紀』では、正文に次の如くある。

既《すで》にして伊奘諾尊《いざなきのみこと》・伊奘冉尊《いざなみのみこと》、共《とも》に議《はか》りて曰《のたま》はく、「吾《われ》已《すで》に大八洲国《おほやしまぐに》及《およ》び山川草木《やまかはくさき》を生《う》めり。何《なに》ぞ天下《あめのした》の主者《きみたるもの》を生《う》まざらむ」とのたまふ。是《ここ》に、共《とも》に日《ひ》の神《かみ》を生《う》みまつります。大日孁貴《おほひるめのむち》と号《まう》す。（一書《あるふみ》に云《い》はく、天照大神《あまてらすおほみかみ》といふ。一書《あるふみ》に云《い》はく、天照大日孁尊《あまてらすおほひるめのみこと》といふ。）此《こ》の子《みこ》、光華明彩《ひかりうるは》しくして、六合《くに》の内《うち》に照《て》り徹《とほ》る。故《かれ》、二《ふたはしら》の神喜《かみよろこ》びて曰《のたま》はく、「吾《わ》が息《こ》多《さは》ありと

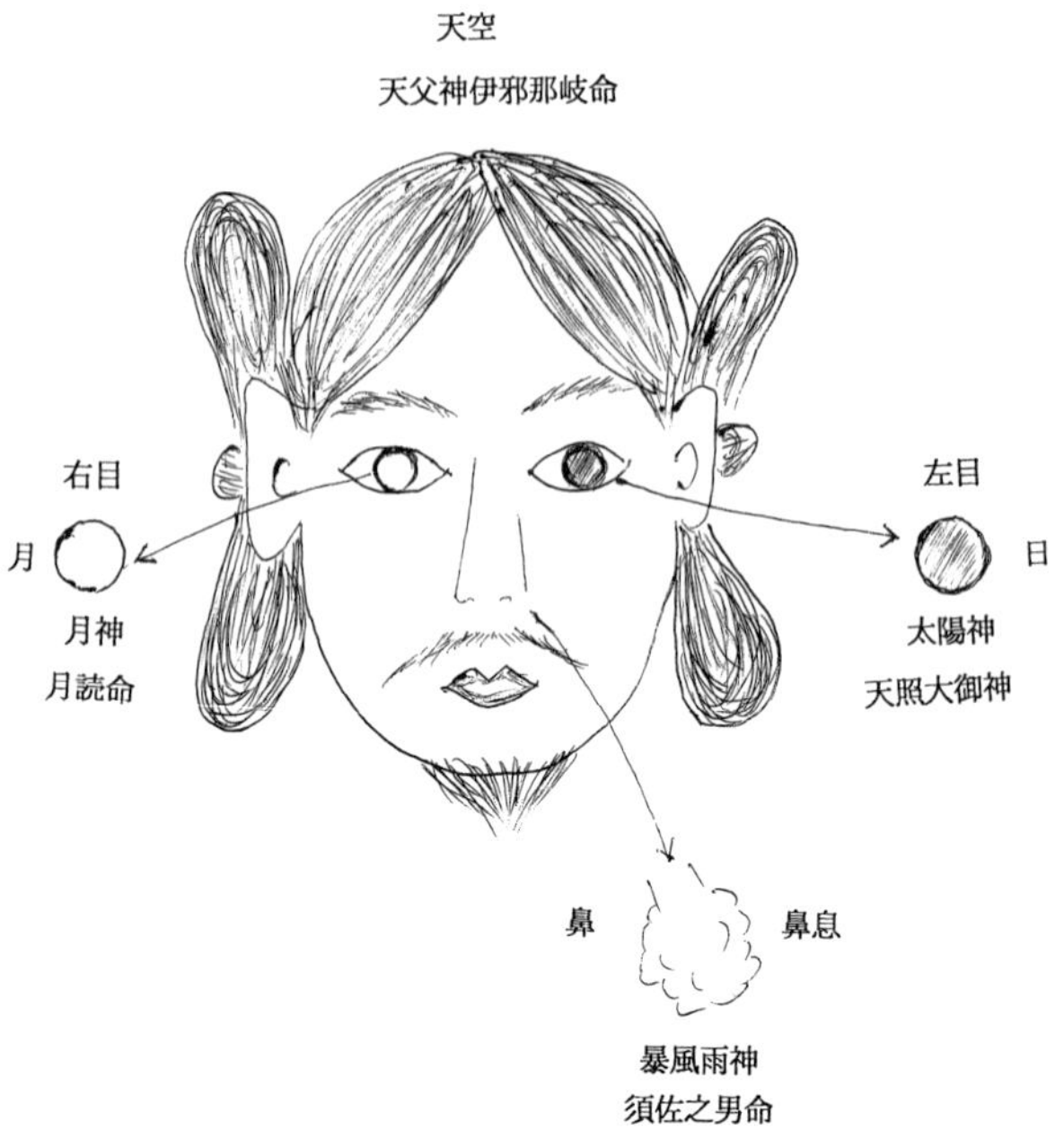

図５　天父神伊邪那岐命から、日月・暴風雨神の誕生する図

雖《いへど》も、未《いま》だ若《か》此霊《くくしび》に異《あや》しき児《こ》有《あ》らず。久《ひさ》しく此《こ》の国《くに》に留《と》めまつるべからず。自《おの》づから当《まさ》に早《すみやか》に天《あめ》に送《おく》りて、授《さづ》くるに天上《あめ》の事《こと》を以《も》てすべし」とのたまふ。是《こ》の時《とき》に、天地《あめつち》、相去《あひさ》ること未《いま》だ遠《とほ》からず。故《かれ》、天柱《あめのみはしら》を以《も》て、天上《あめ》に挙《おくりあ》ぐ。次《つぎ》に月《つき》の神《かみ》を生《う》みまつります。（一書《あるふみ》に云《い》はく、月弓尊《つくゆみのみこと》、月夜見尊《つくよみのみこと》、月読尊《つくよみのみこと》といふ。）其《そ》の光彩《ひかりうるは》しきこと、日《ひ》に亜《つ》げり。以《も》て日《ひ》に配《なら》べて治《しら》すべし。故《かれ》、亦天《またあめ》に送《おく》りまつる。（やがて伊奘諾尊《いざなきのみこと》と伊奘冉尊《いざなみのみこと》は、一緒に相談して、「我々は既に大八洲国と山川草木を生ん

だ。どうして天下の主となる者を生まないでいられようか」とおっしゃる。そこで、一緒に日の神をお生みなさった。この神を大日孁貴《おおひるめのむち》と申し上げる。〔一書に云うことには、天照大神と言う。一書に云うことには、天照大日孁尊《あまてらすおおひるめのみこと》と言う。〕此の子の光り輝くことは明るく麗しくして、天地四方の隅々まであまねく光が照り徹った。そこで、二柱の神は喜んで、「我々は子供が沢山あるとは言っても、まだこの子ほど霊妙で神秘的な子はいない。長くこの地上世界に留めておくべきではない。当然、直ぐに天に送り申し上げて、天上世界の政《まつりごと》を授けるべきだ」と仰った。この時に、天と地は、まだ互いにそれほど遠く隔たっていなかった。そこで、天柱《あめのみはしら》を使って、天上にお送り申し上げた。次に月の神をお生みなさった。〔一書に言うことには、月弓尊《つくゆみのみこと》、月夜見尊《つくよみのみこと》、月読尊《つくよみのみこと》といふ。〕其の神の光の美しいことは、日に次ぐものであった。それで、日の神と並んで天上を治めるべきだと言うことで、亦この神も天に送り申し上げた。）

ここでも、三貴子のうち、同じ光を発する月よりも上位の神として、日神が描かれていることは間違いない。それは、月の光が「日に亜《つ》げり」とされていることから明白である。また、「大日孁貴」と言う名称は、訓注の「おほひるめのむち」と言う訓みによって、「大」は「大いなる」、「日」は「ひる」と訓み「太陽の」（「る」は連体格の格助詞で「の」の意）の意、「孁」は「女性」、「貴」は「高貴」の意で、「大いなる太陽の高貴なる女性」の意味となる。日本では、西洋と違い、太陽は女神として神格化されたのである。

一方、第五段正文の如く、伊奘諾尊・伊奘冉尊の結婚から太陽神が誕生するのは、天地が合一して、大日孁貴（一書として天照大神、天照大日孁貴）たる太陽が出現する神話であり、第五章の天《あめ》の御柱《みはしら》神話と同様に、巨大な天空神と巨大な地母神の結婚から、太陽が生み出される壮大な宇宙論的な太陽誕生譚であると言えよう。

また、一書第一の如く、伊奘諾尊の鏡から太陽神大日孁尊が誕生する神話は、鏡が太陽の象徴としての意味を持ち、形態的・機能的類似から、鏡よりの誕生という出来事が説明される。勿論、『古事記』に「此《こ》れの鏡《かがみ》は、専《もは》ら我《わ》が御魂《みたま》として、吾《わ》が前《まへ》を拝《いつ》くが如《ごと》伊都岐奉《いつきまつ》れ」（この鏡は、ひたすら私の御魂として、私自身を拝むように、大切にお祀りしなさい）とあるように、所謂御神体としての鏡と重なることは言うまでもあるまい。

いずれにせよ、太陽神誕生の神話は、様々な形態が並立しており、畢竟、太陽神の信仰も、種々存在していたことが窺われる。

三、誓約《うけい》神話における太陽神的要素

誓約《うけい》神話も、種々の形態が存在したことは『古事記』並びに『日本書紀』の正文と左注を見れば一目瞭然である。その中で、天之忍穂耳命《あめのおしほみみのみこと》（天忍穂耳尊）以下の太陽神の系譜が決定されることに主眼のある神話であろう。『古事記』の「正勝吾勝勝速日天之忍穂耳命《まさかつあかつかちはやひあめのおしほみみのみこと》」は長い名を持つが、最も重要な要素は「日」にあり、太陽神の血を受け継ぐことの宣言であろう。実際に、後の天孫降臨神話では、この天之忍穂耳命の子の番能邇邇藝命《ほのににぎのみこと》が竺紫《つくし》の日向《ひむか》に降臨することになる。

なお、誓約《うけい》神話についても、解釈は様々あるが、なかなか難しい。天安河《あめのやすのかわ》（天の河）を挟んで、男女の神が向き合うのは、むしろ七夕《たなばた》伝説を彷彿させるものさえある。天安河《あめのやすのかわ》の辺りに天照大御神が居るというのは、次の天《あめ》の石屋戸《いわやと》神話もそうした設定だから問題はあるまい。

四、天の石屋戸神話における太陽神的要素

天《あめ》の石屋戸《いわやと》神話は、太陽神の死と復活の神話であり、背景に日食や冬至における太陽の死と復活が描かれていることは、その通りであろう。天照大御神が石屋戸に籠もると暗黒世界になるのは、まさに、太陽が月の影に隠れたり、緯度の高い地方で、冬至頃、太陽の高さが低くなり、また、光線も弱々しくなって、そのまま消えてしまうのでないかという恐怖感を古代人に与えた、そうした背景が想像されるのは容易である。また、鎮魂祭や大嘗祭《だいじょうさい》の祭儀が反映しているという見方も、以前から根強くある。さらには、「常世《とこよ》の長鳴鳥《ながなきどり》を集《あつ》めて鳴《な》かしめて」（常世国《とこよのくに》の声を長く引いて鳴く鶏を集めて、鳴かせて）が、鶏の声で太陽の出現を促す呪術だとされるのも、天照大御神が太陽神そのものであるからに他ならない。天照大御神に鏡を見せて石屋戸からおびきだすのも、鏡が太陽の象徴で、別の太陽神が居ると思わせたとか、太陽である自身の顔が映ったのを、もう一柱の太陽

神の存在と誤認したとか言われるが、どちらにせよ、終始、天照大御神は太陽そのものとして、描かれていることは否定できない。

しかし、この神話で一番言いたいことは何かと言えば、太陽を表わす天照大神なくしては、この世は成り立たず暗黒の邪悪な世界になってしまうのであり、天照大神こそが、この世界で最も重要な最高神であることであろう。つまり、それは、取りも直さず、天照大神を祖先神とする天皇家が至高の存在であることを宣言しているのに他ならないと言える。

なお、天宇受売命《あめのうずめのみこと》との関係は、第十五章で述べる。

五、天孫降臨神話に見られる太陽神的要素

天孫降臨神話で、天津日高日子番能邇邇藝命《あまつひこひこほのににぎのみこと》が、竺紫《つくし》の日向《ひむか》の高千穂の峯に降臨するのは、太陽を意味する神が、日向《ひむか》という東《ひがし》を意味する聖地へ、あたかも太陽が東の地平線から出現するかのように出現し、地上の支配者となるためであったと言って良かろう。

この天孫降臨神話は、冬至に於ける太陽の復活が深く係わるとされる。この点については、猨田《さるた》毘古神《びこのかみ》や天宇受売命《あめのうずめのみこと》との関係も含めて、第十二・十三・十四章を参照されたい。

六、綿津見宮訪問譚における太陽神的要素

火遠理命《ほおりのみこと》が塩椎神《しおつちのかみ》から、綿津見宮《わたつみのみや》の様子を教わる件は、次のようであった。

「其《そ》の神《かみ》の御門《みかど》に到《いた》りましなば傍《かたはら》の井《い》の上《へ》に湯津香木《ゆつかつら》有《あ》らむ。故《かれ》、其《そ》の木《き》の上《うへ》に坐《ま》さば、其《そ》の海神《わたつみ》の女《むすめ》、見《み》て相議《あひはか》らむぞ。」といひき。故《かれ》、教《をしへ》の随《まにま》に……其《そ》の香木《かつら》に登《のぼ》りて坐《ま》しき。爾《ここ》に海《わた》神《つみ》の女《むすめ》、豊玉毘売《とよたまびめ》の従婢《まかだち》、玉器《たまもひ》を持《も》ちて水《みづ》を酌《く》まむとする時《とき》に、井《ゐ》に光《かげ》有《あ》りき。仰《あお》ぎ見《み》れば、麗《うるは》しき壮夫《をとこ》有《あ》りき。（「其の神の御門に着いたならば、門の傍の井戸の辺に、神聖な香木が有るでしょう。そこで、其の木の上にいらっしゃれば、其の海神の娘が、貴方をご覧になり、うまく取り計らってくださるでしょう。」と（塩椎神《しおつちのかみ》が）言った。そこで、教えられた通りに、……其の香木に登っておいでになった。その時、海神の娘である、豊玉毘売命《とよたまびめのみこと》の従者の女が、玉の着いた器を持って、水を酌もうとした時に、井戸に光が映った。（不思議に思って）上を仰ぎ見ると、美しい青年がいた。）

ここで、井戸に光が映るのは、倉野憲司氏が「記伝には人影の意にとっている。そうも見られるが、ここは日の御子として、文字通り光がさしていたと見る方が穏やかではあるまいか」（大系頭注）とあるのに、従いたいと思う。「光」は「光儀」で「すがた」と訓み、『日本書紀』では、一書第二・四に「人影」とあるから、単に「人の影」の可能性もあるが、わざわざ「光」の字を使ったところに光り輝く姿が暗示されていると見るべきだろう。天照大御神の子孫には、常に、太陽神の血が受け継がれていることが、光輝という太陽の属性によって、確認されているのである。なお、

この火遠理命は、母親の木花之佐久夜毘売《このはなのさくやびめ》が身の潔白を示すために、火中出産で生んだ子の一人である。火中出産譚には、太陽神の子であれば、太陽は火を司るので、火に害されないという観念があったため、生まれてくる子が日の御子であることを証明するため、産屋《うぶや》に火を付けて出産したのだという考察をかつて行った。[2] その点でも、火遠理命は、常に日の御子として光輝く存在として描かれるのだと判断した方が良いではないか。

七、神武天皇東征譚における太陽神的要素

さらには、神武天皇の東征も、東を意味する日向《ひむか》の地から出発することで、太陽、即ち、日の御《み》子《こ》である後の神武天皇（神倭伊波礼毘古命《かむやまといはれびこのみこと》）が東から出て、天の中央に当たる（地上の中央たる大和）へ進むことを象徴的に表わすものであったと言える。

『古事記』では、次のような記事が目に付く。

浪速《なみはや》の渡《わたり》を経《へ》て、青雲《あをくも》の白肩津《しらかたのつ》に泊《は》てたまひき。是《こ》の時《とき》、登美能那賀須泥毘古《とみのながすねびこ》、軍《いくさ》を興《おこ》して待《ま》ち向《むか》へて戦《たたか》ひき。……是《ここ》に登美毘古《とみびこ》と戦《たたか》ひたまひし時《とき》、五瀬命《いつせのみこと》、御手《みて》に登美毘古《とみびこ》が痛矢串《いたやぐし》を負《お》ひたまひき。故爾《かれここ》に詔《の》りたまひしく、「吾《あ》は日神《ひのかみ》の御子《みこ》として、日《ひ》に向《むか》ひて戦《たたか》ふこと良《よ》からず。故《かれ》、賤《いや》しき奴《やっこ》が痛手《いたで》を負《お》ひぬ。今《いま》者より行《ゆ》き廻《めぐ》りて、背《そびら》に日《ひ》を負《お》ひて撃《う》たむ。」と期《ちぎ》りたまひて、……熊野村《くまののむら》に到《いた》りましし時《とき》、……〔神倭伊波礼毘古命《かむやまといはれびこのみこと》は〕浪速《なみはや》の渡《わたり》を経《へ》て、青雲《あおくも》

の白肩津《しらかたのつ》に船を停泊なさった。この時、登美能那賀須泥毘古《とみのながすねびこ》が、戦いを起こして、〔伊波礼毘古命を〕待ち向えて戦った。……そして、登美毘古と戦いなさった時、五瀬命《いつせのみこと》は、御手《みて》に登美毘古《とみびこ》の猛烈な矢を受けられた。そこでおっしゃることには、「私は、日神《ひのかみ》の御子として、日に向って戦うことは、良くなかった。それで、賤《いや》しい奴《やっこ》の痛手《いたで》を負《お》ってしまった。そこで、今からさらに進んで行き、ぐるりと廻って、背後に日を受けて、相手を攻撃したいと思う。」と約束なさって、……〔その後、伊波礼毘古命一行が〕熊野村に到着なさった時、……〕

ここでは、日の御子であるのに、日に向かって戦ったために、それが良くなくて、痛手を負ったのだと描く。これは、現在の大阪の方向から大和（奈良）の方向へ進むことが、日が東から出て西へ沈むことと逆行していて天の理に逆らうという意味で解釈できよう。『日本書紀』には、次の如く記す。

「今我《いまわれ》は是日神《これひのかみ》の子孫《うみのこ》にして、日《ひ》に向《む》かひて虜《あた》を征《う》つは、此天道《これあめのみち》に逆《さか》れり。……若《し》かじ、……背《そびら》に日神《ひのかみ》の威《みいきほひ》を負《お》ひたてまつりて、影《みかげ》の随《まにま》に圧《おそ》ひ踏《ふ》みなむには。」（「今私は、日神の子孫であるのに、日に向って、敵を征伐するのは、天道《あめのみち》に逆《さか》らっている。及ぶまい。……背後に日の神の威光を背負い、威光に従って、敵に襲いかかることには。」）

ここには、日の御子と太陽の関係が端的に表れていよう。さらに、次のような記事も見られる。

『古事記』では、高木神《たかぎのかみ》が次のように述べる。

天《あま》つ神《かみ》の御子《みこ》を此《こ》れより奥《おく》つ方《かた》に莫入《ない》り幸《い》でまさしめそ。荒《あら》ぶる神多《かみさは》なり。今《いま》、天《あめ》より八咫《やた》烏《がらす》を遣《つか》はさむ。故《かれ》、其《そ》の八《や》咫烏《たがらす》引道《みちび》きてむ。其《そ》の立《た》たむ後《のち》より幸行《い》でますべし。（天《あま》つ神《かみ》の御《み》子《こ》を、ここから奥《おく》の方《かた》に入れ申し上げるな。荒々しい神が大勢いる。今、天から八《や》咫烏《たがらす》を遣わそうと思う。そうすれば、其の八咫烏が導いてくれるだろう。その烏が進む後を付いて行けば良いでしょう。）

一方、『日本書紀』には、こうある。

既《すで》にして皇師《みいくさ》、中洲《うちつくに》に趣《おもぶ》かむとす。而《しか》るを山《やま》の中《なか》嶮絶《さが》しくして、復行《またゆ》くべき路無《みちな》し。乃《すなは》ち棲遑《しじま》ひて其《そ》の跋《ふ》み渉《ゆ》かむ所《ところ》を知《し》らず。時《とき》に夜夢《よるゆめ》みらく、天照大神《あまてらすおほみかみ》、天皇《すめらみこと》に訓《をし》へまつりて曰《のたま》はく、「朕今頭八咫烏《あれいまやたのからす》を遣《つかは》す。以《も》て郷導者《くにのみちびき》としたまへ」とのたまふ。果《はた》して頭八咫烏《やたのからす》有《あ》りて、空《そら》より翔《と》び降《くだ》る。天皇《すめらみこと》の曰《のたま》はく、「此《こ》の烏《からす》の来《きた》ること、自《をの》づからに祥《よ》き夢《ゆめ》に叶《かな》へり。大《おほ》きなるかな、赫《さかり》なるかな。我《わ》が皇祖天照大神《みおやあまてらすおほみかみ》、以《も》て基業《あまつひつぎ》を助《たす》け成《な》さむと欲《おもほ》せるか」とのたまふ。

（やがて、皇軍は、国土の中央へ行こうとした。しかし、山の中は険しくて、それ以上行くべき道が無かった。そこで進退極まって、どう進んで良いのか分からなかった。その夜、神倭伊波礼毘古命《かむやまといわれびこのみこと》が、夢に見たことには、天照大神が天皇に教えて、「私は今、頭八咫烏《やたのからす》を遣わした。それを、国の中央へ行くための道案内の者としなさい」とおっしゃった。実際に、頭八咫烏が空から翔び降ってきた。天皇は、「此の鳥の来ることは自然と良い夢に叶っている。皇祖の威徳の、何と大きなことか、何と立派なことか。私の皇祖神である天照大神が、天の神の血筋継承の大業を助けて成就させようと思ってくださるのか」とおっしゃった。)

ここに登場する頭八咫烏《やたのからす》が、太陽神の象徴であることは、中国の三足烏の伝説や、太陽神アポロンが烏に化けて怪物テュポーンの攻撃の難を逃れたり、白銀の烏をテッサリアの王女コローニスとの恋の遣いとしていたギリシア神話等によっても明らかであろう。烏は洋の東西を問わず、太陽の象徴なのである。その太陽象徴の烏が、日の御子の神倭伊波礼毘古命《かむやまといわれびこのみこと》を「六合《くに》の中心《もなか》」に案内してくれる訳である。

以上、天照大御神から神武天皇に至る系譜は、常に、太陽としての性格が如何に継承されて行ったかを物語る神話であって、唯一絶対の日の御子としての性格が受け継がれるが故に、皇祖神として、他の氏族とは異なる、優位性が保証されたのであった。大嘗祭などの祭儀は、新たな天皇の即位に際して、天孫降臨神話等が持つ、日の御子の性格の継承と日の御子の聖性・優位性を確認、再現する作業であった。つまり、ミルチャ・エリアーデが言うところの永遠回帰の神話であって、神話を祭儀を通して模倣し再現することで、原初の世界に立ち返り、始祖の行為を自己の行為として受け継ぎ繰り返すことで、始祖と同等の力を得ることが出来るのである。新たな天皇も、新たなニニギとなって天孫降臨を繰り返し、新たな日の御子として誕生することによって、初めて、その正統なる後継者として認知されたのである。

なお、『日本書紀』一書第十一に、次のような記事がある。

天照大神《あまてらすおほみかみ》、天上《あめ》に在《ま》しまして曰《のたま》はく、「葦原中国《あしはらのなかつくに》に保食神《うけもちのかみ》有《あ》りと聞《き》く。爾《いまし》、月夜見尊《つくよみのみこと》、就《ゆ》きて候《み》よ」……月夜見尊《つくよみのみこと》、勅《みことのり》を受《う》けて降《くだ》ります、已《すで》に保食神《うけもちのかみ》の許《もと》に到《いた》りたまふ。保食神《うけもちのかみ》、乃《すなは》ち首《かうべ》を廻《めぐ》らして国《くに》に嚮《むか》ひしかば、口《くち》より飯《いひ》出《い》づ。又海《またうみ》に嚮《むか》ひしかば、鰭《はた》の広《ひろもの》・鰭《はた》の狭《さもの》、亦口《またくち》より出《い》づ。又山《またやま》に嚮《むか》ひしかば、毛《け》の麁《あらもの》・毛《け》の柔《にこもの》、亦口《またくち》より出《い》づ。夫《そ》の品《くさぐさ》の物《もの》悉《ふつく》に備《そな》へて、百机《ももとりのつくえ》に貯《あざ》へて饗《みあへ》たてまつる。是《こ》の時《とき》に、月夜見尊《つくよみのみこと》、忿然《いか》り作色《おもほてり》して曰《のたま》はく、「穢《けがらは》しきかな、鄙《いや》しきかな、寧《いづくに》ぞ口《くち》より吐《たぐ》れる物《もの》を以《も》て、敢《あ》へて我《われ》に養《あ》ふべけむ」とのたまひて、廼《すなは》ち剣《つるぎ》を抜《ぬ》きて撃《う》ち殺《ころ》しつ。然《しかう》して後《のち》に、復命《かへりことまう》して、具《つぶさ》に其《そ》の事《こと》を言《まう》したまふ。時《とき》に天照大神《あまてらすおほみかみ》、怒《いか》りますこと甚《はなはだ》しくして曰《のたま》はく、「汝《いまし》は是悪《これあ》しき神《かみ》なり。相見《あひみ》じ」とのたまひて、乃《すなは》ち月夜見《つくよみの》尊《みこと》と、一日一夜《ひとひひとよ》、隔《へだ》て離《はな》れて住《す》みたまふ。(天照大神《あまてらすおおみかみ》が天上にいらっしゃって仰ることには、「葦《あし》原中国《はらのなかつくに》に保食神《うけもちのかみ》がいると聞いている。お前、月夜見尊《つくよみのみこと》よ、行って見てきなさい」……月夜見尊《つくよみのみこと》は、ご命令を受けて天から降りなさり、早くも保食神の許にお着きになった。保食神は、そこで首を廻して、陸に向かったところ、口から飯が出た。又海に向かったところ、鰭《ひれ》の大きい魚、鰭の小さい魚が、また口から出た。又山に向かったところ、毛のごわごわと麁《あら》い大きな獣、毛のふさふさと柔かい小さい獣が、また口から出た。その様々な食べ物をすべて備えて、多くの机に積み重ねて饗応申し上げた。この時に、月夜見尊は、怒って顔を赤くして、「穢《けがらわ》しいことかな、鄙《いや》しいことかな、どうして口から吐き出した物を使って、敢えて私に食事を出そうと言うのか」と仰って、直ぐに剣を抜いて保食神《うけもちのかみ》を撃ち殺してしまった。そうした後に、報告して、詳しく其の事を申し上げなさった。その時に天照大神は、お怒りなさることが甚しくて、「お前は悪い神だ。もう互いに会うまい」と仰って、そこで月夜見尊と、一日一夜、隔て離れて住みなさった。）

これは、太陽と月が、昼と夜を代表する天体として、それぞれ棲み分けをしたことを物語る神話で、実際の天体の動きを基にした自然神話的要素が強いものである。もっとも、ここでも、月が悪神なのに対して、日は善神であると言いたい訳だから、日を月に対して優位に見る見方は、他の太陽の神話と同様である。

このように、日本の太陽神話には、純粋な自然神話的なものもあるが、中心は、上述したように、天照大御神とその後継者の神話であって、人文的、政治的色彩の濃いものになっている。但し、だからと言って、そこに太陽としての面影が見られないのかというと、決してそんなことはなく、どの神話にも、天照大御神やその子孫が太陽神としての属性を発揮しているのは上述の通りである。それは太陽の属性の一つである光輝の面において著しいが、太陽の属性を常に示すが故に、天照大御神の子孫が、他の氏族とは異なる高貴さを持つことが示されるのであり、太陽的要素なくしては、太陽神の神話は成り立たないと言えよう。(3)

【注】

（1）工藤　隆『ヤマト少数民族文化論』（大修館書店、あじあブックス、一九九九年六月）。

（2）拙稿「火中出産譚の神話的解釈について」（『静岡大学国文談話会報』二七号、昭和五七年二月）。

（3）なお、「はじめに」でも若干触れたが、江口洌氏に拠れば、置閏法により、十九年ごとに太陽と太陰（月）の再生が同時に刻まれ、太陽神が新たな生命を吹き込まれ復活するという信仰があった。これが天皇の、即位、在位、崩御の年数や伊勢神宮の式年遷宮（古くは十九年ごと）と深く関わるという。これも、太陽神であることが皇祖神であることの証しであろう。詳しくは、『古代天皇と陰陽寮の思想持統天皇歌の解読より』（河出書房新社、一九九九年十二月）を参照されたい。

第九章　月の神月読命《つくよみのみこと》の神話——光輝・潮路（暦）・死と復活の神

月読命《つくよみのみこと》（月夜見尊《つくよみのみこと》）は、三貴子の一として記紀神話に登場する神であるが、天照大御神《あまてらすおおみかみ》や速須佐之男命《はやすさのおのみこと》に較べると、活躍の場面は乏しい。『万葉集』約四千五百首のうち、百九十二首に天体としての月が出てくるのと較べてもその扱いは小さいと思われる。(1) 本章では、この点も含め、種々の観点から考察してみたい。なお、『記紀』で表記が異なり、また、その違いに重要な意味があると思われるので、総称としては、「ツクヨミノミコト」の形で表記する。

一、ツクヨミノミコトの名義について

ツクヨミノミコトの名義について、現在、次のような説が知られている。

A、月そのものの神格化とするもの

①月夜＋見＝月夜見で、月の自然神。
②月夜＋身で、月の神とするもの。
③月＋暗闇（よみ）に由来する神。

B、月を読む（月の満ち欠けで、時を判別する）ことに由来するとするもの。
①月（つき）＋読み（よみ）で、月を読む（数える）暦法の技術の神格化。
②満ち欠けして時をきざむ月の神の意。
③月を祭り、月を読んだ壱岐県主（ツキヨミ）が、自ら神として祭られるに至ったとするもの。

C、霊格としての光華性を月に譬えたもの

このように種々の説がある。本稿は、上記諸説を踏まえ、以下考察する。

二、ツクヨミノミコトの記述について

記紀神話の本文に即して考察するのが、順当だと思うので、『古事記』の記述から検討したい。

是《ここ》に左《ひだり》の御目《みめ》を洗《あら》ひたまふ時《とき》に、成《な》れる神《かみ》の名《な》は、天照大御神《あまてらすおほみかみ》。次《つぎ》に、右《みぎ》の御目《みめ》を洗《あら》ひたまふ時《とき》に、成《な》れる神《かみ》の名《な》は、月読命《つくよみのみこと》。次《つぎ》に御鼻《みはな》を洗《あら》ひたまふ時《とき》に、成《な》れる神《かみ》の名《な》は、建速須佐《たけはやすさ》之男命《のをのみこと》。……此《こ》の時《とき》伊邪那岐命《いざなきのみこと》、大《いた》く歓喜《よろこ》びて……「吾《あ》は……三《み》はしらの貴《たふと》き子《こ》を得《え》つ。」と

のりたまひて、……天照大御神《あまてらすおほみかみ》に……「汝命《いましみこと》は、高天《たかま》の原《はら》を知《し》らせ。」……次《つぎ》に月読命《つくよみのみこと》に……「汝命《いましみこと》は、夜《よる》の食国《をすくに》を知《し》らせ。」……次《つぎ》に建速須佐之男命《たけはやすさのをのみこと》に……「汝命《いましみこと》は、海原《うなばら》を知《し》らせ。」と事依《ことよ》さしき。（そして左《ひだり》の御目《みめ》を洗《あら》われた時《とき》に、成《な》った神《かみ》の名《な》は、天照大御神《あまてらすおおみかみ》。次《つぎ》に、右《みぎ》の御目《みめ》を洗《あら》われた時《とき》に、成《な》った神《かみ》の名《な》は、月読命《つくよみのみこと》。次《つぎ》に御鼻《みはな》を洗《あら》われた時《とき》に、成《な》った神《かみ》の名《な》は、建《たけ》速須佐之男命《はやすさのおのみこと》。……此《こ》の時伊邪那岐命《ときいざなきのみこと》は大いに喜んで……「私は、……三《み》はしらの貴い子《こ》を得《え》た。」と仰って、……天照大御神《あまてらすおおみかみ》に……「あなたは、高天《たかま》の原《はら》を支配なさい。」……次《つぎ》に月読命《つくよみのみこと》に……「あなたは、夜《よる》の食国《をすくに》を支配なさい。」……次《つぎ》に建速須佐之男命《たけはやすさのおのみこと》に……「あなたは、海原《うなばら》を支配なさい。」と、御委任なさった。）

『古事記』で、月読命の登場するのはこの場面のみである。出現の順序は、三貴子のうち須佐之男命より早いが、同時に出現する三柱の神の重要性は、必ずしも出現の順序に対応していないことは、木花之佐久夜毘売《このはなのさくやびめ》の火中出産で生まれた三神火照命《ほでりのみこと》・火須勢理命《ほすせりのみこと》・火遠理命《ほおりのみこと》に照らしても明らかである。即ち、長男の火照命と三男の火遠理命のみが、以下海佐知毘古《うみさちびこ》・山佐知毘古《やまさちびこ》として活躍し、次男の火須勢理命は、全く登場しないのは、天照大御神・月読命・速須佐之男命の三貴子が生まれても、第一子天照大御神と第三子速須佐之男命のみが、以後の神話に登場し、第二子月読命は全く登場の機会を持たないのに等しい。

それは基本的には、その神を祖神として崇拝する氏族の優劣に帰する問題かも知れない。

ところで、当該の記述では、「左の御目」から天照大御神が、「右の御目」から「月読命」が誕生している。左右の御目に「左尊右卑」という差はあっても、天照大御神と月読命は、基本的には対等に描かれていると言えよう。太陽や月を天の目と見なすことは、世界の神話に普遍的な見方でもある。(2)

一方、『日本書紀』第五段正文の記述は、こうである。

伊奘諾尊《いざなきのみこと》・伊奘冉尊《いざなみのみこと》、共《とも》に議《はか》りて曰《のたま》はく、「吾已《われすで》に大八洲国《おほやしまぐに》及《およ》び山川草木《やまかはくさき》を生《う》めり。何《いかに》ぞ天下《あまのした》の主者《きみたるもの》を生《う》まざらむ」とのたまふ。是《ここ》に、共《とも》に日《ひ》の神《かみ》を生《う》みまつります。大日孁貴《おほひるめのむち》と号《まを》す。此《こ》の子《みこ》、光華明彩《ひかりうるは》しくして、六合《くに》の内《うち》に照《て》り徹《とほ》る。故《かれ》、二《ふたはしら》の神《かみ》喜《よろこ》びて曰《のたま》はく、「吾《わ》が息《こ》多《さは》にありと雖《いへど》も、未《いま》だ若此《かく》霊《くしび》に異《あや》しき児《こ》有《あ》らず。久《ひさ》しく此《こ》の国《くに》に留《と》めまつるべからず。自《おの》づから当《まさ》に早《すみやか》に天《あめ》に送《おくりまつ》りて、授《さづ》くるに天上《あめ》の事《こと》を以《も》てすべし」とのたまふ。是《こ》の時《とき》に、天地《あめつち》、相去《あひさ》ること未《いま》だ遠《とほ》からず。故《かれ》、天柱《あめのみはしら》を以《もち》て、天上《あめ》に挙《おくりあ》ぐ。次《つぎ》に月《つき》の神《かみ》を生《う》みまつります。(一書《あるふみ》に云《い》はく、月弓尊《つくゆみのみこと》、月夜見尊《つくよみのみこと》、月読尊《つくよみのみこと》といふ。)其《そ》の光彩《ひかりうるは》しきこと、日《ひ》に亞《つ》げり。以《もち》て日《ひ》に配《なら》べて治《しら》すべし。故《かれ》、亦天《またあめ》に送《おく》りまつる。次《つぎ》に蛭児《ひるこ》を生《う》む。……次《つぎ》に素戔嗚尊《すさのをのみこと》を生《う》みまつります。……此《こ》の神《かみ》、勇悍《いさみたけ》くして安忍《いぶり》なること有《あ》り。……二《ふたはしら》の神《かみ》、……遂《つひ》に逐《やら》ひき。(第五段。現代語訳は第八章一三二頁を参照されたし)

この記事では、「日の神」に対して「月の神」が対比されており、人文神でなく、日神・月神の自然神としての側面に重点が置かれた表現と言える。つまり、日神は、「此《こ》の子《みこ》、光華明彩《ひかりうるは》しくして、六合《くに》の内《うち》に照《て》り徹《とほ》る」、月の神は、「其《そ》の光彩《ひかりうるは》しきこと、日《ひ》に亞《つ》げり。以《もち》て日《ひ》に配《なら》べて治《しら》すべし」と、どちらも光の美の視点で描かれており、両者は、輝く天体たる神として対等な存在と言える。

さらに、一書の注として、「月弓尊《つくゆみのみこと》、月夜見尊《つくよみのみこと》、月読尊《つくよみのみこと》」という呼称が列挙されている点が注目される。つまり、「月読命《つくよみのみこと》」という『古事記』の呼称は、当時、決して一般的な呼称であったわけではないことが、読み取れよう。

「月弓尊《つくゆみのみこと》」については、月を弓形に捉え、三日月等から、弓を連想していたことが看取される。月を弓形に把握した例は、『万葉集』に、

　天の原行くてを射《い》むと白真弓《しらまゆみ》ひきてこもれる月人壮子《つきひとをとこ》（巻十、二〇五一）

がある。これは、七夕の歌の中に入っているので、七日の月かと思われるが、七日の月も所謂上弦の月として、弓形をしているから、その月の形を弓に譬えたことは間違いない。月神と弓の関係は、ギリシア神話の月神アルテミスが、弓の名手である点にも見られる。勿論、「月弓尊《つくゆみのみこと》」は、「月読尊《つくよみのみこと》」の「読（よみ）」の音が変化して、「弓（ゆみ）」となった可能性もある。しかし、一義的には、「月弓尊《つくゆみのみこと》」は、やはり、弓形の月からの命名と理解すべきであろう。

第二の「月夜見尊《つくよみのみこと》」については、その表記から、夜の支配者としての性格を見出し得よう。「月

夜見尊」とは、「月として夜を見そなはす尊《みこと》」または「月として夜見える尊《みこと》」、あるいは、「月夜に見える尊《みこと》」と言った意味で、夜の世界で燦然と輝く月への畏敬の念から生まれた呼称であろう。「夜《よる》の食《を》す国《くに》」を支配するのに、最も相応しい名称である。勿論、「見《み》」は、当て字で、綿津見命《わたつみのみこと》や大山津見神《おおやまつみのみこと》の「見《み》」と同じく、霊格を表わす「ミ」と解釈して、「月夜の霊魂の神」と言った名義と取ることもできよう。

第三の「月読尊《つくよみのみこと》」は、月の盈虚《えいきょ》（満ち欠け）に基づく暦との関係による命名と見なすのが順当であろう。但し、該当部分の神話自体からは、暦の神という側面は、見出し難い。

次に、『日本書紀』第五段一書第一には斯《か》くある。

伊奘諾尊《いざなきのみこと》の曰《のたま》はく、「吾《われ》、御寓《あめのしたしら》すべき珍《うづ》の子《みこ》を生《う》まむと欲《おも》ふ」とのたまひて、乃《すなは》ち左《ひだり》の手《みて》を以《もち》て白銅鏡《ますみのかがみ》を持《と》りたまふときに、則《すなは》ち化《な》り出《い》づる神《かみ》有《ま》す。是《これ》を大日孁尊《おほひるめのみこと》と謂《まを》す。右《みぎ》の手《みて》に白《ます》銅鏡《みのかがみ》を持《と》りたまふときに、則《すなは》ち化《な》り出《い》づる神《かみ》有《ま》す。是《これ》を月弓尊《つくゆみのみこと》と謂《まを》す。又首《またみぐし》を廻《めぐら》して顧眄之間《みるまさかり》に、則《すなは》ち化《な》る神《かみ》有《ま》す。是《これ》を素戔嗚尊《すさのをのみこと》と謂《まを》す。即《すなは》ち大日孁尊《おほひるめのみこと》及《およ》び月弓尊《つくゆみのみこと》は、並《なら》びに是《これ》、質性明麗《ひととなりてりうるは》し。故《かれ》、天地《あまつち》に照《てら》し臨《のぞ》ましむ。素戔嗚尊《すさのをのみこと》は、是性《これかむさが》残《そこな》ひ害《やぶ》ることを好《この》む。故《かれ》、下《くだ》して根国《ねのくに》を治《しら》しむ。（伊奘諾尊《いざなきのみこと》が仰ることには、「私は天下を支配すべき立派な御子を生もうと思う」とおっしゃって、そこで左の手で白銅鏡《ますみのかがみ》を取られた時に直ぐに変化して出現した神が居た。是《これ》を大日孁尊《おおひるめのみこと》と申し上げる。右の手で白銅鏡《ますみのかがみ》を取られた時に直ぐに変化して出現した神が居た。是《これ》を月《つく》弓尊《ゆみのみこと》と申し上げる。又首を廻して顧みるちょうどその時、直ぐに変化して出現した神が居た。是《これ》を素戔嗚尊《すさのおのみこと》と申し上げる。さて大日孁尊《おおひるめのみこと》と月弓尊《つくゆみのみこと》は、どちらも生まれつきの性質が明るく麗しかった。そこで、天地を照し治めるようにさせた。素戔嗚尊は、この神の性質が、物を損ない害することを好んだ。そこで、地下に下して、根国《ねのくに》を治めさせた。）

この記事でも、月弓尊は、大日孁尊と対等に扱われている。「大日孁尊《おほひるめのみこと》及《およ》び月弓尊《つくゆみのみこと》は、並《なら》びに是《これ》、質性明麗《ひととなりてりうるは》し。故《かれ》、天地《あめつち》に照《てら》し臨《のぞ》ましむ」とある一文が、それを良く示している。勿論、「左の手」の白銅鏡から化《な》る大日孁尊《おおひるめのみこと》と、「右の手」の白銅鏡から化る月弓尊《つくゆみのみこと》では、左尊右卑という点で差はあるが、絶対的な差ではない。太陽や月を鏡に見立てるのも、北方アジアのアルタイ系諸民族に普遍的に見られるものである。[3]

その場合、月弓尊と言う名義と白銅鏡の円形との間に齟齬があるようにも思われる。これは、本来弓形の月から命名された月弓尊という名が一般化して使用されるようになり、弓形でない月の形の場合でも、月一般の呼称として用いられたためと推測されよう。[4]

いずれにせよ、この月弓尊は、「質性明麗」な存在であって、天体としての光の美しさが賞美された好ましい存在として描かれている。『万葉集』で月の載る歌百九十二首のうち、そのほとんどは、月明かりを頼りに、夜道を歩き、鳥や花を見、恋人を訪れ、夜船を漕ぐといった照明としての月が描かれている。[5]現在と異なり、夜が暗黒の古代世界では、殆ど月だけが、貧富の差なく、物を識別するための光を与えてくれる貴重な存在だったのだろう。

また、月の光の美しさを称揚した歌も多い。これは、「其《そ》の光彩《ひかりうるは》しきこと、日《ひ》に亞《つ》げり」（書紀本文）や「大日孁尊《おほひるめのみこと》及《およ》び月弓尊《つくゆみのみこと》は、並《なら》びに是《これ》、質性明麗《ひととなりてりうるは》し」（書紀一書第二）と描写された、『日本書紀』の月の描写とよく符合するものと言えよう。上代人の月への接し方は、第一に、月の光を照明として生活に役立て、また、その美を讃えることにあったろう。『日本書紀』第五段一書第六には、次の如くある。

然《しかう》して後《のち》に、左《ひだり》の眼《みめ》を洗《あら》ひたまふ。因《よ》りて生《う》める神《かみ》を、号《なづ》けて天照大神《あまてらすおほみかみ》と曰《まう》す。復右《またみぎ》の眼《みめ》を洗《あら》ひたまふ。因《よ》りて生《う》める神《かみ》を、号《なづ》けて月読尊《つくよみのみこと》と曰《まう》す。復鼻《またみはな》を洗《あら》ひたまふ。因《よ》りて生《う》める神《かみ》を、号《なづ》けて素戔嗚尊《すさのをのみこと》と曰《まう》す。……伊奘諾尊《いざなきのみこと》、三《みはしら》の子《みこ》に勅任《ことよさ》して曰《のたま》はく、「天照大神《あまてらすおほみかみ》は、以《も》て高天原《たかまのはら》を治《しら》すべし。月読尊《つくよみのみこと》は、以《も》て滄海原《あをうなはら》の潮《しほ》の八百重《やほへ》を治《しら》すべし。素戔嗚尊《すさのをのみこと》は、以《も》て天《あめの》下《した》を治《しら》すべし」とのたまふ。（さてその後に、左《ひだり》の眼《みめ》を洗《あら》われた。よってお生みなさった神《かみ》を、号《なづ》けて天照大神《あまてらすおおみかみ》と申し上げる。復右《またみぎ》の眼《みめ》を洗《あら》われた。よって、お生みなさった神を号けて素戔嗚尊《すさのおのみこと》と申し上げる。復鼻《またみはな》を洗われた。よって、お生みなさった神《かみ》を、号《なづ》けて月読尊《つくよみのみこと》と申し上げる。……伊奘《いざ》諾尊《なきのみこと》は、三柱《みはしら》の御子《みこ》に御委任なさって仰ることには、「天照大神《あまてらすおおみかみ》は、高天原《たかまのはら》を支配なさい。月読《つくよみの》尊《みこと》は、滄海原《あおうなはら》の潮《しお》の幾重もの重なりを支配なさい。素戔嗚尊《すさのおのみこと》は、天下《あめのした》を支配なさい」とおっしゃった。）

この神話は、基本的には『古事記』の神話と同様に伊奘諾尊の眼から太陽と月が誕生しているが、支配すべき領域が異なる。即ち、月読尊は、夜の食国《をすくに》ではなく、「滄海原《あをうなはら》の潮《しほ》の八百重《やほへ》」を支配するよう委任されているからである。この部分は、よく、月読尊が「滄海原《あをうなはら》」それ自体を支配するように解釈されている。しかしながら、月読尊が委任されたのは、「滄海原《あをうなはら》の潮《しほ》の八百重《やほへ》」であって、「滄海原《あをうなはら》」自体ではない。「潮《しほ》の八百重《やほへ》」つまり、潮汐の支配を委任されたと見なすべきである。月読尊がその名義として有力な暦の神的側面（月を読む職能）を示すのは、日本神話でここのみである。古代日本人は、大潮と満月や新月、小潮と弦月の関係を経験的に知っていて、潮の満干を月読尊の任務としたのであろう。

『日本書紀』第五段一書第十一は、次の通りである。

伊奘諾尊《いざなきのみこと》、三《みはしら》の子《みこ》に勅任《ことよさ》して曰《のたま》はく、「天照大神《あまてらすおほみかみ》は、高天之原《たかまのはら》を御《しら》すべし。月夜見尊《つくよみのみこと》は、日《ひ》に配《なら》べて天《あめ》の事《こと》を知《し》らすべし。素戔嗚尊《すさのをのみこと》は滄海之原《あをうなはら》を御《しら》すべし」……天照大神《あまてらすおほみかみ》、天上《あめ》に在《ま》しまして曰《のたま》はく、「葦原 中国《あしはらのなかつくに》に保食神《うけもちのかみ》有《あ》りと聞《き》く。爾《いまし》、月夜見尊《つくよみのみこと》、就《ゆ》きて候《み》よ」……月夜見尊《つくよみのみこと》、勅《みことのり》を受《う》けて降《くだ》ります。已《すで》に保食神《うけもちのかみ》の許《もと》に到《いた》りたまふ。保食神《うけもちのかみ》、乃《すなは》ち首《かうべ》を廻《めぐ》らして国《くに》に嚮《むか》ひしかば、口《くち》より飯《いひい》出づ。又海《またうみ》に嚮《むか》ひしかば、鰭《はた》の広《ひろもの》・鰭《はた》の狭《さもの》、亦口《またくち》より出《い》づ。又山《またやま》に嚮《むか》ひしかば、毛《け》の麁《あらもの》・毛《け》の柔《にこもの》、亦口《またくち》より出《い》づ。夫《そ》の品《くさぐさ》の物悉《ものふつく》に備《そな》へて、百 机《ももとりのつくゑ》に貯《あさ》へて饗《みあへ》たてまつる。是《こ》の時《とき》に、月夜見尊《つくよみのみこと》、忿然《いか》り作色《おもほてり》して曰《のたま》はく、「穢《けがらは》しきかな、鄙《いや》しきかな、寧《いづくに》ぞ口《くち》より吐《たぐ》れる物《もの》を以《も》て、敢《あ》へて我《われ》に養《あ》ふべけむ」とのたまひて、廼《すなは》ち剣《つるぎ》を抜《ぬ》きて撃《う》ち殺《ころ》しつ。然《しか》して後《のち》に、復命《かへりことまう》して、具《つぶさ》に其《そ》の事《こと》を言《まう》したまふ。時《とき》に天照大神《あまてらすおほみかみ》、怒《いか》りますこと甚《はなはだ》しくして曰《のたま》はく、「汝《いまし》は是悪《これあ》しき神《かみ》なり。相見《あひみ》じ」とのたまひて、乃《すなは》ち月夜見尊《つくよみのみこと》と、一日一夜《ひとひひとよ》、隔《へだ》て離《はな》れて住《す》みたまふ。是《こ》の後《のち》に、天照大神《あまてらすおほみかみ》、復天熊人《またあまのくまひと》を遣《つかは》して往《ゆ》きて看《み》しめたまふ。是《こ》の時《とき》に、保食神《うけもちのかみ》、実《まこと》に已《すで》に死《まか》れり。唯《ただ》し其《そ》の神《かみ》の頂《いただき》に、牛馬《うしうま》化為《な》る有《あ》り。額《ひたひ》の上《うへ》に粟《あは》生《な》れり。眉《まゆ》の上《うへ》に蚕《かひこ》生《な》れり。眼《め》の中《なか》に稗《ひえ》生《な》れり。腹《はら》の中《なか》に稲《いね》生《な》れり。陰《ほと》に麦及《むぎおよ》び大小豆《まめあづき》生《な》れり。天熊人《あまのくまひと》、悉《ふつく》に取《と》り持《も》ち去《ゆ》きて奉進《たてまつ》る。時《とき》に、天照大神《あまてらすおほみかみ》喜《よろこ》びて曰《のたま》はく、「是《こ》の物《もの》は、顕見《うつ》しき蒼生《あをひとくさ》の、食《く》らひて活《い》くべきものなり」とのたまひて、乃《すなは》ち粟稗麦豆《あはひえむぎまめ》を以《も》ては、陸田種子《はたけつもの》とす。稲《いね》を以《も》ては水田種子《たなつもの》とす。(伊奘諾尊《いざなきのみこと》は、三柱《みはしら》の御子に御委任なさって仰ることには、「天照大神《あまてらすおおみかみ》は、高天《たかま》之原《のはら》を支配しなさい。月夜見尊《つくよみのみこと》は、日《ひ》と並《なら》んで天上界の事《こと》を支配しなさい。素戔嗚尊《すさのおのみこと》は滄海之原《あおうなはら》を支配しなさい」と仰った。……天照大神《あまてらすおおみかみ》が、天上《あめ》にいらっしゃって仰ることには、「葦原中国《あしはらのなかつくに》に保《うけ》食神《もちのかみ》がいると聞いている。お前、月夜見尊《つくよみのみこと》よ、行って見てきなさい」……月夜見尊《つくよみのみこと》は、ご命令を受けて天から降りなさり、早くも保食神の許にお着きになった。保食神は、そこで首を廻して、陸に向かったところ、口から飯が出た。又海に向かったところ、鰭《ひれ》の大きい魚、鰭の小さい魚が、また口から出た。又山に向かったところ、毛のごわごわと麁《あら》い大きな獣、毛のふさふさと柔かい小さい獣が、また口から出た。その様々な食べ物をすべて備えて、多くの机に積み重ねて饗応申し上げた。この時に、月夜見尊は、怒って顔を赤くして、「穢《けがらわ》しいことかな、鄙《いや》しいことかな、どうして口から吐き出した物を使って、敢えて私に食事を出そうと言うのか」と仰って、直ぐに剣を抜いて保食神を撃ち殺してしまった。そうした後に、報告して、詳しく其の事を申し上げなさった。その時に天照大神は、お怒りなさることが甚しくて、「お前は悪い神だ。もう互いに会うまい」と仰って、そこで月夜見尊と、一日一夜、隔て離れて住みなさった。その後で、天照大神は、また天熊人《あまのくまひと》を遣《つかわ》して葦原中国《あしはらのなかつくに》に往《い》って様子を看《み》させなさった。この時に、保食神は、本当に已《すで》に死んでいた。唯《ただ》し其《そ》の神の頭頂部には、牛馬が自然と出来ていた。額の上に粟が生えた。眉の上に蚕《かいこ》が生れた。眼の中に稗《ひえ》が生えた。腹の中に稲が生えた。陰部に麦や大豆や小豆が生えた。天熊人は、すべて取って持ち去って天照大御神に献上した。その時に、天照大神は喜んで仰ることには、「これらの物は、現世で暮らしている人々が、食べて生きるべきものである」と仰って、そこで、粟稗麦豆を畑の種子とした。稲を水田の種子とされた。)

これは、月夜見尊についての最も詳しい記事である。『古事記』では、須佐之男命が大宜津比売《おおげつひめ》を殺して、そこから五穀の種が得られたように、ここでは、月夜見尊が保食神《うけもちのかみ》を殺して、牛馬、蚕、五穀の種が得られたことを述べる。

これは、普通、月と農業の密接な関わりとして、説明されている。(6) 十五夜が芋名月《いもめいげつ》の異名を持つように、農業、特に、芋栽培と月が、深く係わっていたことが指摘されている。(7) また、多産豊穣の

願望が、欠けても満ちる永劫不死の月の運行に係わることも指摘がある。(8)

月が満ち欠け、つまり、死と復活を繰り返す故に不死の象徴とされたことは、既に多くの指摘がある。(9)『日本書紀』の当該部分の解釈は、月夜見尊に月の不死の性格を見いだすことで取り敢えず理解されよう。

この点、次の万葉歌が注目される。

天橋《あまばし》も　長《なが》くもがも　高山《たかやま》も　たかくもがも　月読《つくよみ》の（月夜見乃）　持《も》てる変若水《をちみづ》　い取《と》り来《き》て　君《きみ》に奉《まつ》りて　変若得《をちえ》しものを　（巻十三・三二四五）（天に昇る橋も長くあって欲しい。高山も、天に届くほど高くあって欲しい。月読が持っている変若水《おちみず》を取って来て、あなたに差し上げて、若返って欲しいのに）

これは、ツクヨミノミコトが、若返りの水を持っているという記述であり、月が不老不死の世界とされたこととの反映である。『万葉集』で、ツクヨミノミコトが不老不死と関係したことを述べた歌は、これのみである。この場合、ツクヨミノミコトが「月夜見」と表記されていることが注目される。保食神《うけもちのかみ》を殺したツクヨミノミコトも、「月夜見尊」の表記であった。つまり、死や復活、不老不死という性格と、「月夜見尊」という表記は、密接不可分である可能性が推測されるのである。もし、この推測が正しければ、「月夜見尊」という表記が、月と不死という世界的な伝承を反映した古い月の神の呼称である可能性が出て来よう。一方、月読命の「月読」という呼称は、本来、月齢を数える行為や、数える人物を指した言葉のはずである。つまり、益田勝実氏が指摘されたように、月を祀っていた祭る者としてのツキヨミ（壱岐県主）が、祭られる神としてのツキヨミの神を自ら僭称するに至って、祭る者が祭られる神となって、月読命の呼称が成立したことが考えられる。[10] それ故、月読命という名称は、壱岐県主が、中臣氏との姻戚関係から、月の神の信仰を独占していく過程で一般化した比較的新しいものと言えるのでないか。

月夜見尊が係わる保食神殺し神話が古い起源を持つだろうことに関して、次の説がある。

即ち、大林太良氏や吉田敦彦氏は、ハイヌウェレ神話との関わりから、藤森栄一氏や水野正好氏は、破壊された土偶が、豊穣女神的な地母神殺しを意味するという推定から、大宜津比売や保食神殺しの神話の検討をされ、日本の作物起源神話が、縄文中・末期に遡る可能性を指摘された。[11] 勿論、保食神から化生する作物がハイヌウェレ神話に特徴的な芋類ではなく、雑穀・豆類・稲であることは、水稲栽培の時期まで、最終的には時代を下げる必要があろうが、神話の基盤が太古に遡ることは認められよう。この点からも、月夜見尊神話の古さの可能性が指摘されうる。

それにしても、『日本書紀』で、保食神を殺すのが素戔嗚尊ではなく月夜見尊であるのは何故か、その必然性が問われなくてはなるまい。

橘純一氏は、月夜見尊の保食神殺しと、速須佐之男命の大宜津比売殺しの類似から、月の人格的呼称であるササラヲがスサノヲに転化したのではないかとされた。[12] 一つの可能性として、再検討されても良い見方と思われる。

さらに注目すべきは、松前健氏の論である。[13]

紀に天照大神が月神のことを「汝是れ悪しき神なり」といわれたというのは、当時現実に月を恐ろしいものと考えていたからであろう。……恐らく月は人間に死をもたらす恐ろしい神であり、その姿を見ることはタブーであったのであろう。

氏は、『万葉集』巻十六・三八八七以下の「怕《おそろ》しき物の歌」を挙げ、「ささらの小野」は、巻六・九八三の左注で「月の別の名をささらえをとこ」とするように「月世界の野」を指し、それが恐ろしい世界とされていることは、三八八八の舟の歌も月の舟の恐ろしい姿を歌ったものだという。月が死を支配していることは、汎世界的広がりを持つ見方であるから、古く日本の月夜見尊も死を司る恐ろしい神であったことは、十分可能性のある説である。月の満ち欠け（生と死）から発生した月の不死の観念が強調されれば、月が生も死も司ると考えるに至るのは自然である。つまり、生や復活の神であることは、同時に、死の神であることも意味する。保食神殺しは、月の神が恐ろしい死の神の側面を発揮したと見なすべきでなかろうか。

結び——月神は光輝・潮路（暦）、死と復活の神

以上の如く、ツクヨミノミコトと、その神話は、大きく三通りに分かれる。万葉歌と同じく、月

の神の美しき光輝が讃えられる月読命・月弓尊の神話、潮路を支配する月読尊の神話、死を司る恐ろしき月神による穀物神殺害という月夜見尊の神話である。これらは、ツクヨミノミコトの表記が神話の内容と密接に係わっているように思われる。月読命と月夜見尊の「ヨ」の甲類・乙類の違いも含めて、さらに検討すべき課題であろう。

【注】

(1) 以下、引用、歌数は、記紀・万葉ともに、日本古典文学大系本に拠る。

(2) 中国の盤古説話（五運歴年紀）に「左眼は日と為り、右眼は月と為り」とあるのを始め、旧大陸の高文化地帯とその影響下に、世界巨人の目から、日月が生まれた神話が多いことを、大林太良氏が指摘されている。「目から生まれた太陽」（『神話の系譜——日本神話の源流をさぐる』青土社、昭和六十一年十一月）。

(3) ウノ・ハルヴァ『シャマニズム　アルタイ系諸民族の世界像』（田中克彦訳、三省堂、昭和四十六年九月）等。

(4) 工藤隆氏は、「神聖なるもの「槻弓」と、同じく神聖なるもの「月読」とが、音の類似性にも引きずられて「月弓」という表記を獲得したということは充分ありえたであろう。記紀・万葉の時代にあっては、〈つくよみ〉（月読）と〈つくゆみ〉（月弓・槻弓）とは、互いに通いあう言語感覚の中にあったと推定できよう。」（「よむ」『古代語史　古代語を読むII』桜楓社、一九八九年十一月）とされている。あり得よう。

(5) 万葉の月については、若浜汐子氏の論がある。「万葉の月」（『風土文学選書3　月と文学』、日本文学風土学会論集、昭和五十二年四月)。
(6)『神話伝説辞典』(東京堂出版、昭和三十八年四月、山本節『神話の森』(大修館書店、平成元年四月)等。
(7)吉田敦彦『縄文土偶の神話学』(名著刊行会、昭和六十一年四月)。
(8)石田英一郎『新版河童駒引考』(東京大学出版会、昭和四十一年二月)。
(9)ネフスキー『月と不死』(東洋文庫、岡正雄編、平凡社、昭和五十三年)・石田英一郎「月と不死」(『石田英一郎全集』第六巻、筑摩書房、昭和四十六年・松前健「月と水」(日本民俗文化大系第二巻『太陽と月』、小学館、昭和五十八年四月)等。
(10)益田勝実『火山列島の思想』(筑摩書房、昭和四十三年)。
(11)大林太良『稲作の神話』(弘文堂、昭和五十一年)・吉田敦彦『小さ子とハイヌウェレ』(みすず書房、昭和五十一年八月)・同『縄文土偶の神話学』(注7前掲書)・同『日本神話のなりたち』(青土社、平成四年十一月)・藤森栄一『縄文農耕』(学生社、昭和四十五年)・水野正好『日本の原始美術5土偶』(講談社、昭和四十九年)等。これに対し、益田勝実氏は、神話の形式と伝播年代を無条件に結び付けることを疑問視されている。「日本神話における内在と外在」(『解釈と鑑賞』昭和五十二年十月号)。
(12)橘純一「ツキヨミノ命とスサノヲノ命――ササラヲからスサノヲへ――」(『国語解釈』二巻六号・七号、昭和十二年六・七月)。
(13)松前健「死の由来話と月の信仰」(『日本神話の新研究』、桜楓社、昭和四十六年十月)。

第十章　古代日本人の宇宙観

——ドーム状の天の層と天に開いた穴としての星

古代日本には、どのような宇宙観が見られるのであろうか。勿論、宇宙観と言っても単純ではなく、様々な要素が複合し、複数の観念が混在していた可能性が推測される。しかしながら、記紀神話を初めとする上代の文献から、宇宙観と思われる記述を抜き出して考察してみると、各種文献に共通して存在していたと思われる宇宙観が浮かび上がってくる。

それは、七、八世紀の飛鳥・奈良時代の古代日本人、あるいは、それより少し以前の日本人が有した、一般的な宇宙観である可能性があろう。神話自体は、さらに古い伝承を伝えている可能性が高いが、『古事記』が西暦の七一二年、『日本書紀』が七二〇年に成立しており、『風土記』『万葉集』『祝詞』なども、その前後の伝承や歌を集めて、八世紀ごろに成立していることを考えれば、この宇宙観の下限は、七、八世紀に求めるべきであろう。

星と神話の関係を考える場合、歳差による若干の移動を除けば、我々は古代日本人が仰いだのと、ほぼ同じ星空を眺めることが出来る。これは、地理的考察などが、地形の自然的・人工的変化で困難なことが多いことと比べると、僥幸とも言うべき素晴らしいことである。つまり、現代の星空をそのまま古代日本人の見た星空と見なしても、それほど大きな誤差はないと推測されるのである。そこでその前提の下に、以下、古代日本人の有した一般的な宇宙観を推定してみたい。

　右、託賀《たか》と名づくる所以《ゆゑ》は、昔、大人《おほひと》ありて、常に勾《かがま》り行《ゆ》きき。南の海より北の海に到《いた》り東より巡《めぐ》り行きし時、此《こ》の土《くに》に到《いた》来りて、云ひしく、「他土《あだしくに》は卑《ひく》ければ、常に勾《かがま》り伏して行きき。此の土《くに》は高ければ、申《の》びて行く。高きかも」といひき。故《かれ》、託賀《たか》の郡《こほり》といふ。其の踰《ふ》みし迹処《あとどころ》は、数々《あまた》、沼《ぬま》と成れり。〔右で託賀と名づけた理由は、昔、巨人がいて、いつも屈んで歩いていた。南の海〔瀬戸内海〕から北の海〔日本海〕に行き、東から巡って行った時、此の土地にやって来て言うことには、「他の土地は天が低いので、〔頭が支えてしまって〕いつも屈んで体を伏せるようにして歩いていた。この土地は、天が高いので、背を伸ばして歩いて行ける。何と天が高いことか。」と言った。そこで、〔この天の高い土地を〕託賀《たか》の郡《こおり》と言った。其の巨人が地面を踏んだ足跡は、〔水が溜まって〕、数多くの沼と成っている。〕

これは、『播磨国風土記』託賀郡《たかのこおり》の記述で、足跡が沼となるような大人《おおひと》〔巨人〕は、いつも天に背がつかえてかがまり伏して歩いていたが、播磨国〔現兵庫県〕の四方をさまよった挙げ句に託賀郡にやって来たところ、託賀郡は天が高く背を伸ばすことができたので、それを喜んで、その土地を、（天が）高いことにちなみ「託賀《たか》」と名付けたという話である。この東西南北の天が低く、中央の託賀郡の天が高いという描写から、天をドーム状の半球と見なしていたことが帰納されよう。また、他の土地では、天が低く、巨人の背が天につかえるので、かがんでいたという記述は、天が空虚な存在ではなく、確固とした物質で層状を成していると観念されていたことを推測させよう。

同様に、延喜式祝詞《えんぎしきのりと》の祈年祭《としごいのまつり》には、次のような記事が見られる。

皇神《すめがみ》の見霽《みはる》かし坐《ま》す四方《よも》の国は、天《あめ》の壁《かき》立つ極《きは》み、……青《あを》海原《みはら》は棹舵《さをかぢ》干《ほ》さず舟の艫《へ》の至り留まる極み、大海《おほみ》に舟満ちつつけて、陸《くが》より往《ゆ》く道は荷《に》の緒《を》縛《ゆ》ひ堅《かた》めて、……馬の爪の至り留まる限り、長道《ながぢ》間《ひま》なく立ち続けて、……（皇祖《こうそ》神《しん》天照大御神《あまてらすおおみかみ》のご覧なされる四方の国は、天の壁が立ちはだかるその果てまで、……青々とした海原は舟の棹や舵を海から上げずに海水に浸したままで、舟の艫先《へさき》が海の果ての天の壁まで行き付いてもうこれ以上進めないその果てまで、大きな海に舟々を満ちるほど、並べ続けて、一方、陸から出掛けて行く道は、荷物を背負う紐をしっかりと堅く締めて、……馬の蹄《ひづめ》が、地の果てに聳えている天の壁に突き当たって、これ以上もう馬が進めない、その果てまで、長い道を、隙間なく、馬を立ち並べ続けて、……）

ここでは、四方を見渡せば、その涯《はて》に「天の壁」が立ち、舟の舳先も、海の涯で「天の壁」に突き当たり、舟がそれ以上先へ進めなくなっており、馬も陸地の涯で「天の壁」に遮られて、それ以上、蹄《ひづめ》が進めない状態になっていることが描かれている。これは、『古事記』序文にも、同様の一文がある。

紫宸《ししん》に御《ぎょ》して徳《とく》は馬《うま》の蹄《ひづめ》の極《きは》まる所《ところ》に被《およ》び、玄扈《げんこ》に坐《ざ》して化《くは》は船《ふね》の頭《へ》の逮《およ》ぶ所《ところ》を照《て》らしたまふ。（元明天皇は、紫宸殿《ししんでん》〔皇居〕に居られて、威徳は、馬の蹄がこれ以上進めない、その地の涯に及び、玄扈《げんこ》〔皇居〕にいらして、威光は、船の舳先がこれ以上進めない海の涯までもお照らしになっている。）

即ち、海の涯、地の涯に、それぞれ「天の壁」が立ちはだかり、船も馬も、それ以上進めない構造になっているという観念が、当時一般的なものであったことが知られる。即ち、この「天の壁」が、海や陸の涯に屹立《きつりつ》しているという観念は、確固とした物質でできたドーム状の宇宙観という見方を支持するものであろう。

このように、海や陸の涯に「天の壁」が聳えているならば、海や陸は、その涯で天に繋がっているという観念を当然呼び起こすであろう。『万葉集』に見られる次の表現が、まさに天海、あるいは天地の接合の観念を端的に示していよう。

……葦原《あしはら》の　瑞穂《みづほ》の国を　天地《あめつち》の　寄合《よりあ》ひの極《きはみ》　知らしめす　神の命《みこと》と……（巻二・一六七）

これは、草壁皇子《くさかべのみこ》の死を悼む柿本朝臣人麿《かきのもとのあそみひとまろ》の歌で、「天地《あめつち》の　寄合《よりあ》ひの極《きはみ》」即ち「天地の接するその果てまで」支配されるはずであった皇子が夭逝してしまったのを惜しんでいる部分である。

これがさらに進むと、天地の接合点から、天上世界へ行けるという展開になる。『万葉集』の次の歌は、石田王《いわたのおおきみ》が卒《みまか》った時に、丹生王《にうのおおきみ》が作った歌である。

……天地《あめつち》に　悔《くや》しき事の　世間《よのなか》の　悔《くや》しきことは　天雲《あまくも》の　遠隔《そくへ》の極《きはみ》　天地《あめつち》の　至れるまでに　杖策《つゑつ》きも　衝《つ》かずも行きて　天《あめ》にある　佐佐羅《ささら》の小野《をの》の　七《なな》ふ菅《すげ》　手に取り持ちて　ひさかたの　天の川原に　出で立ちて　潔身《みそぎ》てましを　高山の　巖《いはほ》の上に　座《いま》せつるかも　（天地の間で悔しいことの、世の中で悔しいことは、天の雲が棚引く、遠く離れたその涯である、天と地が寄り合う、その涯まで、杖を衝《つ》いてでも衝かなくても、何としても行って……天上にある月世界の小野の七節ある菅を手に取り持って、天の川に出て行って、禊ぎをすれば良かったのに、それが出来ずに石田王《いわたのおおきみ》を高山の巖の上に葬ってしまったことだ）（巻三・四二〇）

これは「天地《あめつち》の　至れるまでに」即ち、天と地が「至れる（一つに繋がる）」その涯まで、「杖策《つゑつ》きも　衝《つ》かずも行きて（杖を衝くにしろ、衝かぬにしろ、何とかして行って）」という意味で、亡くなった石田王を蘇生させるために、丹生王が天地の接合点に行きたいと思った場面である。天地の接合点まで行った後はどうなるかというと、「天《あめ》にある　佐佐羅《ささら》の小野《をの》の　七《なな》ふ菅《すげ》　手に取り持ちて」とあるので、月世界へ行くことになる。「佐佐羅《ささら》」とは、『万葉集』巻六・九八三番歌の左注に、「月の別《また》の名をささらえをとこといふ」とあることから、月の別名を「ささらえをとこ」と言ったことが分かる。つまり、月の古い呼称を「ささら」と言ったと推測される。「ささらえをとこ」

というのは、「ささら」即ち「月」を「えをとこ（若くて立派な男性。「え」は良いとか立派など言った意味。「をとこ」は若い男性）」と青年のイメージで捉えた呼称である。「月読命《つくよみのみこと》」は『古事記』に出てくる月の神の呼称で、やはり男性である。「月人壮子《つきひとをとこ》」は、『万葉集』に登場し、月を青年に見立てたもので、「ささらえをとこ」の発想に近い。この月の世界に野原があるとされたのが、「佐《さ》羅《ら》の小《を》野《の》」である。「七《なな》ふ菅《すげ》」というのは、七つ節のある菅《すげ》で、七という数字はシャーマニズムによく登場し、聖数として特別な意味を持つとされる。この場合、「七《なな》ふ菅《すげ》」は蘇生のための呪具の一つである。月は新月から上弦の月を経て満月に変わり、また下弦の月を経て新月となり、さらに再び満月へ向かって膨らんで行くので、古今東西で、不死や復活の象徴とされた[1]。この不死の世界である月世界に生えた七《なな》ふ菅《すげ》を「手に取り持」つことで、蘇生の儀式が行われるのである。

さらに、その後、「ひさかたの　天の川原に　出で立ちて　潔身《みそぎ》てましを」とあるように、天の川（銀河）に出て「潔身《みそぎ》」をしようとする。「潔身《みそぎ》」は、やはり、自他の復活蘇生のために水の生命力を使って行う呪術である。水を浴びることで、新しい生命に生まれ変わるのは仏教の灌頂《かんじょう》、キリスト教の洗礼、ヒンズー教の沐浴等、多くの宗教に共通して見られる儀式であり、神道に於ける禊《みそぎ》祓《はらえ》も、その行為の意味するところは、全く同じと言って良い。つまり、この万葉歌では、丹生王は、石田王を蘇生させるために、天地の涯まで行き、そこから天に昇り、月世界の野に生える七《なな》ふ菅《すげ》を取り、さらに天の川に出て、蘇生のための潔身《みそぎ》をしようとしたことになる。実際には、天の涯に行くことはできずに、その結果、石田王を蘇生させる事は出来ず、「高山の巖《いはほ》の上に」葬ってしまったことが、非常に「悔《くや》しき事」だというのである。

これは、地の涯から天に昇る話であるが、一方、海の涯から天に昇る話もある。『丹後国風土記逸文』浦島子《うらのしまこ》の条がそれである。

長谷《はつせ》の朝倉《あさくら》の宮《みや》に御　宇《あめのしたをさめたま》ひし天　皇《すめらみこと》の御世《みよ》島子《しまこ》、独《ひとり》小《ちひさ》き舟《ふね》に乗《の》り海中《わたなか》に汎《うか》び出《い》でて釣《つり》せり。三日三夜《みかみよ》経《へ》ぬれど一《ひと》つの魚《いを》だに得《え》ず。乃《すなは》ち五色《いついろ》の亀《かめ》を得《え》つ。心《こころ》に奇異《あや》しと思《おも》ひ船《ふね》の中《なか》に置《を》き即《すなは》ち寐《いね》つるに、忽《たちまち》に婦人《をみな》となりぬ。その容美麗《かほうるは》しくまた比《なら》ぶひとなし。島子《しまこ》、問《と》ひて曰《い》はく、「人宅《いへ》遙《はる》けく遠《とほ》く、海庭《には》に人乏《ひとな》きに、いかに人忽来《きた》れる」といふ。女娘《をとめ》の微咲《ゑ》みて対《こた》へて曰《まを》さく、「風流之士《みやびを》、独蒼海《ひとりうみ》に汎《うか》べり。近《ちか》く談《かた》らはむおもひに勝《あ》へず、風雲《かぜくも》の就来《むたきた》れり」といふ。島子《しまこ》また問《と》ひて曰《い》はく、「風雲《かぜくも》は何処《いづく》ゆか来《きた》れる」といふ。女娘《をとめ》、答《こた》へて曰《い》はく、「天《あめ》の上《うえ》なる仙家之人《やまびと》なり。……君棹廻《きみさを》すべし。蓬山《とこよのくに》に赴《ゆ》かむ」といふ。島子《しまこ》従《したが》ひ往《ゆ》く。女娘《をとめ》、眠目《ねむ》らしめ、即《すなは》ち不意之間《ときのま》に海中《わたなか》なる博大之島《とほしろきしま》に至《いた》りぬ。……一太宅《あるいへ》の門《かど》に到《いた》りぬ。女娘《をとめ》、曰《い》はく、「君《きみ》、且《しま》らく此処《ここ》に立《た》ちたまへ」といひて、門《かど》を開《ひら》きて内《うち》に入《い》りぬ。即《すなは》ち七豎子来《ななたりのわらはきた》り、相語《あひかた》りて曰《い》はく、「こは亀比売《かめひめ》の夫《つま》そ」といふ。また、八豎子来《やたりのわらはきた》り相語《あひかた》りて曰《い》はく、「こは亀比売《かめひめ》の夫《つま》そ」といふ。ここに、女娘《をとめ》の名《な》を亀比売《かめひめ》と知《し》りぬ。乃《すなは》ち女娘《をとめ》出《い》で来《く》。島子《しまこ》、豎子《わらは》たちの事《こと》を語《かた》る。女娘《をとめ》、曰《い》はく、「その七豎子《ななたりのわらは》は昴星《すばる》なり。この八豎子《やたりのわらは》は畢星《あめふり》なり。君《きみ》な恠《あや》しみそ」

といふ。即《すなは》ち前《さき》に立《た》ちて引導《みちび》き内《うち》に進《すす》み入《い》れり。〔長谷の朝倉の宮で天下をお治めになった〔雄略〕天皇の御世に、島子は独りで小船に乗って海の中に汎《うか》び出て、魚釣をしていた。三日三夜が経過したが、一匹の魚さえも釣れなかった。ただ五色〔青・赤・黄・白・黒〕の亀を得た。心の中で不思議なこともあるものだと思いながら、その亀を船の中に置いて、そのまま寝たところ、時の間に、その亀は、婦人に姿を変えた。その容貌は美しく他と比べる人もなかった。島子が尋ねて言うことには、「人里から遙かに遠く、海上には人は誰もいないのに、どうやってあなたはやって来たのか」と言った。乙女が微笑んで答えて言うことには、「素敵な男性が独りで海に浮かんでいたので、親しくお話したいとの思いに負けて、風や雲と一緒にやってきたのよ」と言った。島子がまた尋ねていうことには、「その風や雲はどこから来たのか」と言った。乙女が答えて言うことには、「天の上に住む仙人の家の者です。……あなたは棹で舟を漕ぎなさい。蓬萊山に行きましょう」と言った。島子は乙女の指示に従って舟を漕いで行った。乙女は〔この世と常世《とこよ》の国の境が分からないように〕島子を眠らせて、あっと言う間に、海上にある広く大きな島に到着した。……一軒の大きな家の門に着いた。乙女が言うことには、「貴方は、暫く此処にお立ちなさってください」と言って、門を開いて内に入ってしまった。すると、七人の子供がやって来て、お互いに語り合って言うことには、「これが、亀比売《かめひめ》様の夫だぞ」と言った。また、八人の子供たちがやって来て、お互いに語り合って言うことには、「これが、亀《かめ》比売《ひめ》様の夫だぞ」と言った。そこで、乙女の名を亀比売だと知った。やがて乙女が出て来た。島子は、子供たちの事を語った。乙女が言うことには、「その七人の子供たちは昴星《すばる》です。この八人の子供たちは畢星《あめふり》です。どうぞ変だと思わないでください」と言った。そこで、乙女が先に立って導き、〔島子を〕家の中に進み入れた。〕

この浦島伝説では、浦島子は、「小舟に乗り」「天《あめ》の上《うえ》なる仙家《やま》」であり、「海中《わたなか》なる博大之島《とほしろきしま》」でもある「蓬山《とこよのくに》」に赴くが、そこには、「七豎子《ななたりのわらは》」たる「昴星《すばる》」と「八豎子《やたりのわらは》」たる「畢星《あめふり》」が現われる。これは、既に論じたように、一つには、浦島子が、海の涯に行くことで、同時に、天の涯まで赴いたことを表わし、また一つには、海中の島である蓬山が、天上と繋がった世界であったことを示していよう。(2)

古代中国の文献では、『列子《れっし》』湯問篇《とうもんへん》に、次のような記述が見られる。

渤海《ぼっかい》の東《ひんがし》、幾億万里《いくおくまんり》か知《し》らず。大壑有《たいがくあ》り。……天漢《てんかん》の流《なが》れ、之《これ》に注《そそ》がざる莫《な》し。……其《そ》の中《なか》に五山有《ごさんあ》り。……五《ご》に曰《い》はく蓬萊《ほうらい》。……(渤海の東の方向に幾億万里離れているか分からないが、大きな谷がある。……天の河の流れで、この谷に注がないものはない。……その谷の中に五つの山がある。……五番目を蓬萊という。……)

「天漢」即ち銀河の流れが「注」ぐ「大壑《たいがく》」(渤海の東の海にある大きな谷)に「五山」(仙人の住む仙境である五つの山)が有り、その一つが「蓬萊」(蓬萊山)であるという。「蓬萊」は、『丹後国風土記逸文』浦島子の条の「蓬山」と同一のものであり、結局、蓬萊に天漢(銀河)の流れが注いでいることは、銀河と蓬萊が繋がっていること、即ち、「蓬萊（蓬山）」と銀河、並びに銀河の所属する天上世界が繋がっていることに他ならない。さらに、晋の張華の『博物誌』には、次のようにある。

旧説《きうせつ》に云《い》はく、天河海《てんがうみ》と通《つう》ずと。海渚《かいしよ》に居《を》る者《もの》、……槎《いかだ》に乗《の》りて去《ゆ》く。……昼夜去《ちうやゆ》くこと十《とほ》余日《よか》、つひに一処《いちしよ》に至《いた》る。……牛《うし》を牽《ひ》く人《ひと》、乃《すなは》ち驚《おど》きて問《と》ひて曰《い》はく、「何《なに》の由《ゆえ》か、此《ここ》に至《いた》る」と。此人《このひと》、……「此処《ここ》は何処《いづく》か」と。答《こた》へて曰《い》はく、「君《きみ》、還《かへ》りて蜀郡《しよくぐん》に至《いた》り、厳君平《げんくんぺい》を訪《をとづ》れよ……後蜀《のちしよく》に至《いた》り君平《くんぺい》に問《と》ふ。曰《い》はく、「某年月日《ぼうねんがつぴ》、客星有《かくせいあ》り、牽牛宿《けんぎうしゆく》を犯《をか》す。年月《ねんげつ》を計《はか》るに、正《まさ》に是《こ》れ此人《このひと》、天河《てんが》に到《いた》る時也《ときなり》」（昔の話で言うことには、「天の河は海と繋がっている」と言うことだ。海岸近くに住む者が、槎《いかだ》に乗って出掛けて行った。……昼も夜も進んで行くこと十日余りで、とうとうある場所に着いた。……牛《うし》を牽《ひ》く人が、そこで、驚いて、質問して言うことには、「どういう理由で此処に来たのか」と。此の人は、……「此処は何処か」と。答へて言うことには、「君《きみ》は還って蜀郡《しよくぐん》に行き、厳君平《げんくんぺい》を訪《おとず》れなさい。この人は、……後《のち》に、蜀《しよく》に至《いた》り君平に尋ねた。（君平が）言うことには、「某年月日《ぼうねんがつぴ》に客星《かくせい》（彗星）が有《あ》った。牽牛宿《けんぎゅうしゅく》の領域に入った。年月を計ると、正に是れは、此人《このひと》が天河《てんが》に到《いた》った時であった」）

ここでは、「天河《てんが》海と通ず」（天の川即ち銀河は海と繋がっている）と明示されている。また「海渚《かいしょ》に居《を》る者」が「槎《いかだ》に乗」って「昼夜去くこと十余日」で「つひに一処に至る」が、そこは「牛を牽《ひ》く人」がいる天上世界であり、後に厳君平によって、「客星《かくせい》＝彗星（此人）」が「牽牛星《けんぎゅう》（牛を牽く人）」の位置に出現したことが明らかにされる。これは、海の涯が天及び天河と繫がっており、海の涯から、天の河を通って、天上へ行けるとされたことを明瞭に示していよう(3)。

このように、日本でも中国でも、陸地の涯や海の涯は、天と繫がっており、その繫ぎ目たる地平線や水平線の果てから、天のドーム状の壁を伝わって、あるいは、天のドームの一部である天の河をさかのぼって、天上世界へ行けるという観念が存在したことは、以上の文献から疑いえないところであろう。また、それは、天が確固とした壁状の層で出来ており、全体としてはドーム状を成しているとされたことを意味していよう。

このように、天上世界へ行くには、天地の涯、天海の涯から、天へ昇るのだという観念が存在した。それは人間が天上世界へ行こうと思ったら、空を飛べないのだから、天と接していると考えられた地の涯や海の涯まで、馬や徒歩、船等で何とかして行って、そこから天に昇るしかないのだと考えたためであろう。そして、それは、丹生王の歌のように、実際には、ほとんど不可能なこととされている。

一方、天の神が地上へ行く場合は、如何であろうか。『古事記』に見られる次の場面が注目される。

鳴女《なきめ》、天《あめ》より降《くだ》り到《いた》りて、天若日子《あめのわかひこ》の門《かど》なる湯津楓《ゆつかつら》の上《うへ》に居《ゐ》て、委曲《まつぶさ》に天《あま》つ神《かみ》の詔《の》りたまひし命《みこと》の如言《ごとい》ひき。爾《ここ》に天佐具売《あめのさぐめ》、此《こ》の鳥《とり》の言《い》ふことを聞《き》きて、天若日子《あめのわかひこ》に語《かた》りて言《い》ひしく、「此《こ》の鳥《とり》は、其《そ》の鳴《な》く音甚悪《こゑいとあ》し。故射殺《かれいころ》すべし。」と云《い》ひ進《すす》むる即《すなは》ち、天若日子《あめのわかひこ》、天《あま》つ神《かみ》の賜《たま》へりし天之波士弓《あめのはじゆみ》、天之加久矢《あめのかくや》を持《も》ちて、其《そ》の雉《きぎし》を射殺《いころ》しき。爾《ここ》に其《そ》の矢《や》、雉《きぎし》の胸《むね》より通《とほ》りて、逆《さかしま》に射上《いあ》げらえて、天安河《あめのやすのかは》の河原《かはら》に坐《ま》す天照大御神《あまてらすおほみかみ》、高木神《たかぎのかみ》の御所《みもと》に逮《いた》りき。……是《ここ》に高木神《たかぎのかみ》、「……天若日子《あめのわかひこ》、命《みこと》を誤《あやま》たず、悪《あ》しき神《かみ》を射《い》つる矢《や》の至《きた》りしならば、天若日子《あめのわかひこ》に中《あた》らざれ。或《も》し邪《きたな》き心有《こころあ》らば、天若日子《あめのわかひこ》此《こ》の矢《や》にまがれ。」と云《い》ひて、其《そ》の矢《や》を取《と》りて、其《そ》の矢《や》の穴《あな》より衝《つ》き返《かへ》し下《くだ》したまへば、天若日子《あめのわかひこ》が朝床《あさとこ》に寝《いね》し高胸坂《たかむなさか》に中《あた》りて死《し》にき。（鳴女《なきめ》が、天から降《くだ》り到って、天若日子の門にある神聖な楓《かつら》の上に止まり、詳しく天つ神が仰った通りにご命令を言った。その時、天佐具売《あめのさぐめ》は、此の鳥の言うことを聞いて、天若日子に語って言うことには、「此の鳥は、其の鳴く音がひどく悪い。だから、射殺すべきだ。」と言って勧めたので、直ぐに天若日子は、天つ神がお与えなさった天之波士弓《あめのはじゆみ》、天之加久矢《あめのかくや》を持って、其の雉《きじ》を射殺した。その時、其の矢は、雉の胸を通り抜けて、逆に射上げられて、天安河《あめのやすのかわ》の河原にいらっしゃる天照大御神、高木神の御近くに届いた。……そこで、高木神は、「……天若日子が命令に背かず、悪い神を射た矢が来たのであれば、天若日子に当るな。もし、邪心が有るならば、天若日子は此の矢で災いを受けよ。」と言って、其の矢を取って、其の矢が天の地面に開けた穴から、衝《つ》き返して下しなさったところ、天若日子が朝方、床で寝ていた、その仰向けになった胸の上に矢が当たって死んだ。）

この『古事記』の記述で、高木神は、天若日子が射た矢が天上世界に届いたのを取って、「其の矢の穴」から衝《つ》き下している。「其の矢の穴」とは、文脈から判断して、矢が天の層に開けた穴と推測される。つまり、上述したように、天は確固とした物質で造られ、層を成していたから、そこを強い力で射られた矢が通り抜ければ、その通り抜けた後が穴として残るような構造をしていると帰納されるのである。つまり、天の層は、天上世界にとっては大地、地上世界にとっては天井の役割をする存在である。

以上の天地接合の観念と「其の矢の穴」を図示すれば、図6のようになろう。

つまり、天と地は、天の層によって、二つの世界に分離されているが、天の層に開けられた穴によって、矢が天地の間を往復したように、天地の間の穴は、天地間の通路になっているということが出来るのである。それ故、神が天から地へ行く場合は、この天の穴を通して下ることになろう。

この点に関して、ウノ・ハルヴァ『シャマニズム　アルタイ系諸民族の世界像』では、興味深い指摘がなされている。関連部分を要約すると次のようになる。[4]

アルタイ系諸民族の世界観では、天は、天幕の屋根状に大地を覆うもの、あるいは大鍋を伏せたような半球状をした堅固な蓋と観念された。星は、その天幕や半球状の蓋に開いた穴であって、そこから、天上界、神々の世界の光が差し込んでいると考えた。その考えにおいては、流れ星は、天の神々が、天の扉を少し開いて地上の様子を眺める時に流れる光として説明される。流れ星に願い事をすれば叶うというのは、流れ星が流れている時は天の神様が地上を眺めている時だから、直接に願い事を聞いてもらえるからだという。また、星々の中でも、昴は寒気が流れ込んでくる空気穴、北極星は、神々が天地を出入りする通路として観念されている。アルタイ系諸民族は、民族の系統上、日本民族と近縁にあると考えられる民族であり、神話においても、日本神話の世界観と極めて近い観念が、そこに見いだされても不思議はない。それ故、日本神話においても、天の層に開いた穴を星と見なしていた可能性は十分に指摘されるのである。

その証拠の一つが、星の古語としての「つつ（筒）」という言葉の存在である。例えば、『万葉集』の中に「夕星の　か行きかく行き」（巻二・一九六）、「夕星の　夕になれば」（巻五・九〇四）のように、「夕星」という表現が見られるが、これは金星（宵の明星）を指す古語である。第七章でも見たように、「夕星《ゆふつつ》」は、「夕べの星」の意味で「つつ」は星の古名なのである。「星」の古名としての「つつ」は、住吉三神の記述にも出てきて、底筒之男命《そこつつのおのみこと》以下三神が住吉大社の三柱の航海神であるのは、第七章で見たようにオリオン三つ星の神格化として理解できた。

このように、底筒・中筒・上筒の三星が、オリオン座の三星の神格化であれば、その場合も、「筒（つつ）」は、星を表わす古名であることになろう。それでは、何故、「つつ（筒）」が、星の古名となるのか。これは、文字通り、「筒《つつ》＝細長い中空の円い穴」のためと言えよう。上述した通り、天と地は、天の層によって、ドーム状に区切られていた。その層に開けられた穴が星であれば、そ

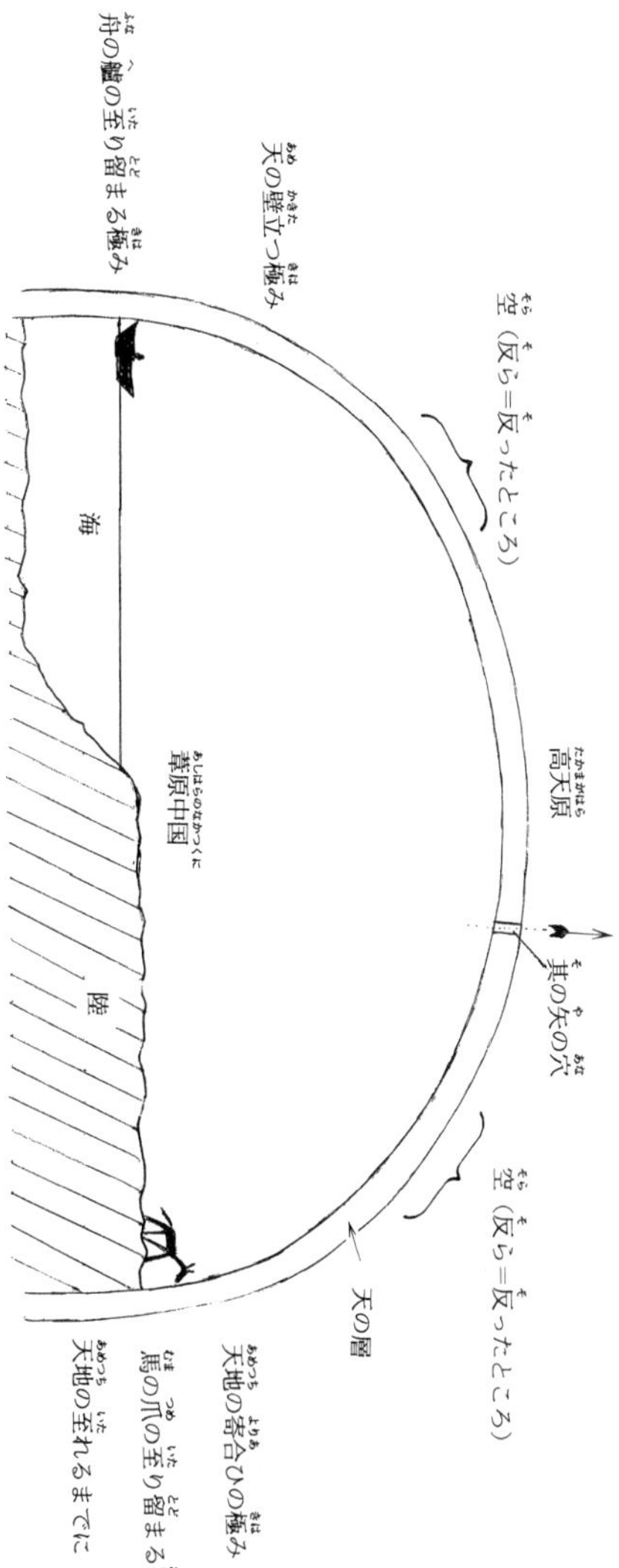

図6　古代日本人の宇宙観　天地（天海）接合の観念

の穴の形状としては、「筒」状の形が最も相応しいであろう。実際、古星図では、星は円い形で表示されることが多いのである。一定の厚さを持った天の層に開けられた穴は、細長い中空の穴で、その最も自然な形が円柱状、即ち「筒」であろう。一方、星（ほし）の語源であるが、「ほし」の「ほ」は、炎（ほのほ＝火の穂）・蛍（ほたる＝火垂る）の「ほ」と同様に、「火」を表わす「ほ」から来ている可能性が高いであろう。昔は、松明にしろ灯明にしろ、照明の光は、火の光によったので、夜光っているものは、火が燃える光であると見なされたのであろう。「し」の方は、種々言われているが、よくわからない。いずれにしても、星（ほし）は、光に重点が置かれた呼称であり、「筒」という天の層に開いた穴から漏れる光を、「星（ほし）」と呼んだのかも知れない。

以上の考察から言えることは、古代日本人は天が確固な物質で造られた一つの層を成し、全体としてドーム状の形態で大地を覆い、天の層の上の天上世界と天の層の下方の地上世界は、その天の層で分離されているという宇宙観を持っていたということである。天地の交流は、その天の層に開いた穴である筒（つつ）即ち星を通して行われるか、あるいは、地の涯・海の涯が天と繋がっているという観念から、地の涯・海の涯まで、何らかの手段を使って行き、そこから天の壁や天の河を昇ることにより、初めて可能になると考えられていたことになろう。

【注】

（1）ネフスキー・N（岡　正雄編）、一九七一、『月と不死』（平凡社）・石田英一郎、一九五六、『桃太郎の母』（法政大学出版局）など。

（2）拙稿、「浦島伝説の一要素――丹後国風土記逸文を中心に――」、国語国文六〇六。

（3）なお、黄河を遡って天上世界へ到達する話が、梁の宗懍『荆楚歳時記』に見られる。詳しくは、武田雅哉『星への筏』（角川春樹事務所、一九九七年十月）を参照されたい。

（4）ハルヴァ・U（田中克彦訳）、『シャマニズム　アルタイ系諸民族の世界像』（三省堂、一九七一）。

第十一章　天《あめ》の八衢《やちまた》と天《あめ》の石屋戸《いわやと》――天地を結ぶ通路は星であった

本章では、天上世界と地上世界を結ぶ出入口について論じてみたい。

第十章「古代日本人の宇宙観」で説明したように、古代日本人は、天が確固とした物質で造られた一定の厚さの層を成し、ドーム状に地上世界を覆うという世界観を持っていたと推測される。その世界観にあっては、天の層に開いた穴である星が、天地を結ぶ通路となる点についても、既に説明した。本章ではそれを踏まえて、天地を結ぶ出入口である天《あめ》の八衢《やちまた》や天《あめ》の石屋戸《いわやと》をどう理解すべきか考えたい。

一、天《あめ》の八衢《やちまた》――通路としてのすばる

日本の神話の中で、天地を結ぶ通路として明確なものに天《あめ》の八衢《やちまた》がある。『古事記』は、次の如

く描く。

爾《ここ》に日子番能邇邇藝命《ひこほのににぎのみこと》、天降《あも》りまさむとする時《とき》に、天《あめ》の八衢《やちまた》に居《ゐ》て、上《かみ》は高天《たかま》の原《はら》を光《てら》し、下《しも》は葦原中国《あしはらのなかつくに》を光《てら》す神《かみ》、爾《ここ》に有《あ》り。故爾《かれここ》に天照大御神《あまてらすおほみかみ》、高木神《たかぎのかみ》の命《みこと》以ちて、天宇受売神《あめのうずめのかみ》に詔《の》りたまひしく、「汝《いまし》は手弱女人《たわやめ》にはあれども、伊牟迦布神《いむかふかみ》と面勝《おもか》つ神《かみ》なり。故《かれ》、専《もは》ら汝往《いましゆ》きて問《と》はむは、『吾《わ》が御子《みこ》の天降《あも》り為《す》る道《みち》を、誰《たれ》ぞ如此《かく》て居《ゐ》る。』ととへ。」とのりたまひき。故《かれ》、問《と》ひ賜《たま》ふ時《とき》に、答《こた》へ白《まを》ししく、「僕《あ》は国《くに》つ神《かみ》、名《な》は猨田毘古神《さるたびこのかみ》ぞ。出《い》で居《ゐ》る所以《ゆゑ》は、天《あま》つ神《かみ》の御子《みこ》天降《あも》り坐《ま》すと聞《き》きつる故《ゆゑ》に、御前《みさき》に仕《つか》へ奉《まつ》らむとして、参向《まゐむか》へ侍《さもら》ふぞ。」とまをしき。（さて、日の御子番能邇邇藝命《みこほのににぎのみこと》が天降《あまくだ》りなさろうとする時に、天地の間の別れ道である天《あめ》の八衢《やちまた》に居《い》て、上方は神々の世界である高天《たかま》の原《はら》を光で照らし、下方は葦原中国《あしはらのなかつくに》に光を投げかける神がいた。そこで、その時に、天照大御神《あまてらすおおみかみ》と高木神《たかぎのかみ》のご命令で、天宇受売神《あめのうずめのかみ》に、「お前は腕力の弱い女性であるが、面と向かう神に勝つことができる神だ。そこで、お前が行って、『我等が日の御子《みこ》が天降《あまくだ》ろうとする道《みち》に、誰がこのようにして邪魔しているのか。』と尋ねよ。」と仰った。そこで、尋ねなさる時に、答《こた》えて、「私は国《くに》つ神《かみ》で、名《な》は猨田毘古神《さるたびこのかみ》です。この場所に出て来た理由は、天《あま》つ神《かみ》の御子《みこ》が天降《あまくだ》りなさると聞きましたので、先駆けをしようと存じまして、やって来たのでございます。」と申し上げた。）

天照大御神の孫に該《あた》る番能邇邇藝命《ほのににぎのみこと》が天から地上に下ろうとする時に、天《あめ》の八衢《やちまた》に居て天上の高天《たかま》の原《はら》と地上の葦原中国《あしはらのなかつくに》に光を投げ掛けている神が居た。天宇受売命《あめのうずめのみこと》が高木神《たかぎのかみ》から尋ねるように言われた内容は、「吾《わ》が御子《みこ》の天降《あも》り為《す》る道《みち》を、誰《たれ》ぞ如此《かく》て居《ゐ》る」という内容であった。つまり、天《あめ》の八衢《やちまた》とは、「吾《わ》が御子《みこ》（番能邇邇藝命《ほのににぎのみこと》）の天降《あも》り為《す》る道《みち》」に居て、「上《かみ》は高天《たかま》の原《はら》を光《てら》し、下《しも》は葦原中国《あしはらのなかつくに》を光《てら》す」猨田毘古神《さるたびこのかみ》の位置から判断して、天上の高天の原と地上の葦原中国の中間に存在する通路であることが分かる。

上述のように、古代人の世界観にあっては天上世界の高天の原と地上世界の葦原中国は天の層によって区切られていた。今、その区切られているはずの二つの世界に光を投げかけることが出来ると描写されているのであるから、猨田毘古神が居る天の八衢は、この二つの世界を区切る天の層そのものの中に存在しなくてはならないだろう。そうであれば、天の八衢とは天の層に開いた穴状の通路として理解できよう。その天の層に開いた通路である天の八衢は具体的にはどういう存在であろうか。

そのためには、天《あめ》の八衢《やちまた》という語義について考察しなくてはならない。天の八衢は「天の」と「八衢」に分かれるが、「天の」は、この「八衢」が天上世界、具体的には、その最も下部である天の層に所属するものであることを示そう。

「八衢《やちまた》」については、「八」は実数の八も表わすが、通常多数を表わすことが多い。「衢」は平安時代の古辞書である『類聚名義抄《るいじゅうみょうぎしょう》』には、「チマタ」の訓があり、同じく『新撰字鏡《しんせんじきょう》』では、「岐《ちまた》」を「道別也」とする。つまり、道の分岐を指す。『古事記』の伊邪那岐命《いざなきのみこと》の禊祓《みそぎはらへ》の段では、投げ捨てた褌《はかま》から道俣神《ちまたのかみ》が誕生する。「道俣神《ちまたのかみ》」の「道《ち》」は「道《みち》」の古語で、「俣《また》」も「八俣《やまたの》大蛇《をろち》」の「俣《また》」同様に、褌《はかま》の股《また》が二つに分かれたように、分岐した状態を言う。即ち、「道俣《ちまた》」は「道が分岐した様」を意味する語である。

一方、『日本書紀』には、「天八達之衢《あまのやちまた》」の表記で出てくる。「達」は『玉篇《ぎょくへん》』という中国の古字書では、「達　通也」と作る。つまり、「八達」とは、「八方に通じている」意味である。『説文解字《せつもんかいじ》』という古字書にも、「四達謂之衢」とあって「衢」自体が「四方に通じている」という字義を持つ。道が沢山に分岐すれば、当然四方八方に通じることが出来るのだから、「道俣《ちまた》」を「衢」で表記することは妥当なものと言えよう。

『万葉集』の歌にも、次のようにある。

橘《たちばな》の影踏《かげふ》む道《みち》の八衢《やちまた》に物《もの》をそ思《おも》ふ妹《いも》に逢《あ》はずして　（巻二・一二五）（橘の木陰を踏んで通って行く道が、途中で幾つにも別れ道になり、どの道を通ったら良いか悩むように、私はあれこれと悩んでいます。貴女になかなか逢えないので）

この歌は、恋人の女性に逢えずにあれこれ悩むことを、八衢《やちまた》（多数の分かれ道）の存在のために、どの道を行ったら良いか悩む気持ちに譬えている歌である。「八衢《やちまた》」が多くの分かれ道の意であることを端的に示そう。

よって、「天《あめ》の八衢《やちまた》」とは、「天上世界にあって、道が四方八方に分岐したところ」の謂となろう。

ところで、第十章で述べた如く、天上世界と地上世界を結ぶのは、両者を隔てる天の層に開いた穴としての星であった。ということは、「天上世界にあって、道が四方八方に分岐したところ」とは、「天の層に通路としての穴が多数開いているところ、即ち天に開いた穴としての星が多数集まった場所」であることになろう。即ち、地上から見れば、「天の一角に多数の星が群がっている場所」が天《あめ》の八衢《やちまた》ということになろう。実際の天空において、肉眼で多数の星の集合を確認できるのは、「すばる」とプレセペ星団があるが、後者は日本の文学・方言・民俗に殆ど全く登場せず、日本人が関心を持った可能性は低いので、何と言っても注目されるのは、その名も星の集合を意味する「すばる（中国名、昴星《ぼうせい》。西洋名、プレアデス）」であろう。「すばる」は「群がり星（全国）」「六《む》連星《つらぼし》（東日本）」「ムリカプシ（沖縄・奄美）」「集まり星（静岡）」「ゴチャゴチャ星（舞鶴・姫路）」「鈴生《な》り星（静岡・広島）」等の方言を持ち、多数の星の集合体として認識されてきた。実際に百数十の星の集合体（散開星団）で、肉眼でも六から十一ほど見える。また、農業・漁業・航海の指標とされ、古くから人々の注目を集めてきた。文学の面でも、『丹後国風土記逸文』の浦島伝説を初めとして、『枕草子』、御伽草紙『七夕』等に登場して親しまれてきた。金星や北極星、オリオン座等と並んで、日本人の関心を集めてきた星の代表であって、「須麻漏売《すまろめ》神社（延喜式神名帳《えんぎしきじんみょうちょう》）」「天須婆留女命《あめのすばるめのみこと》（皇太神宮儀式帳《こうたいじんぐうぎしきちょう》）」として祀られ、信仰の対象ともなってきた。これらの日本人

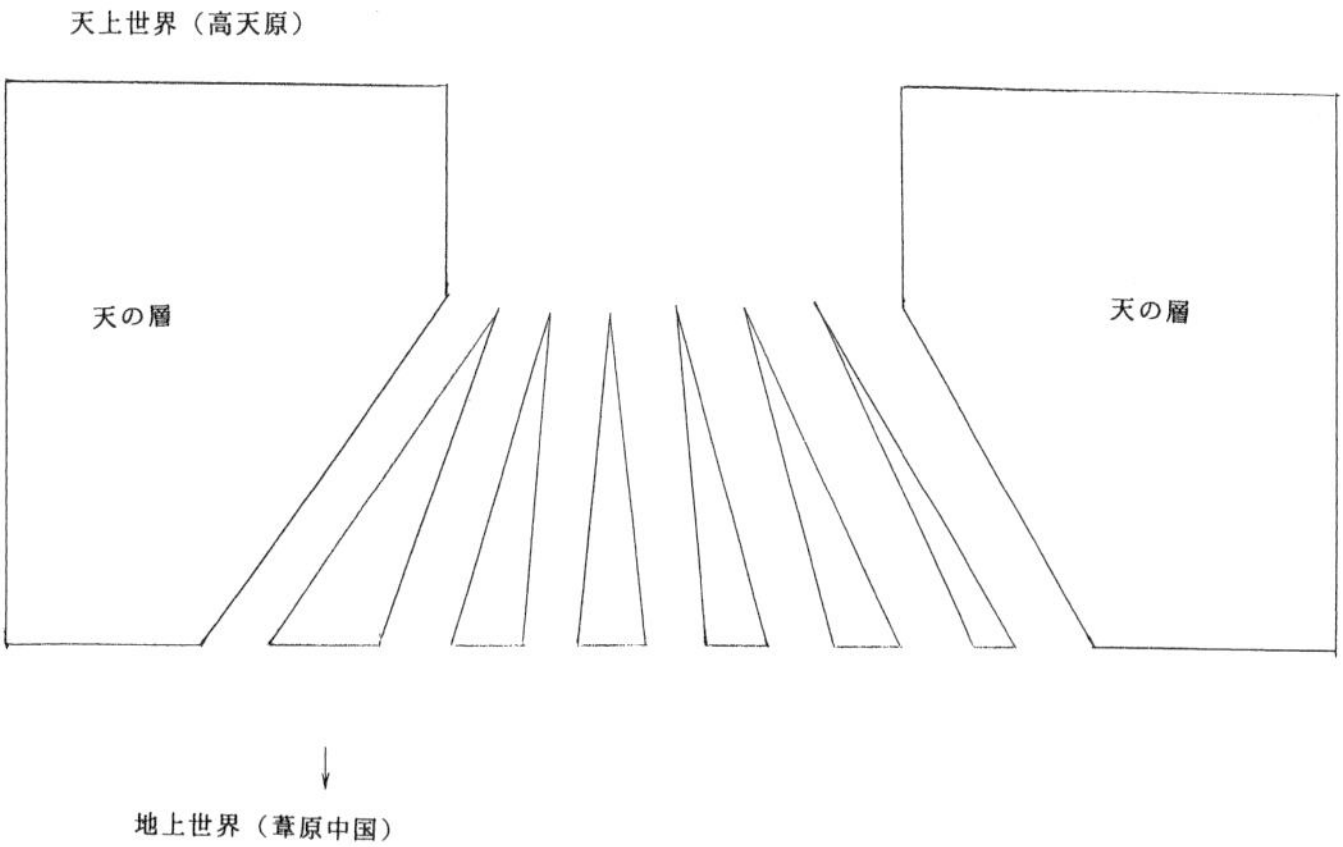

図７　天の八衢（昴星）の模式図

と「すばる」の深い関係を考えれば、古代日本人が、天空の一角に多数の星の群がっている「すばる」を見て、そこに通路としての穴が多数開いていると見なしたのは、極く自然な発想であろう。

さらに、「すばる」は、二十八宿の一つであり、太陽の通り道である黄道に位置する点からも、太陽神天照大御神の孫の番能邇邇藝命《ほのににぎのみこと》が降臨する道として相応しい位置にある。その上、中国では、『尚書《しょうしょ》』堯《ぎょう》典《てん》に、

日短《ひみぢか》くして、星昴《ほしぼう》、以《も》って仲冬《ちゅうとう》を正《ただ》す。

とあって、昴星が初更に南中する時を以って冬至の指標としていた。天の八衢が舞台となる天孫降臨神話は冬至における太陽の復活を象徴的に表わすということが半ば定説となっている点から考えても、天の八衢が冬至の指標である「すばる（昴星）」であることは極めて理に適っていると言えよう。

従って、天《あめ》の八衢《やちまた》とは、「すばる」の星の一つ一つを天の層に開いた通路（道の分岐）と見なし、その星の穴たる通路が天の一角に多数纏まっている状態を呼称したものと解釈したい。これを図示すれば、図7のようになろう。

二、天《あめ》の石屋戸《いわやと》——天上世界への出入口

天地を結ぶ通路としては、もう一つ天《あめ》の石屋戸《いわやと》がある。『古事記』には、次のようにある。

故是《かれここ》に天照大御神《あまてらすおほみかみ》見畏《みかしこ》みて、天《あめ》の石屋戸《いはやと》を開《ひら》きて刺《さし》こもり坐《ま》しき。爾《ここ》に高天《たかま》の原皆暗《はらみなくら》く、葦原中国《あしはらのなかつくに》悉《ことごと》に闇《くら》し。（それで、この時、天照大御神《あまてらすおおみかみ》は、この須佐之男命《すさのおのみこと》の様子を見て恐ろしくなり、天《あめ》の石屋戸《いわやと》を開《ひら》いて刺《さし》こもりなさった。この時、高天《たかま》の原はすっかり暗く、葦原中国《あしはらのなかつくに》も真っ暗闇となった。）

この天《あめ》の石屋戸《いわやと》は、太陽神の天照大御神が隠れると、太陽の光が天上世界の高天の原にも、地上世界の葦原中国にも届かなくなるのだから、両者の中間点に存在することになろう。ちょうど、天《あめ》の八衢《やちまた》に居た猨田毘古神《さるたびこのかみ》が「上《かみ》は高天《たかま》の原《はら》を光《てら》し、下《しも》は葦原中国《あしはらのなかつくに》を光《てら》す」存在であることから、天の八衢が両者の中間、即ち、天の層の中にあったことを想起させる。その性格の類似から言えば、天の石屋戸も、天の層の中にあったのではないかと推測できよう。即ち、天の層に開いた大きな岩の穴が天の石屋戸で、戸によって開閉できる仕組みになっていたと言えるのでないか。

さて、天照大御神が天の石屋戸に籠もってしまったために困った八百万《やおよろず》の神々が集まって天照大御神を天の石屋戸から引き出すために様々な工夫をするが、その場所は、天安《あめのやす》の河原《かわら》である。天安の河原が、所謂天の川の河原を意味するであろうことは否定できまい。即ち、天の石屋戸は天の川の近くに存在が想定されるのである。

ところで、中国においても、天上界へ行くためには、天上界へ通じる通路や門を通る必要があった。天阿《てんあ》、天街《てんがい》、天関《てんかん》、天門《てんもん》等である。興味深いことに、これらの天上界の出入口は、天門が角宿《かくしゅく》（乙女座）にあることを除けば、すべて、昴星《ぼうせい》（すばる）や畢星《ひっせい》（あめふり）の位置、西洋で言えばおうし座の位置にあって、まさに天の川の河原と呼ぶべき場所にある。（図8参照）

歳差現象という地球の自転軸の振り子運動のために、春分点は毎年少しずつ移動しており、現在は魚座の位置にあるが、二千年程前まではおひつじ座に、三千七百年ほど前まではおうし座にあり、キリスト教で羊を、ヒンズー教で牛を尊ぶのはその為だという説もある。中国で、おうし座の位置を天上界への出入口と考えたのは、その発想が生まれた時点での春分点の位置と関係があるのではないかとの推測もあながち否定できまい。日本の場合も、その中国の見方が輸入されて、おうし座の辺りを天上界への出入口と観念したのではなかろうか。

その場合、天の石屋戸とは、具体的に何を見立てたものか。

天阿《てんあ》は『淮南子《えなんじ》』天文訓《てんもんくん》に「群神《ぐんしん》の闕《けつ》なり」とあり、神々が通る門とされている。天街《てんがい》は後漢司《ごかんし》馬遷《ばせん》の『史記《しき》』天官書《てんかんしょ》に、「昴畢《ぼうひつ》の間《かん》を天街《てんがい》と為《な》す」とあり、魏《ぎ》の学者孫炎《そんえん》は、その注で「昴畢《ぼうひつ》の間《かん》、日月五星出入《じつげつごせいしゅつにゅう》の要道《ようどう》」と記している。大崎正次氏は『中国の星座の歴史』の中で、「天界の中にあるメインストリート。昴と畢の間にある黄道にあたり、太陽・月・惑星の通り道である」と説明された。天関《てんかん》は、『開元占経《かいげんせんきょう》』では「天関《てんかん》は天門《てんもん》なり」とし、天上世界への出入口の門とする。本来、関は関所の意で、天上界に出入りする門に置かれた関所のことである。これらは、いずれも、「すばる（昴星）」や「あめふり（畢星）」に位置する星で、天の八衢に相当すると推測された「すばる」そのものに極めて近い星である。それ故、天阿・天街・天関のいずれか、あるいは、「すばる」そのものを、天上世界への出入口、即ち、大きな岩で囲まれた戸の付いた通路として、天の石屋戸と呼んだものではないかと考えたい。天の八衢の場合は、「すばる」の星の一つ一つを分岐した道と捉えた訳であるが、天の石屋戸の場合は、「すばる」の青白い星雲状物質を含むぼうっとした全体を天上世界に開いた大きな穴と見なして、一まとめに考えたのかも知れない。

三、『万葉集』の「天《あま》の原《はら》石門《いはと》を開《ひら》き」

次に問題にしたいのは、『万葉集』に出てくる「天原《あまのはら》の石門《いわと》」である。

巻二・一六七の柿本朝臣人麻呂《かきのもとのあそみひとまろ》の長歌は、草壁皇子《くさかべのみこ》が薨去された時、その魂が天上世界に帰っていくことを次のように歌う。

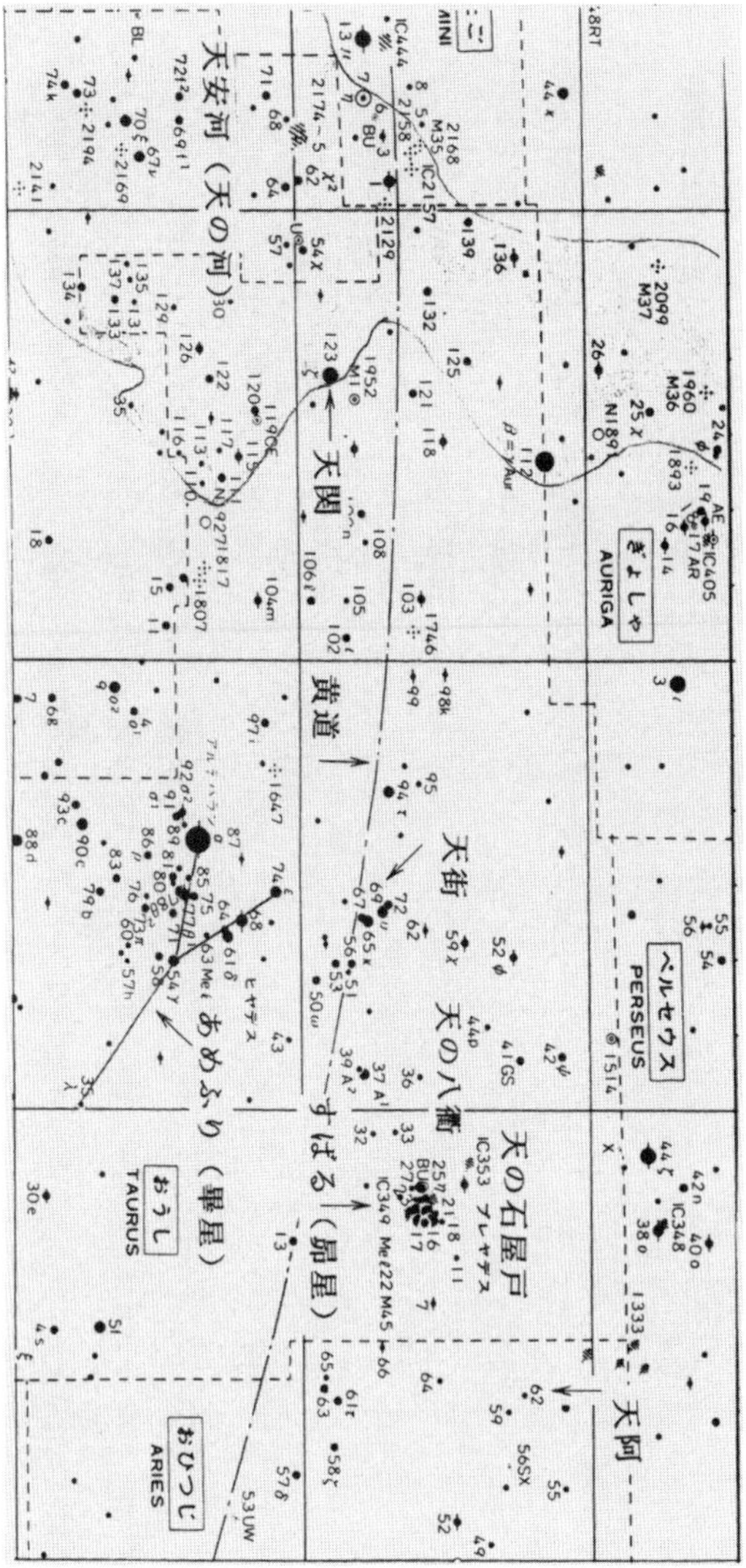
天安河（天の河）
天関
黄道
天街
天の八衢
天の石屋戸
すばる（昴星）
あめふり（畢星）
ヒヤデス
プレヤデス
ぎょしゃ
AURIGA
ペルセウス
PERSEUS
おうし
TAURUS
おひつじ
ARIES
天阿

図8

……天《あま》の原《はら》　石門《いはと》を開《ひら》き　神《かむ》あがり　あがり座《いま》しぬ……

これは、天上界の入り口に石門《いわと》があって、それを開いて、天上の世界へお隠れになったことを表すとされる。天照大御神の場合も、「天《あま》の石屋戸《いはやと》を開《ひら》きて刺《さし》こもり坐《ま》しき」（『古事記』）とあったように、石戸《いわと》は普段は閉じていて、そこに入る時点で開けて入る構造と思われる。この構造の一致から考えても、神話に出てくる天の石屋戸と万葉集の天の原の石門が同一のものと見なせる可能性は高いようである。さらに言えば、天照大御神同様に、草壁皇子、あるいは天武天皇は、日の皇子として、太陽神の系譜を受け継いでいる訳だから、太陽神が石戸を開けて中に入り、姿が見えなくなるという点においても共通していることになろう。

この万葉歌の場合、天の原に開いた石門はまさに、天の層に開いた穴であるから、天上世界への入口であるとともに、天地を結ぶ通路となっていると判断されよう。それ故、この柿本朝臣人麻呂の歌に登場する「石門《いはと》」も、「すばる」か、或いは、その近辺の中国伝来の天阿・天街・天関等を天上界への岩で出来た通路と見なしたものと判断しても良かろう。

四、浦島伝説における天界の入り口

さらに、『丹後国風土記逸文』の浦島伝説では浦島子《うらのしまこ》（浦島太郎の原型）が蓬萊《とこよ》を訪れた時に、天上世界の入り口と思われる大きな家の門が出てくる。

携手《たづさ》へて徐《やくやく》に行《ゆ》くに一太宅《あるいへ》の門《かど》に到《いた》りぬ。女娘《をとめ》、曰《い》はく、「君且《きみしま》らく此処《ここ》に立《た》ちたまへ」といひて、門《かど》を開《ひら》きて内《うち》に入《い》りぬ。即《すなは》ち七豎子来《ななたりのわらはきた》り相語《あひかた》りて曰《い》はく、「こは亀比売《かめひめ》の夫《つま》そ」といふ。また八豎子来《やたりのわらはきた》り相語《あひかた》りて曰《い》はく、「こは亀比売《かめひめ》の夫《つま》そ」といふ。ここに女娘《をとめ》の名《な》を亀比売《かめひめ》と知《し》りぬ。乃《すなは》ち女娘《をとめ》出《い》で来《く》。島子《しまこ》、豎子《わらは》たちの事《こと》を語《かた》る。女娘《をとめ》、曰《い》はく、「七豎子《ななたりのわらは》は昴星《すばる》なり。この八豎子《やたりのわらは》は畢星《あめふり》なり。君《きみ》な怪《あや》しみそ」といふ。即《すなは》ち前《さき》に立《た》ちて引導《みちび》き内《うち》に進《すす》み入《い》れり。

（現代語訳は第十章一六八頁を参照されたし）

蓬莱《とこよ》の入り口の門に昴星や畢星が出てくるのは、第十章で述べたように、古代日本人が地の涯《はて》、海の果《はて》は、天と繋がっているという天地（天海）接合の観念を持っていたからで、浦島子は、小舟で海の果てへ行き、その果てから天へ登って天上の仙境へと赴いたことになる。そして、その天上世界の入り口と思われる家の門に昴星や畢星が出てくるのは、まさにこれらの星の位置が、項青氏や筆者が指摘したように、天上世界の出入口とされたからに他ならないであろう。[2] 実際、亀比売は、その門に入る時に「門《かど》を開《ひら》きて内《うち》に入《い》りぬ」（門を開けて中に入った）とあって、天《あめ》の石屋戸《いわやと》同様に、戸を開けて中に入っている。それ故、浦島伝説における天界の入り口も、天の八衢や天の石屋戸と同様の存在と見なすことが可能であろう。

結び――天上界の出入口としてのすばるや畢星

以上の如く、浦島伝説でも、天上界の出入口が昴星や畢星の辺りであるとすれば、日本の神話において、天《あめ》の八衢《やちまた》や天《あめ》の石屋戸《いわやと》が、昴星《すばる》そのものや、昴星や畢星の近くに求められるのは、極めて自然な結論と言えよう。

実際、そう見なすことで、天孫降臨神話における天の八衢と猨田毘古神・天宇受売命の位置関係、天の石屋戸神話における天の石屋戸と天宇受売命の位置関係が、神話の記述とうまく合致するのである。これらの点については、次章以下において、詳しく説明したい。

【注】

（1）野尻抱影『日本星名辞典』（東京堂出版、内田武志『星の方言と民族』（岩崎美術社）等に拠る。

（2）項青「道教・陰陽五行思想から見た古代浦島伝説」（『国語国文研究』29号、熊本大学、平成五年十二月）及び、拙稿「浦島伝説の淵源」（『国語と国文学』七三巻十号、平成八年十月）等。

第十二章　猨田毘古神《さるたびこのかみ》の復元

——猨田毘古神の目・鼻・口は畢星《ひっせい》の色・形・光輝に対応する

本章では、天孫降臨《てんそんこうりん》神話に出てくる猨田毘古神《さるたびこのかみ》について説明したい。この神は、『古事記』の天孫降臨の段で次のように描かれている。

爾《ここ》に日子番能爾爾芸命《ひこほのににぎのみこと》、天降《あも》りまさむとする時に、天《あめ》の八衢《やちまた》に居《ゐ》て、上《かみ》は高天《たかま》の原《はら》を光《てら》し、下《しも》は葦原中国《あしはらのなかつくに》を光《てら》す神《かみ》、爾《ここ》に有《あ》り。故爾《かれここ》に天照大御神《あまてらすおほみかみ》、高木神《たかぎのかみ》の命《みこと》以ちて、天宇受売神《あめのうずめのかみ》に詔《の》りたまひしく、「汝《いまし》は手弱女《たわやめ》人にはあれども、伊牟迦布神《いむかふかみ》と面勝《おもか》つ神《かみ》なり。故《かれ》、専《もは》ら汝《いまし》往《ゆ》きて問《と》はむは、『吾《わ》が御子《みこ》の天降《あも》り為《す》る道《みち》を、誰《たれ》ぞ如此《かく》て居《ゐ》る。』とゝへ。」とのりたまひき。故《かれ》、問《と》ひ賜《たま》ふ時《とき》に、答《こた》へ白《まを》ししく、「僕《あ》は国《くに》つ神《かみ》、名《な》は猨田毘古神《さるたびこのかみ》ぞ。出《い》で居《ゐ》る所以《ゆゑ》は、天《あま》つ神《かみ》の御子《みこ》天降《あも》り坐《ま》すと聞《き》きつる故《ゆゑ》に、御前《みさき》に仕《つか》へ奉《まつ》らむとして、参向《まゐむか》へ侍《さもら》ふぞ。」とまをしき。（現代語訳は第十一章一七九頁を参照されたい）

この中で、猨田毘古神が居る天《あめ》の八衢《やちまた》が星の昴《すばる》に比定されることは前章で説明した。今、この猨田毘古神が天の八衢に居ることは、この神自体が昴の直ぐ近くに位置する存在であることを推測させよう。天の八衢が昴という実体を持った存在であれば、猨田毘古神自身も実体を伴う存在と見なすことが可能であろう。この点、『日本書紀』の記述が注目される。

一《ひとり》の神《かみ》有《あ》りて、天八達之衢《あまのやちまた》に居《を》り。其《そ》の鼻《はな》の長《なが》さ七咫《ななあた》、背《そびら》の長《なが》さ七尺余《ななさかあま》り。当《まさ》に七尋《ななひろ》と言《い》ふべし。且口尻《またくちわき》明《あか》り耀《て》れり。眼《まなこ》は八咫鏡《やたのかがみ》の如《ごと》くして、絶然赤酸醤《てりかかやけることあかかがち》に似《の》れり。……吾《わ》が名《な》は是《これ》、猨田彦大神《さるたのひこのおほかみ》。（一人の神様が有って天八達之衢《あまのやちまた》に居た。其の鼻の長さは七咫《ななあた》、身長は七尺余《ななさかあま》り。ちょうど七尋《ななひろ》と言う位である。また口の両端は、明るく耀《かがや》いていた。眼は八咫鏡《やたのかがみ》のようであって赤く輝くことは、赤い酸漿《ほおずき》に似ている。……私の名は、猨田彦大神《さるたひこのおおかみ》である。）

これは、天八達之衢《あまのやちまた》に居て、鼻の長さが七咫《ななあた》（一〇五〜一五八cm）と長く、身長も七尺余《ななさか》り（一三一〜一九八cm）あり[1]、口の両端が明るく光り、眼が八咫鏡《やたのかがみ》の如く円く、眼の色の赤い輝きが、赤《あか》酸漿《かがち》（ホオズキの古名）に似ているという猨田彦大神の容貌の描写である。

この異様な神は一体どういう神様かということが以前から問題となってきた。現在、次のような説がある。

一、猨田毘古神に関する諸説

A、「猨」を訓仮名の「サ」「サル」とするもの。

1、「尻明光彦《しりあかりてらびこ》」の略とするもの（『古事記伝』）

2、佐太《さだ》大神との同神説（『古史伝』）

3、サルド（戯人）説（松岡静雄『古語大辞典』・松村武雄『日本神話の研究』）

4、サダル（琉球語で、魁する意）の錯置法説（伊波普猷『琉球古今記』）

5、サルタ、サナダまたはサダの地名説（次田潤『古事記新講』など）

6、サ（神稲）ル（の）田説（日本古典文学大系『日本書紀』・日本思想大系『古事記』など。サルを朝鮮語の米の意とする金達寿『地名の古代史』もある）

7、「戯る女《さめ》（猿女）」の説話的こだま説（西郷信綱『古事記注釈』・阿部寛子「猨田毘古祭祀とその神話……伊勢のアザカの伝承から」）

B、「猨」を正訓字の「猨《さる》（猿）」とするもの。

1、田の神説（サル〔猿〕が田の神・山の神などとされた民俗信仰との関係から。古典全書『古事記』など）

2、伊勢地方の太陽神説（次田真幸『日本神話の構成』・松前健『日本神話の新研究・松前健著作集』）

3、「日神の神使いの猿が守る神田の男性」説（西宮一民『日本古典文学集成　古事記』）

C、名義には触れていないもの。

1、道の神（塞の神）。中国の道祖神の影響とする説（金子武雄『古事記神話の構成』など）

2、先導する神の意とする説（丸山林平『校注古事記』）

3、海神説（三品彰英『日本神話論』）

4、海辺の神説（川副武胤『古事記の研究』）

5、山人・天狗の反映した神とする説（柴田実「猨田彦考」（『日本書紀研究』巻八）

6、蠍座《さそりざ》と見る説（湯浅泰雄『神々の誕生』・北沢方邦《まさくに》『日本神話のコスモロジー』）

以上のように多種多様な説がある。これらの説があることを踏まえて、以下考察したい。

二、猨田毘古神の解釈

先ず、猨田毘古神（『日本書紀』は「猨田彦大神」であるが、『古事記』の表記で代表する）という名義について考えたい。

『古事記』『日本書紀』において、「猨」の表記法は、すべて正訓字（漢字の意味通りの使い方）の「猨《さる》」として使われ、訓仮名としてサルやサの音のみを表した用法は存在しない。但し、『万葉集』には、「猿帆《さほ》」（巻十・一八二七）、「猿嶋《さしま》」（巻二十・四三九〇）という地名表記における「サ」

の訓仮名の例があるので、「猨田毘古神」の「猨」が訓仮名である可能性が全くない訳ではない。しかしながら、肝腎の『古事記』『日本書紀』や『風土記』に訓仮名の用例がないことから判断すれば、正訓字で「猨《さる》」と訓み、文字通り、動物の「猿《さる》」を表わす表記と解釈した方が妥当であろう。

次に猨田毘古神の「田」は、「動物名」+「田」の語構成であって、『日本書紀』に「菟田《うだ》」「雌雉《めきじ》田《た》」等が、『延喜式神名帳』に「熊田《くまた》」「蜂田《はちた》」等があり、『延喜式神名帳』の「龍田比古《たつたひこ》」「龍田比《たつたひ》女《め》」、『万葉集』の「龍田彦《たつたひこ》」は、全く同じ語構成である。この場合の「田《た》」が正訓字か訓仮名かの判別は難しい。例えば、「田」は、『古事記』『日本書紀』とも訓仮名の用例が沢山あるので、猨田毘古神の「田」も訓仮名の可能性がない訳ではない。しかし、訓仮名の場合、「名詞」+「田」の形は存在しないので、可能性として、正訓字の「田(田圃)」である可能性の方が高いであろう。それにしても、この「田」の意味は良く分からない。語構成が同じ「龍田彦」の場合、万葉集には、次のようにある(巻九・一七四八)。

我《わ》が行《ゆ》きは七日《なぬか》は過《す》ぎじ龍田彦《たつたひこ》ゆめこの花《はな》を風《かぜ》にな散《ち》らし　(私達は七日のうちには帰ってまいります。龍田彦よ、この花を風で散らさないでください)

龍田彦は、龍田神社の祭神で風の神として有名である。何故、龍田彦が風の神かと言えば、龍と風の関係ではないかと考える。中国では、「雲《くも》は龍《りょう》に従《したが》ひ、風《かぜ》は虎《とら》に従《したが》ふ」(易経《えききょう》、一《いち》　乾《けん》)(龍が興《おこ》れば雲が従って生じ、虎が嘯《うそぶ》けば谷風が激しく吹き起こる）とされたが、日本では、龍と虎が混同されたのではないだろうか。龍田神社に於いては「風雨の調和・年穀の豊熟」を祈ったので、風と雨（雲）が一緒に扱われた可能性があろう。従って祭神龍田彦の場合は、雨雲、さらには風を起こす龍であることに中心的な意味合いがあったと推測される。敢えて言えば、「田を守る龍の男の神」の意とも言える。同様に考えれば、猨田毘古神の場合も、「田を守る猨の男の神」とも言えようが、その場合も、「猨」に中心的な意味合いがあって、一義的には、「猨（猿）」をイメージする男神であることは動かせないのではなかろうかと考える。

猿を表わす男性の神という前提で猨田毘古神について考察するには、まずは、『古事記』や『日本書紀』に描かれた描写から出発すべきであろう。その時に注目されるのは、記紀神話の神々の中で、顔かたちの描写が、具体的数値を伴って此ほど詳しく記述された神は、金子武雄氏や柴田実氏も指摘されるように、非常に珍しく、他には見られないということである。(2) 古代人の思惟が具象的であったことは、よく指摘されるところであるが、猨田毘古神の眼・鼻・口等の詳細な描写は、単なる空想の産物ではなく、現実に対応するものが具体的に存在したのではないかという推測を起こさせずにはいられないものがあろう。

最初にこの神が、「天《あめ》の八衢《やちまた》に居《ゐ》て、上《かみ》は高天原《たかまのはら》を光《てら》し、下《しも》は葦原中国《あしはらのなかつくに》を光《てら》す神《かみ》」（天の八衢に居て、上方は高天原《たかまのはら》に光を投げかけ、下方は、葦原中国《あしはらのなかつくに》に光を投げかけている神）として描かれている点はどう理解すべきか。

かつて、「光」を発する点から、猨田毘古神を古い太陽神とする見方も存在した。しかし、上代文学で光るものとされているのは、太陽に限らず、月・星・雷・火・神・人・天皇等種々存在する。そのうち、天上世界にあって、天の八衢に相当する昴と同じレベルで光るものと言えば、やはり星を挙げるべきでないか。太陽では目の説明しかできないが、星の集まり（星座）と考えれば、鼻の長さや、口の両端が光る点の説明も可能なはずである。

それ故、猨田毘古神《さるたびこのかみ》という存在とは、昴《すばる》（天の八衢）の極く近くに位置し、赤い眼や長い鼻、両端が光った口をして、身体全体も光り輝く存在、即ち、昴と同様に、冬の夜輝く猿の姿をした星座と考え得るのでなかろうか。

この仮定に立つ時、猨田毘古神は、具体的に如何なる星座として復元できるであろうか。

三、猨田毘古神の眼――赤い星アルデバラン

先ず注目すべきは、猨田毘古神の眼である。「八咫鏡のように円く、赤く輝くことは真っ赤な酸《ほお》漿《ずき》に似ている」と描写された眼は何に比定出来ようか。真っ赤に輝く大きくて丸い存在と言えば、太陽か赤く大きな星が候補となろうが、天の八衢（昴）の所で昴と同じく夜輝くとすれば、太陽よりも、夜出現する赤く大きな星の方が適当だろう。星を動物の眼と見なすことは、洋の東西で普通

に行われた。日本の方言では次のような例がある。
ア、蟹《かに》の眼（双子座$\alpha\beta$、蠍《さそり》座$\lambda\upsilon$、小熊座$\beta\gamma$、兵庫・三重・静岡）
イ、猫の眼（双子座$\alpha\beta$、蠍座$\lambda\upsilon$、静岡）
ウ、犬の眼（双子座$\alpha\beta$、広島）
エ、鰈《かれい》の眼（双子座$\alpha\beta$、壱岐）
オ、鱏《えい》の眼（双子座$\alpha\beta$、岡山・兵庫）
西洋では、牡牛《おうし》・ペガサス・魚《うお》・鯨・一角獣・海蛇・烏《からす》座等の眼が星で表わされている。
それ故、星を動物の眼と見なすことの普遍性から言えば、猨田毘古神の赤い酸漿《ほおずき》のような眼が赤く大きな星に該当する可能性は高いと思われる。その場合、具体的にはどの星が相応しいであろうか。全天で目に付く赤く大きな星（一等星以上の赤色巨星、並びに赤い惑星）を挙げると、次のようになる。
a、アルデバラン（牡牛《おうし》座）
b、ベテルギュース（オリオン座）
c、アンタレス（蠍《さそり》座）
d、アルクトゥールス（牛飼《うしかい》座）
e、火星

このうち、アンタレスやアルクトゥールスは、夏や春の星で、季節的・位置的に無理がある。また、火星は惑星で常に天空上の位置を変えるから、星座には成りにくい。残りのアルデバランとベテルギュースは、冬の星であり昴とも近い位置にあるので、両者とも候補には成り得る。しかし、昴により近く、「すばるの後星《あとぼし》」という方言を持つアルデバランの方が、関係の密接さから相応しい（西洋名のアルデバランも、アラビア語で「昴星《すばる》の後《あと》に昇《のぼ》るもの」の意で、昴星《すばる》との密接な関係

図9

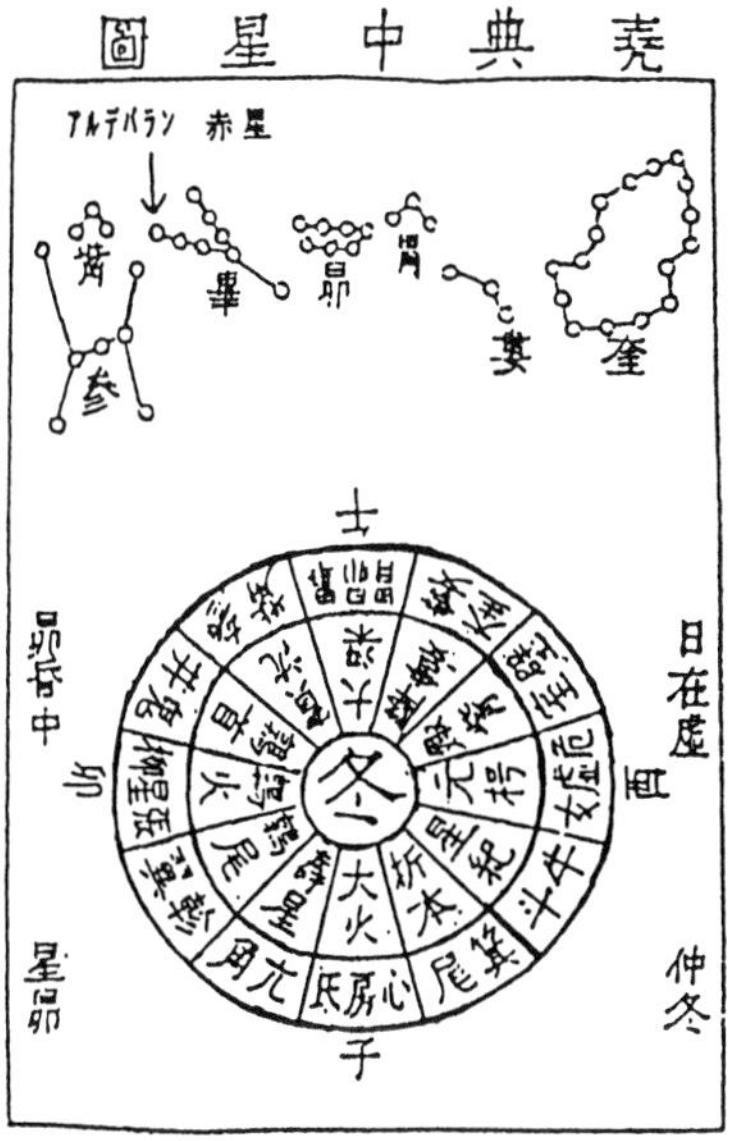

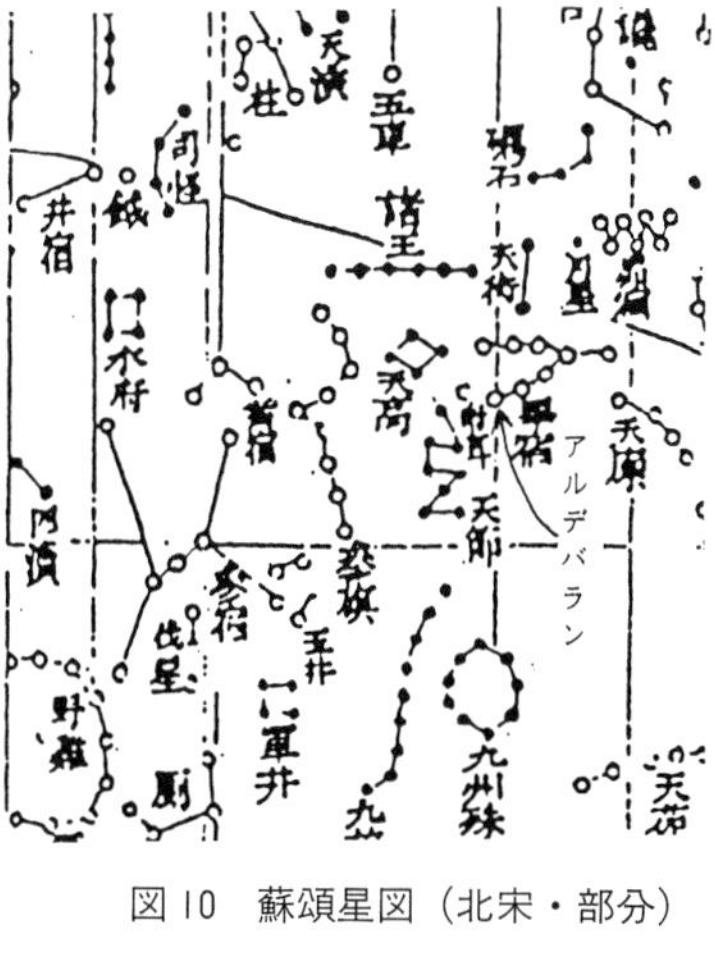

図10 蘇頌星図（北宋・部分）

を示している)。このアルデバランは、日本の方言では「赤星《あかほし》」とも言われ、酸漿《ほおずき》のように赤い星として認識されてきたし、西洋の牡牛座の眼がこのアルデバランであるから、この星を猿の赤い眼と見なすのは自然である。そこで、古星図で昴《すばる》（天《あめ》の八衢《やちまた》）とアルデバラン（猨田毘古神《さるたびこのかみ》の眼）の位置関係を示すと図9・10のようになる。

四、猨田毘古神の顔の輪郭と鼻――畢星の形

次に猨田毘古神の顔の輪郭と鼻を検討する。

アルデバランを含む星団はヒアデス星団と言い、中国では畢星《ひっせい》と呼ばれて来た。畢星の畢《ひつ》とは、中国で後漢の許慎《きょしん》が編纂した『説文解字《せつもんかいじ》』という字典に対する段玉裁《だんぎょくさい》の注で、「罔小《あみしょう》にして柄長《えなが》きもの之《これ》を畢《ひつ》と謂《い》ふ（網《あみ》の小《ちい》さいもので、柄《え》の長《なが》いものを畢《ひつ》と言《い》う）」と説明している。このヒアデス星団（畢星）を、イタリアではラケット、アラビアでは三角匙《さじ》、中世のカスティーリア王国では松明《たいまつ》の火と見なし、長い柄の付いた丸や三角の形を想像した点で共通している。これは、ヒアデス星団がY字型をしているために発生した見方であり、日本の方言では、文字通り、Y字型の形を取って「三股《さんまた》」（昔、物干しの先端に付けたY字型の木の枝）と呼ぶ（図11～15）。またヒアデス星団のY字型のVの部分を、ウマノチラー（馬の面・沖縄）・うまのつらぼし（馬の面星・山形）と馬の顔に見立てた方言も注目される。何故なら、ヒアデス星団は、西洋の雄牛、日本の馬のように、動物の顔

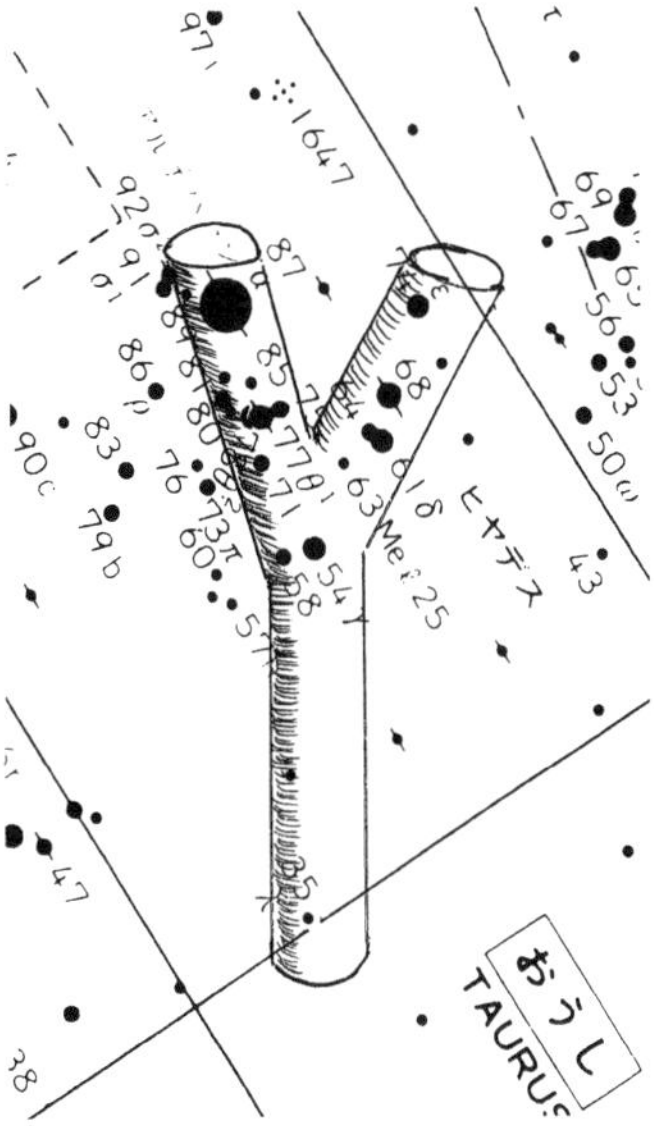

図 11　三股（日本）

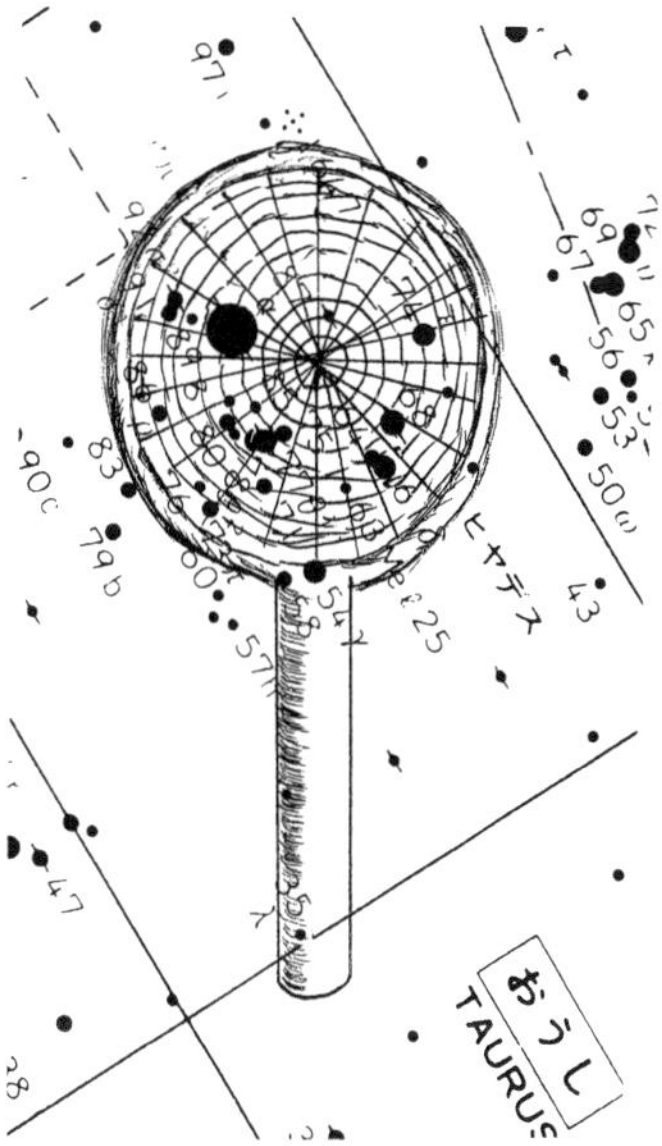

図 12　長い柄の付いた小網（中国）

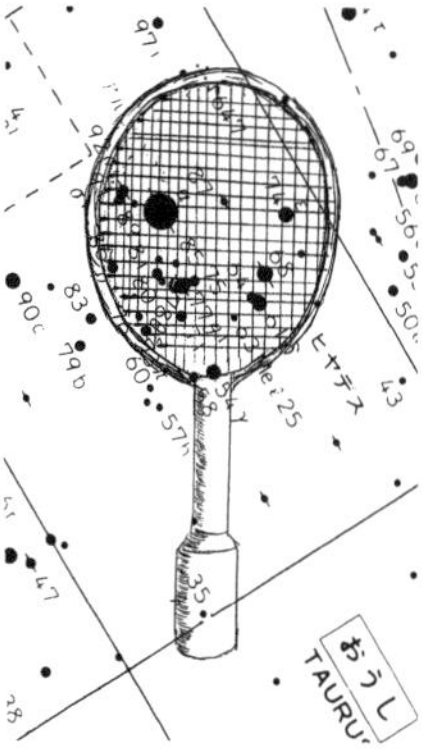

図 13　ラケット
（イタリア）

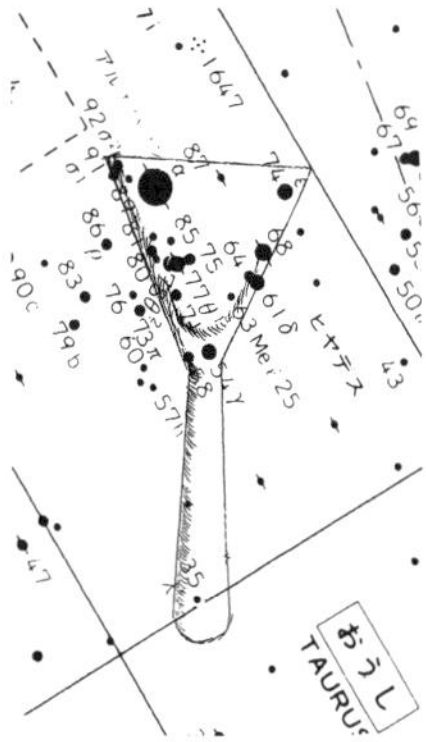

図 14　三角匙
（アラビア）

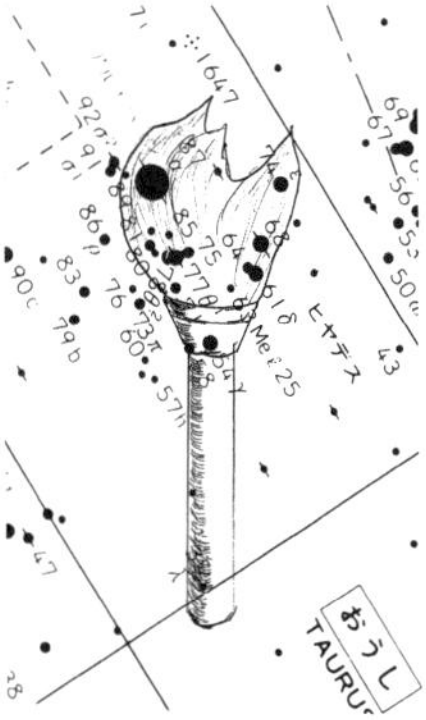

図 15　松明の火
（中世カスティーリア王国）

と見なされ易い形をしていることになるからである。従って、猨田毘古神の顔も、基本的にこの馬の面の部分に相当するのではないかと言う推量が成り立とう。

猨田毘古神の輪郭が定まれば、次には鼻であるが、上述の柄の付いた網などの形から類推して、ヒアデス星団をY字型に見なす見方が普遍的に存在することを考慮すれば、Y字型のIの部分が猨田毘古神の鼻に該当するのでないかという推測が可能となろう。

猨田毘古神の顔で注目されるのは、その長大な鼻である。この「七咫《ななあた》」あるとされる鼻は、天空上の視覚的長さでは、どの位に相当するのであろうか。先の『説文解字《せつもんかいじ》』では、「咫《あた》」は「尺《さか》」の○・八倍の長さとしている。

渡辺敏夫氏は、「古記録の凌犯《りょうはん》について」（『天界』三四三号）という論文で、「一尺以下では一尺は一度に相当しておるが、一尺以上では、一尺一度の割に半度加えたものになっておる」とされた。渡辺氏の換算に拠れば、七咫は七尺の○・八倍で五尺六寸だから、一尺以上の場合に相当し、一尺が一・五度の計算で、五尺六寸は八・四度の長さ（角度）になる。天空上で、実際に八・四度の角度を取ってみると、猨田毘古神の鼻の始まりと思われるアルデバランの辺りを起点として、ヒアデス星団のY字型の先端λ《ラムダ》の位置へほぼ達することになる。（図16参照）

なお、大崎正次氏や甲田昌樹氏からは、猨田毘古神の鼻の長さは、λまででは長すぎるので、γ《ガンマ》までの方が適当でないかというご意見を頂いた（図17）。確かに、その可能性もあると思うが、先

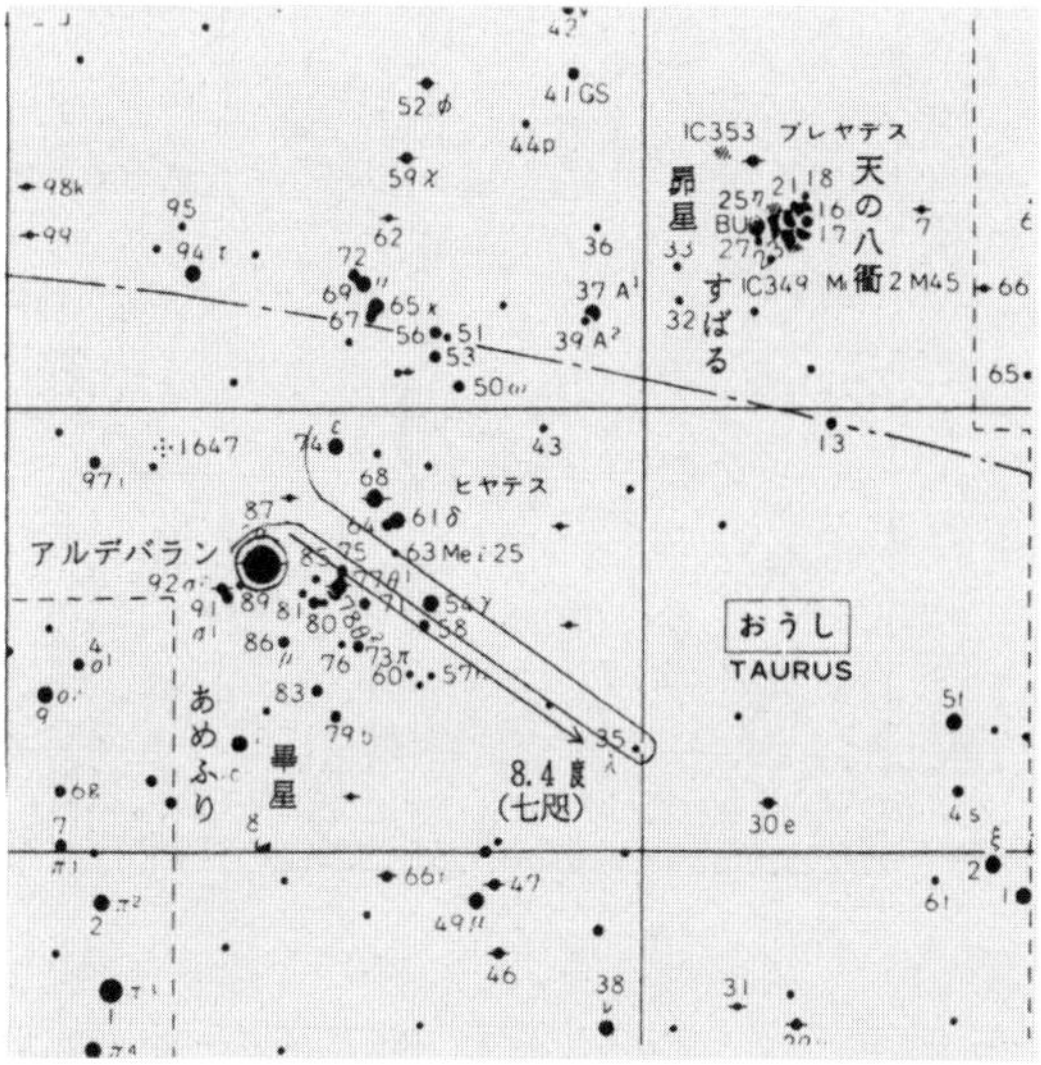
IC353 プレヤデス
昴星
天の八衢
すばる
M45
IC349
ヒヤデス
63 Mei 25
アルデバラン
おうし
TAURUS
あめふり
畢星
8.4度
(七咫)

図 16

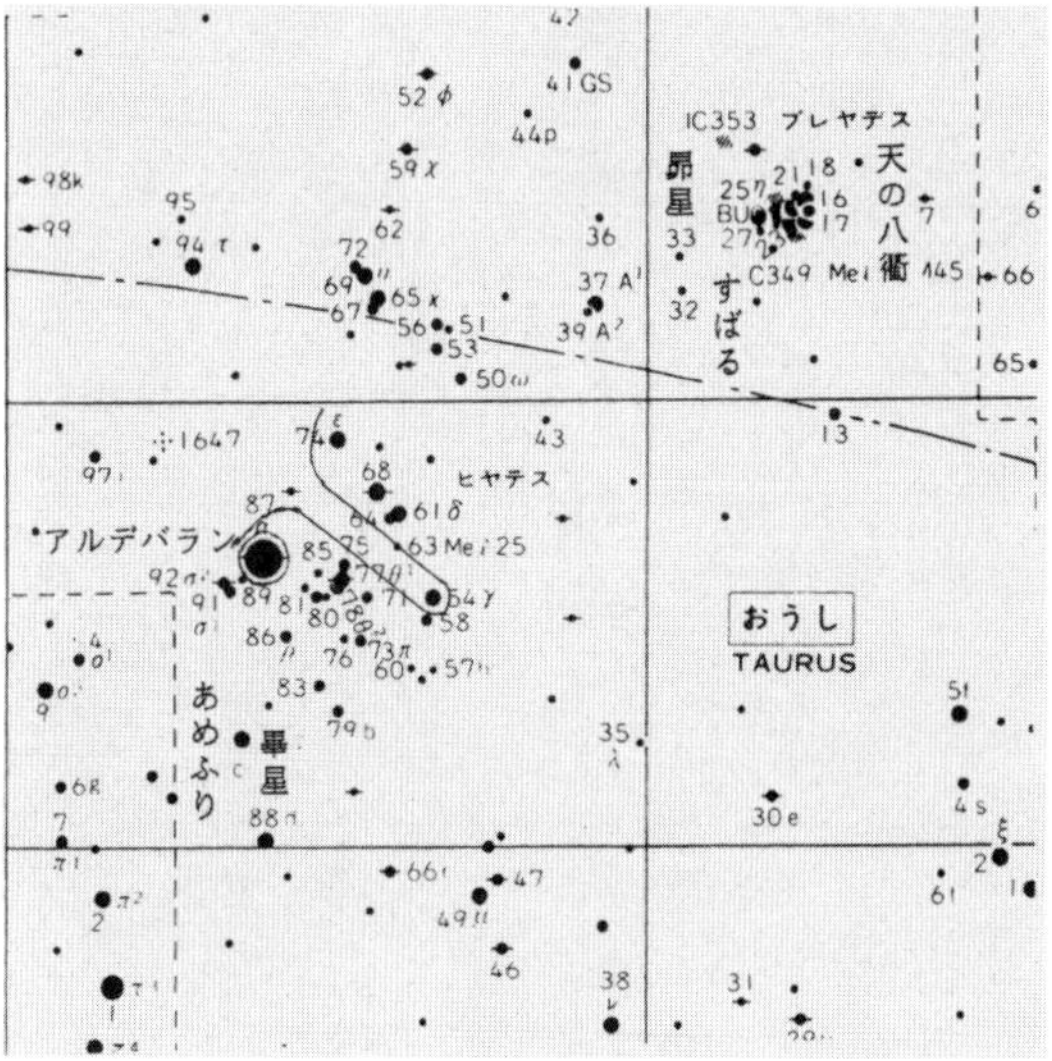
IC353 プレヤデス
昴星
天の八衢
すばる
ヒヤデス
63 Mei 25
アルデバラン
おうし
TAURUS
あめふり
畢星

図 17

図 18　高松塚古墳天井の二十八宿

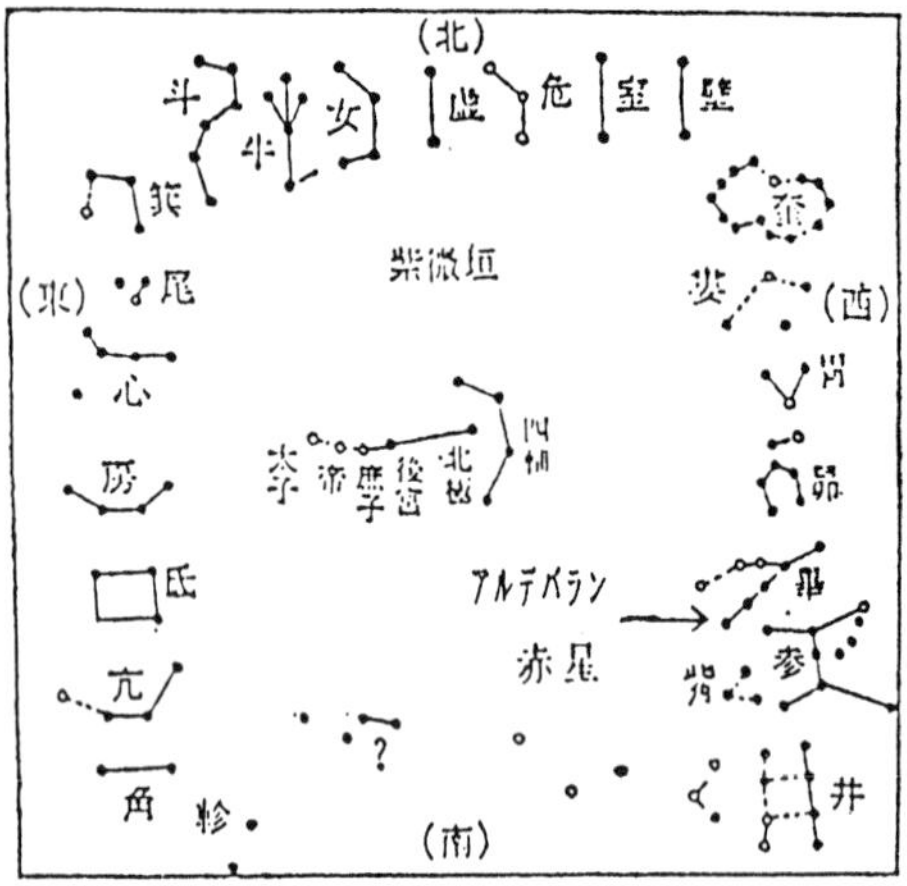

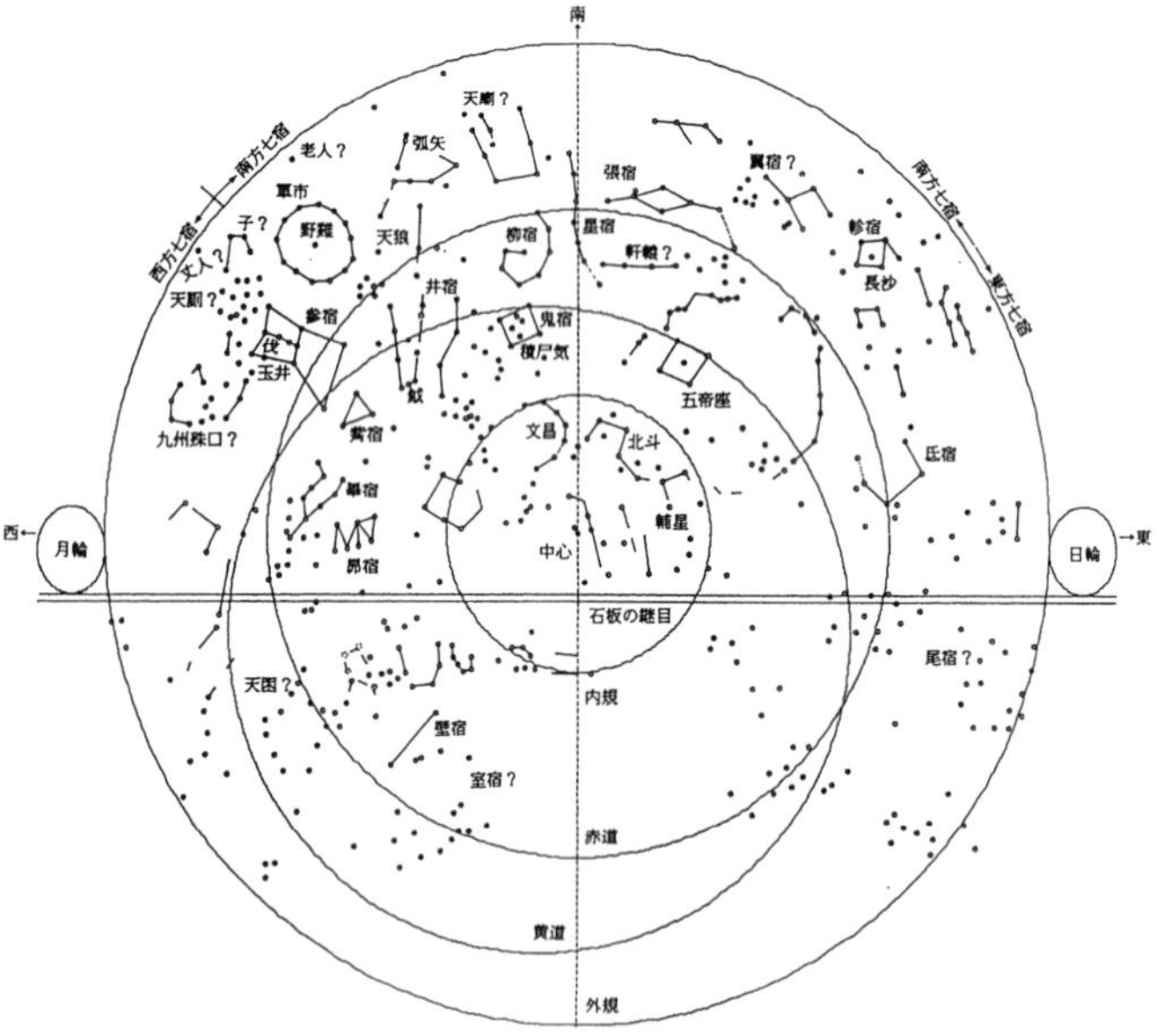

図 19　キトラ古墳天井天文図の星座同定図（宮島一彦氏作図）

の伝統的な畢星《ひっせい》（ヒアデス星団）の見方や、高松塚やキトラ古墳の天文図（図18・19）でも、λまでを一まとまりとしており、角度的にも、λの方が適切と考えるので、やはり、図16のように考えたい。

五、猨田毘古神の口と全体像の復元

次には、猨田毘古神の口が問題となる。「口尻明耀」とある部分の「口尻」は、卜部家系統の本文では、卜部兼方本（弘安九年（一二八六））や慶長勅版本（慶長四年（一五九九））では、「クチカクレ」と訓み、口と尻の意と解しているようである。一方、古本系統の本文では、「口尻《くちわき》」（宮内庁旧図書寮本、永治二年（一一四二））と訓み、「口脇《くちわき》」即ち、口の両端の意に解釈している。「くちわき」という語は、古辞書を初めとして、『枕草子』「にくきもの」の段「口《くち》わきをさへひきたれて（口の両端を垂れ下がるようにして）」や『今昔物語』二八巻三〇話「口脇《くちわき》ヲ下《さ》ゲ（口の両端を下げ）」等、比較的多く出現する用例である。一方、口《くち》と尻《しり》を並べた口尻（くちしり）という用例は、他に文献上用例を見出すことが出来ない。従って、「口尻」は「くちわき」と訓んで、口の脇、口の両端の意に採る方が穏当と思われる。

そこでY字型の先端までを猨田毘古神の鼻と見なすと、猨田毘古神の口は、図20の如く推測されよう。すると、図らずも、口の両端には星が集まって光っており、「口尻明《くちわきあか》り耀《て》れり」（口の両端が

図 20

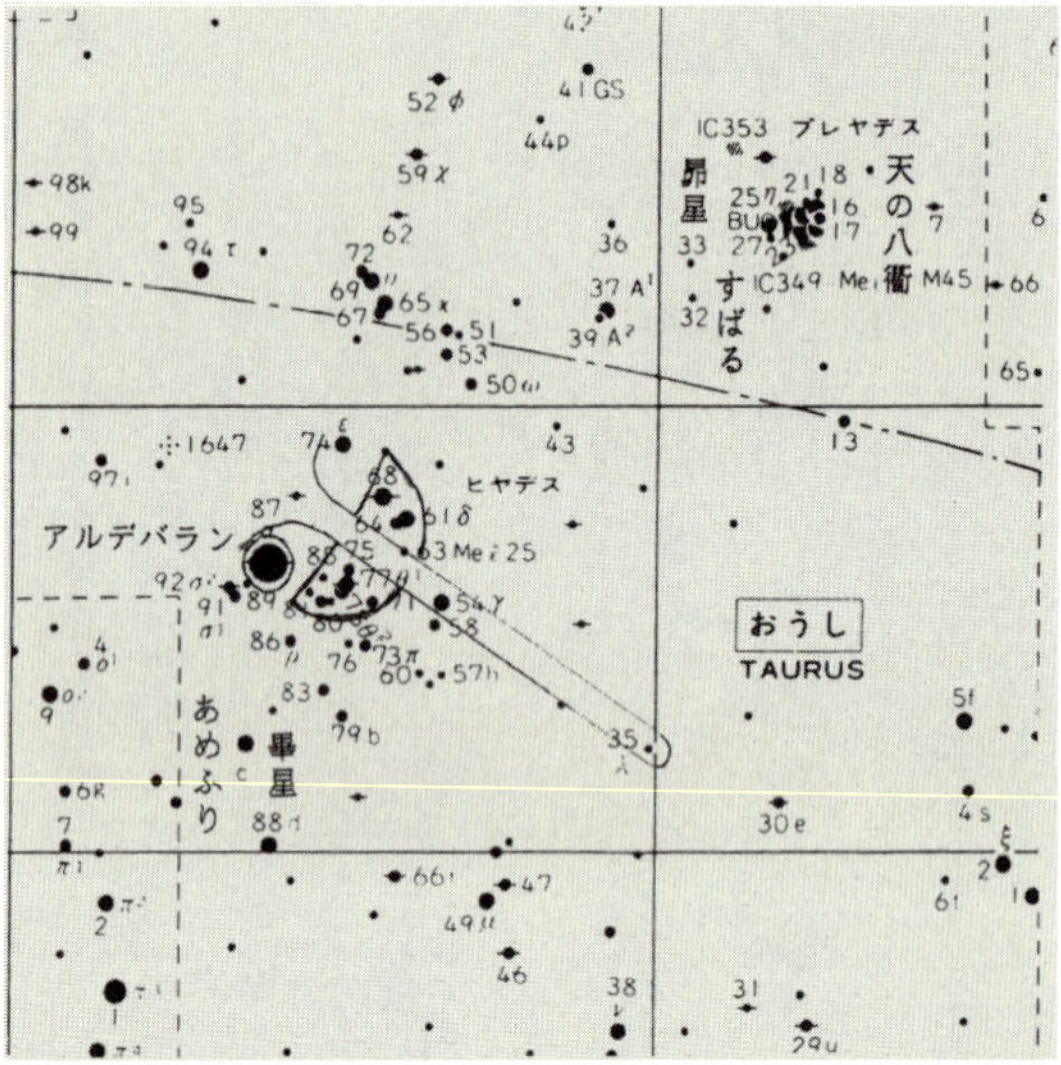
IC353
プレヤデス
昴星
天の八衢
すばる
IC349
M45
ヒヤデス
アルデバラン
おうし
TAURUS
あめふり
畢星

図 21

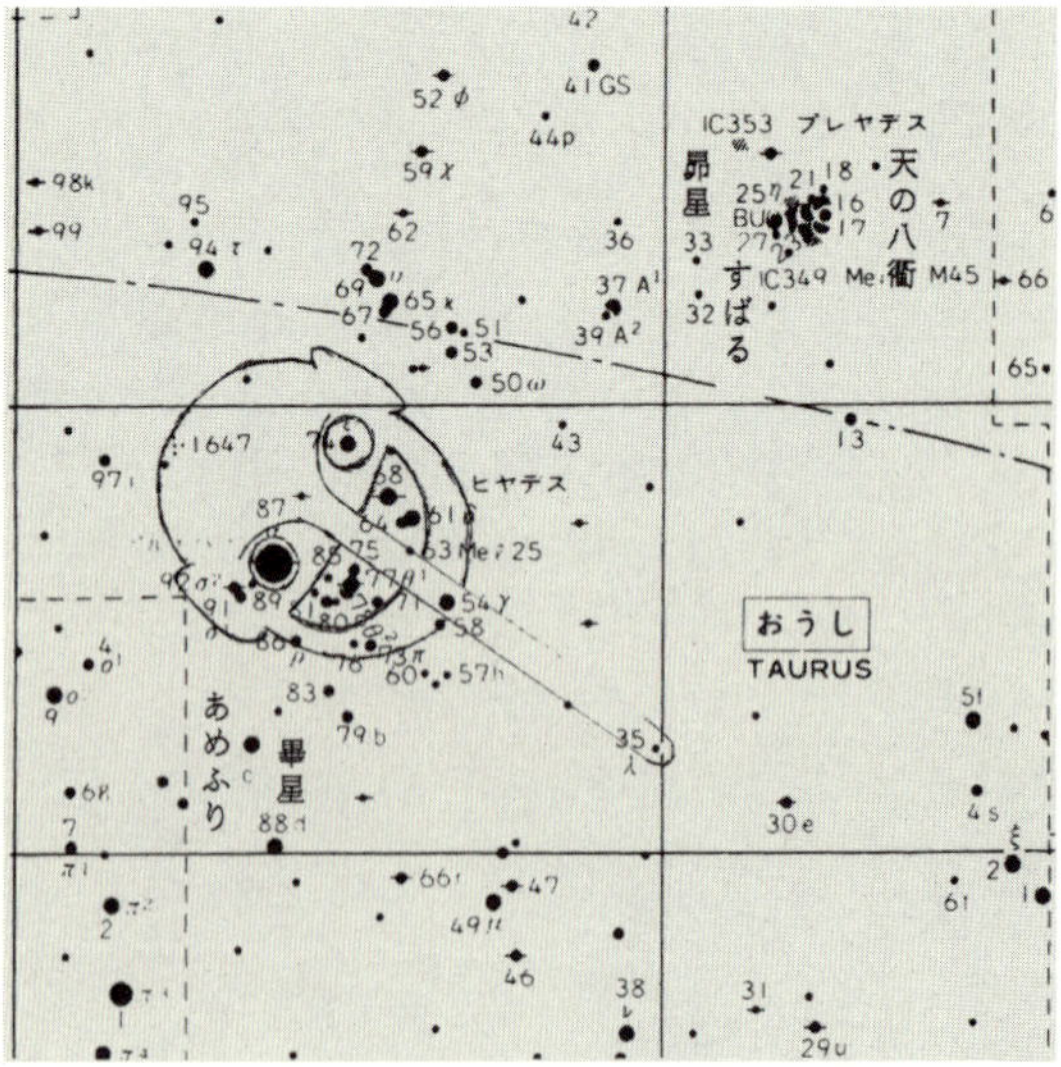
IC353
プレヤデス
昴星
天の八衢
すばる
IC349
M45
ヒヤデス
おうし
TAURUS
あめふり
畢星

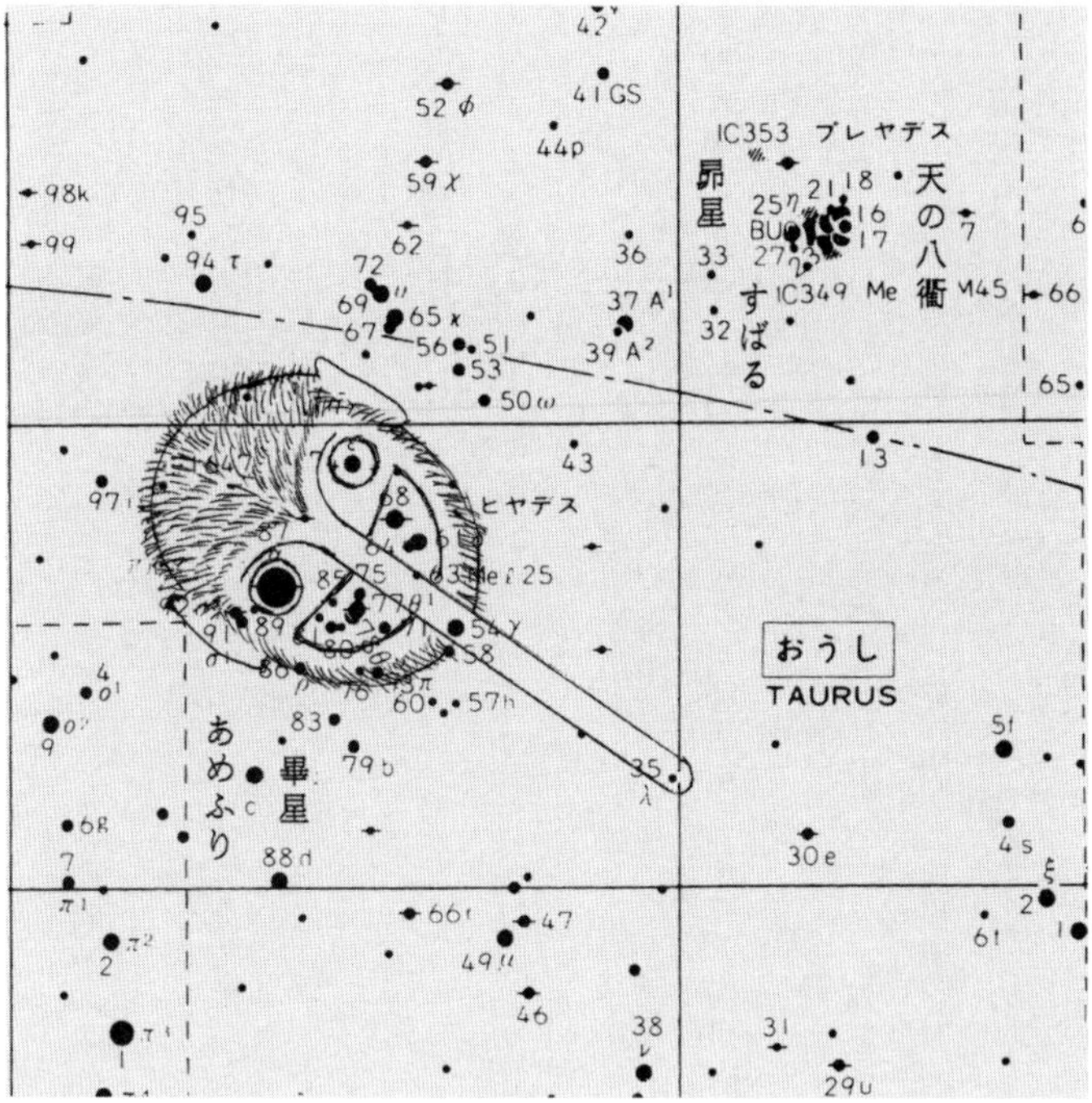

図 22

明るく光っている）という猨田毘古神の記述とまさに一致することになる。そこで、先述した「馬《うま》の面星《つらぼし》」等の方言も参考にして輪郭を復元すると、最終的には、図21・22の如き猨田毘古神像が復元されよう。

また、「背《そびら》の長《なが》さ七尺余《ななさかあま》り」という記述から、当然、背も存在したと推測されるが、具体的な描写がなく、復元は困難である。

六、先導の神としての猨田毘古神

ところで、冬至に於ける太陽の復活を象徴的に表わすとされる天孫降臨神話での猨田毘古神の天孫の先導は、如何に解釈すべきか。

『古事記』では、「此《こ》の御前《みさき》に立《た》ちて仕《つか》へ奉《まつ》りし猨田毘古大神《さるたびこのおほかみ》」（番能邇邇藝命《ほのににぎのみこと》の御前に立って先導申し上げた猨田毘古大神《さるたびこのおほかみ》）とあり、猨田毘古神自身が邇邇藝命《ににぎのみこと》を竺紫《つくし》の日向《ひむか》の高千穂《たかちほ》の久士布流《くじふる》多気《たけ》まで先導したように描かれている。一方、『日本書紀』では、「天神《あまつかみ》の子《こ》は、当《まさ》に筑紫《つくし》の日向《ひむか》の高千穂《たかちほ》の槵触峯《くじふるたけ》に到《いた》りますべし。吾《われ》は伊勢《いせ》の狭長田《さなだ》の五十鈴《いすず》の川上《かはかみ》に到《いた》るべし」（天神の子は、当然、筑紫《つくし》の日向《ひむか》の高千穂《たかちほ》の槵触峯《くじふるたけ》にお行きなさるだろう。私は伊勢《いせ》の狭長田《さなだ》の五十鈴《いすず》の川上《かわかみ》に行きましょう）とあって、猨田毘古神自身は先導をしていないような趣きである。しかし、本来、『日本書紀』にも「吾先《われさき》だちて啓《みちひら》き行《ゆ》かむ」（私が先に立って、御案内致しましょう）とあるのだから、猨田毘古神が筑紫まで先導するのが本来の形であろう。『古事記』の記事に従って、筑紫へ先導するとした時、畢星としての猨田毘古神は、如何なる形で先導するのか。畢星は、二十八宿の一つで、黄道上に位置し、太陽と同じ道筋を通って、東から出て、西へ沈む。伊勢からも、大和からも、筑紫は西の彼方の地である。星座としての畢星が黄道上を西へ傾いて行って、最後に地平線下に没する時、そこには、筑紫の高千穂の峯があることになる。そして、猨田毘古神が太陽の通り道である黄道上を移動することは、まさに、太陽神番能邇邇藝命《ほのににぎのみこと》の先導として適切であろう。即ち、太陽神番能邇邇藝命の先導は畢星たる猨田毘古神には実に相応しい役割と言える。また、猨田毘古神（畢星）が居る天の八衢（昴）は、古くから、その出現が冬至の指標とされてきた。例えば、『尚書《しょうしょ》・堯《ぎょう》典《てん》』では、

日短《ひみじか》くして、星昴《ほしぼう》、以《も》って仲冬《ちゅうとう》を正《ただ》す（日が短くなった時、星宿の昴宿によって、仲冬〔冬至の日〕を正しく決める）

とあって、冬の宵に昴が南中する時を冬至とした。畢星も、「すばるの後星《あとぼし》」の名の通りに、昴の出現したすぐ後に東の空に出現するのであり、両者は一纏まりと見なすことも可能で、出現時期は、昴同様、天孫降臨の時期である冬至の時期とまさに一致する。時期的にも、天空に於ける動きからしても、猨田毘古神が天孫降臨で番能邇邇藝命の先導を勤めるのは誠に当然と言えよう。

七、猨田毘古神の漁と溺れる姿

ところで、『古事記』『日本書紀』とも、猨田毘古神は、伊勢《いせ》の五十鈴《いすず》の川上《かわかみ》に帰る。これは、この地が猨田毘古神の出身の地であったからであろう。出身というのは猨田毘古神の信仰の中心地というに等しい。その点注目されるのが、『古事記』の猨田毘古神の漁《いざり》の記述である。

故《かれ》、其《そ》の猨田毘古神《さるたびこのかみ》、阿邪訶《あざか》に坐《いま》す時《とき》、漁為《いざりし》て、比良夫貝《ひらぶがひ》に其《そ》の手《て》を咋《く》ひ合《あは》さえて、海塩《うしほ》に沈《しづ》み溺《おぼ》れたまひき。故《かれ》、其《そ》の底《そこ》に沈《しづ》み居《ゐ》たまひし時《とき》の名《な》を、底度久御魂《そこどくみたま》と謂《い》ひ、其《そ》の海水《うしほ》の都夫《つぶ》多都時《たつとき》の名《な》を、都夫多都御魂《つぶたつみたま》と謂《い》ひ、其《そ》の阿和佐久時《あわさくとき》の名《な》を、阿和佐久御魂《あわさくみたま》と謂《い》ふ。（そこで、其の猨田毘古神《さるたびこのかみ》は阿邪訶《あざか》においでの時、漁をして、比良夫貝《ひらぶがい》に其《そ》の手《て》を咋《く》い合わされて、海水《うしお》に沈み溺れなさった。そこで其《そ》の底《そこ》に沈みなさった時《とき》の名《な》を、底度久御魂《そこどくみたま》と言《い》い、其《そ》の海水《うしお》がつぶつぶ粒だった時の名を、都夫多都御魂《つぶたつみたま》と言い、その粒が泡になって割れた時の名を阿和佐久御魂《あわさくみたま》と言う。）

この記事は猨田毘古神を畢星と見なした時に、どう解釈すべきか。

結論を言えば、伊勢の東の海から猨田毘古神が水平線上に現れるに際して、その直前に昴が水平線上に現れることと係わろう。つまり、古く伊勢の海岸近くで、海の水平線上を見て暮らしていた人々が、水平線上にまるで泡の如き星の集まりが現れ、暫くして、それを追いかけるように畢星たる猨田毘古神が現れるのを見て、泡の如き星を猨田毘古神が漁をして溺れた時の息から出た泡と見なしたのではないか。その泡の星が昴であることは言うまでもない。昴はぼうっとしたその視覚的印象が泡や粒のイメージを生み出したのであろう。[3] また、猨田毘古神が溺れたと発想したのは、猨田毘古神が海中から水平線上に現れる時は、顔を横向けにした形で出てくるからであろう。それを図示すれば、図23のようになる。

このように、猨田毘古神を畢星の神格化と捉えることで、記紀神話の猨田毘古神に関する記述は、合理的に理解できるのである。

さらに、何故、伊勢の地で畢星が猨田毘古神として信仰を集めたかと言えば、上述の漁の記事に見えるように、もともと伊勢の漁民に信仰された神であったためではなかったかと推測される。伊勢は東に海が開け、猨田毘古神たる畢星が水平線上に昇って来るのがよく見える土地柄である。現在でも漁民の間に残っているように、星は漁撈の指標となってきた歴史がある。猨田毘古神たる畢星が冬の夜空で何処まで昇ればどういった魚が獲れるかといった星アテがあり、漁撈の指標として祀られたのが原型ではなかろうか。

以上の考察から、目が赤く、鼻が長く、口の両端が光った猨田毘古神の姿は、畢星の主星たる赤星アルデバランから赤い眼が、畢星のY字型のIの部分から長い鼻が、Y字型のVの左右中央から口の両脇が光る様子が想像されて、猿の顔が必然的に導き出されたものと推論された。天界の星の纏まりから生まれた猿の星座と信仰が先にあったのであり、赤眼や長い鼻を持つ神の伝承を基に、天界を探し求めて星座を作った訳ではないと言えよう。

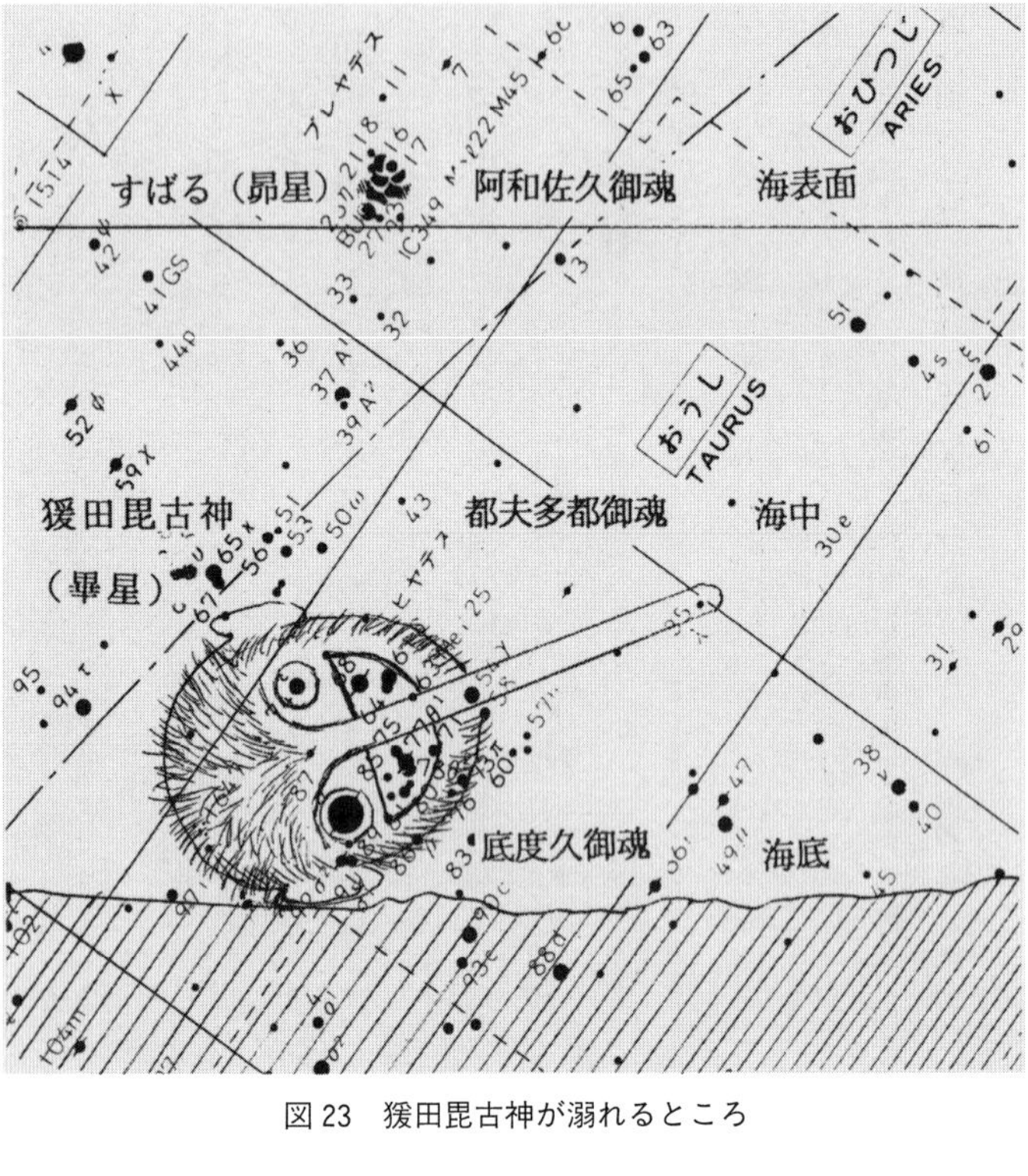

図 23　猨田毘古神が溺れるところ

【注】

（1）藤田元春『尺度綜考』・藪田嘉一郎『中国古尺集説』等に拠る。

（2）金子武雄「天孫の降臨（二）猿田毘古神」（『古事記神話の構成』所収）、柴田実「猨田彦考」（『日本書紀研究』第八巻所収）。

（3）宮沢賢治が「冬のスケッチ」の中で、「すばるは白いあくびをする」と描写しているのは、まさに、昴星が、阿《あ》和《わ》佐《さ》久《く》御《み》魂《たま》即ち、泡が破裂して白いもやもやとなったような様子を指しているのであろう。

第十三章　猨田彦神《さるたひこのかみ》の星座図と外国神話の星座の比較

——動物の星座は最も普遍的

猨田彦神（猨田毘古神）の星座図（前章図22）については、種々のご批評を頂いたが、その中で、現実の猿には、これ程に鼻の長い猿はいないのに、何故、猨田彦神のように鼻の長い神を古代人は想像したのかという疑問があった。鼻が長い猿としては、南方に天狗猿がいるが、古代日本人は、その存在を知らなかったと思われるので、もっともな疑問であろう。確かに、猨田彦神の鼻は長いと言えば長いが、眼は赤く、口は大きく、全体としては、猿の趣きがある星座ではないかと考える。だが、その点についての疑問に答える必要があろう。

そこで、猨田彦神のような星座は、諸外国の同様な例と比較して特殊か否か以下検討してみたい。

まず、星座としては、最も良く知られている西洋の星座について考察してみたい。

現在、世界で行われている標準的星座は、一九三〇年に国際天文同盟で提唱された八十八星座である。このうち、動物を象《かたど》った星座は、竜骨《りゅうこつ》（Carina）座を含めて四十四座で、半数に達する。さらにそのうち、ギリシアのプトレマイオス（トレミー）が『アルマゲスト』に既に載せている星座は、二十七座ある。

それを挙げると次のようになる。

いるか（海豚）・うお（魚）・うさぎ（兎）・うみへび（海蛇）・おうし（牡牛）・おおいぬ（大犬）・おおかみ（狼）・おおぐま（大熊）・おひつじ（牡羊）・かに（蟹）・からす（烏）・くじら（鯨）・ケンタウルス・こいぬ（小犬）・こうま（小馬）・こぐま（小熊）・さそり（蠍）・しし（獅子）・はい（蠅）・はくちょう（白鳥）・へび（蛇）・ペガスス（天馬）・みなみのうお（南の魚）・やぎ（山羊）・りゅう（竜）・りゅうこつ（竜骨）・わし（鷲）

プトレマイオスが定めた星座は四十八座だから、半数以上が動物であることになる。

一方、プトレマイオス以降、近代になって、バイエルやヘベリウス等が付けた動物名も少なくない。現在ではもう使われていないものもあるが、ここに示すと、次のようなものがある。(1)

ふうちょう（風鳥）・つる（鶴）・くじゃく（孔雀）・きょしちょう（巨嘴鳥）・つぐみ（鶫）・ふくろう（梟）・みつばち（蜜蜂）・きたばい（北蠅）・かじき（カジキ）・とびうお（飛び魚）・カメレオン・とかげ（蜴）・みずへび（水蛇）・こじし（小獅子）・やまねこ（山猫）・ねこ（猫）・こ

ぎつね（小狐）・りょうけん（猟犬）・きりん（キリン）・らくだ（駱駝）

このことから判断できることは、猨田彦神のように、動物を星座として描くことは、最も一般的な思考方法であったことである。わが国に猿の星座が存在したとしても、その点においては怪しむに足りない。

そこで、以下もう少し詳しく検討してみたい。

星座は、元々最古の星座である古代バビロニア（現在のイラク）の星座までさかのぼると言われている。そこで、古代バビロニアの星座と現在の星座を比較するため、最初に現在の星座名を挙げ、括弧の中に古代バビロニアでの星座としての動物を挙げると次のようになる。

おうし（牡牛）・かに（蟹）・しし（大犬または獅子）・さそり（蠍）・いて（射手と蠍の合体した姿。ギリシアの半人半馬ケンタウロスの原型）・やぎ（山羊と魚の合体）・みずがめ（水の女神と犬）・うお（人魚と魚尾の燕が紐で繋がれた姿）・うしかい（猪）・わし（鷲）・ペガスス（天馬）・ぎょしゃ（老翁と羊）・うみへび（蛇）・からす（鳥）・みなみのうお（魚の神の妻…主星フォーマルハウト…エア神の魚）・へびつかい（鷲の爪を持ち、羽の生えた怪獣ウド・カ・ガブ・アの姿）・おおかみ（狼）

次に、フェニキアの星座について同様に指摘すると、次のようである。

こぐま（小熊）・おおぐま（大熊）・りゅう（蛇）・はくちょう（鳥）・ぎょしゃ（御者と山

羊)・わし(鷲)・いるか(海豚)・ペガスス(馬)・おひつじ(羊)・おうし(牛)・かに(蟹)・しし(獅子)・てんびん(蠍の爪)・さそり(蠍)・うみへび(水蛇)・からす(烏)・こいぬ(海の犬)

さらに、エジプトでは、次の如き例がある。

おおぐま(牛)・りゅう(河馬)・こぐま(ジャッカル)・さそり(蠍と猿)・てんびん(天秤とライオン)・おおいぬ(主星シリウス…小舟に腹這う聖牛)・その他の黄道十二宮は、ほぼ現在と同じ。

また、ギリシアのアラートスの『ファイノメナ』には、次のような動物の星座が載る。

こぐま(犬の尾)・りゅう(竜)・さそり(蠍)・てんびん(つめ…蠍の爪の意)・かに(蟹)・しし(獅子)・おうし(牛)・ペガスス(馬)・おひつじ(羊)・うお(双魚)・こと(海がめの甲)・はくちょう(鳥)・やぎ(山羊)・わし(鷲)・いるか(海豚)・おおいぬ(犬)・うさぎ(兎)・くじら(海の怪物、鯨)・みなみのうお(南の魚)・ケンタウルス(ケンタウルス)・おおかみ(獣)・うみへび(水へび)・からす(烏)・こいぬ(犬の前に)

次に、アラビアの動物の星座は以下の通りである。

こぐま(二匹の子牛・小熊)・おおぐま(大熊)・りゅう(竜)・カシオペア(駱駝)・こと(亀・主星ヴェガ…落ちる鷲)・はくちょう(雌鳥)・へび(蛇)・こうま(馬の部分)・ペガス

ス（大馬）・わし（鷲・主星アルタイル…飛ぶ鷲）・さそり（蠍）・つる（二匹の驢馬）・いて（不吉な鳥）・アンドロメダ（魚の腹）・おひつじ（牡羊）・おうし（牡牛）・かに（蟹）・しし（獅子）・やぎ（山羊）・うお（魚）・うさぎ（兎）・からす（烏）・ケンタウルス（ケンタウルス）・おおかみ（野獣）・みなみのうお（南の魚）・おおいぬ（大犬）・こいぬ（小犬）

一方、中国では、独自の星座が見られる。その中で、動物の星座は、次の通りである。

青竜《せいりゅう》（房宿《ぼうしゅく》及び心宿《しんしゅく》。さそり座）・朱雀《すざく》（柳《りゅう》宿。海蛇座）・白虎《びゃっこ》（参《しん》宿・觜《し》宿。オリオン座）・玄武《げんぶ》（危《き》宿・北斗。水瓶座・ペガスス座。大熊座）・牛《ぎゅう》（山羊座）・狗《こう》（射手座）・天狼《てんろう》（大犬座のシリウス）・天鶏《てんけい》（射手座）・野鶏《やけい》（大犬座）・螣蛇《とうだ》（ケフェウス・とかげ・カシオペア・白鳥座）・亀《き》（祭壇座）・鼈《べつ》（南冠座）・魚《ぎょ》（さそり座）・海亀《かいき》（觜觿《しけい》。オリオン座）・天狗《てんこう》（帆座）

このうち、青竜以下の四神については、東方七宿から、北方七宿までの各星宿のそれぞれ全星宿がその星座の形を作っているという考えもある。[2] なお、このうち、天狼と野鶏は一星だけの星座で、形があるわけではない。

最後に、日本では、どうかというと、野尻抱影氏や内田武志氏等が収集された方言の星名で動物を表わすものとして、次のようなものがある。[3]

がにのめ（蟹の目。双子座の$\alpha\beta$・こぐま座の$\beta\gamma$・さそり座の$\lambda\upsilon$）・ねこのめ（猫の目。

双子座のαβ・さそり座のλυ)・いぬのめ(犬の目。双子座のαβ)・カーレンメ(鰈《かれい》の目。双子座のαβ)・かどやぼし(エイの目。双子座のαβ)・うまのつらぼし(馬の面星。ウマノチラーとも言う。ヒアデス星団)・ひずめのほし(蹄の星。「うまのつめあと」とも呼ぶ。冠座)・かわはりぼし(皮張り星。からす座)・ごけぶり(ゴキブリ。金星)・はとぼし(鳩星。牛飼座の主星アルクトゥールス)・ぶたぬまち(豚の牧。大きな星を中心に小さな星の取り巻いたもの。奄美の星名。何の星か不明。あるいは、中国の星座「軍市と野鶏」〈大犬と兎座〉の如く、一つの星を円で囲む形か?)・ほたるぼし(蛍星。さそり座μμ)・ちょうこぼし(蝶子星。カシオペア座)

以上、現代の標準的な星座から、日本の方言に至るまで、通して見てきた。
このことから言えることは、次のことである。

①動物の星座は、世界中で普遍的に見られ、数も最も多いものである。
②古代バビロニアで作られた星座の図が世界中に伝播して行ったことが知られるが、中国には、独自の星座体系が存在した。
③各地域での見立てられ方は、その地域に親しい動物に変えられることがある。

これを一覧表に纏めると、次のようになる。

国名	総数	全身像	哺乳類	鳥類	爬虫類	両生類	魚類	その他	想像上
現在標準星図	44	43	18	7	5	0	4	3	7
ギリシア・プトレマイオス	27	26	13	3	2	0	2	3	4
古代バビロニア	17	17	5	3	1	0	1	2	5
フェニキア	17	16	9	3	2	0	0	3	0
エジプト	12	11	10	0	0	0	0	2	0
ギリシア・アラートス	24	23	11	3	2	0	2	3	3
アラビア	27	25	14	4	2	0	3	2	2
中国	15	13	5	2	4	0	0	1	3
日本	13	2	6	1	0	0	2	4	0
総計	196	176	91	26	18	0	14	23	24

この表から言えることは、次のことである。

①動物の星座の多くは、全身像を持った具体的な姿で描かれている。

②動物の中では、いわゆる獣、つまり、人間にとって身近な哺乳類の星座が最も多い。

③両生類は星座に描かれていない。これは、単に目に付くものが少ないだけかも知れない。

④動物の中には、実在するものばかりでなく、想像上の動物も含まれている。
⑤日本の場合は、出典が方言であるせいもあって、他と異なり、全身像を持たないものが殆どである。動物の目だけを表わしたり、一つの星で一つの動物を表わすことが多い。

以上の考察から、猨田彦神の星座図について次の判断がくだされよう。
(a)世界中の星座の中で、動物の星座が最も多く、その中でも、哺乳類の星座が一番多い点からすれば、猿という哺乳類の動物の星座は、存在すべき可能性が最も高い。
(b)猨田彦神の場合、その鼻が長い点を除けば、猿は哺乳類の動物として、日本人に親しい存在である。
(c)猨田彦神の鼻のように、現実の動物の一部分だけが、現実離れしている動物の星座の例としては、次のようなものがある。
①ペガスス（天馬）……これは、普通の馬に翼という実在しないものを付けた姿である。古代バビロニア以降この図柄。
②ケンタウルス……半人半馬の怪獣。馬に人の上半身を合成したものである。原型は、古代バビロニアの蠍人（Scorpionman）で、蠍《さそり》と人の合体したもの。エジプトも同じ。
③魚山羊……山羊座の原型で、古代バビロニアで、山羊の上半身と魚の下半身を合成したもの。牧神パン（酒の神バッカス）が巨大な怪物テュフォンに襲われて、ナイル河に飛び込

み魚に変身しようとした際、慌てたので、下半身しか魚になれなかったという話を彷彿させる。パンは、通常、山羊の姿で表わされる。
④人魚……古代バビロニアの星座で、魚座の原型。人と魚の合成。次の魚尾の燕と紐で繋がる。
⑤魚尾の燕……燕の尾は、二股に分かれて、魚の尾鰭に似ているので、想像されたのであろう。燕に魚の尾鰭を付けたもの。
⑥うみへび……古代バビロニアで怪獣のヒドラの姿。手がある。
⑦ウド・カ・ガブ・ア……古代バビロニアで、体は大きな犬か虎のようで、鷲の爪を持ち、翼も有する怪獣。鷲と猛獣・猛犬の合成。
⑧りゅう……西洋のドラゴンで、中国の竜に当たる。想像上の動物であることは、言を俟たない。
⑨くじら……海の怪物で、爪を持った手を持ち、尾は、ぐるっと巻いて魚の尾鰭になっている。鯨とは異なる想像上の動物。プトレマイオス以降。
⑩青竜……中国で東方を司る聖なる動物。四神の一。勿論、想像の産物である。
⑪朱雀……中国で南方を司る聖なる動物。四神の一。これも想像の産物である。
⑫玄武……中国で北方を司る聖なる動物。四神の一。蛇と亀がつるんで一対になったもの

で、これも想像の産物である。

この他、プトレマイオス（トレミー）以降、バイエルやヘベリウス等が付加した星座の中で、想像上の動物等としては、次のものがある。

⑬いっかくじゅう（一角獣）……これはユニコーンではなく、一本の角の馬であるという。

⑭ほうおう（鳳凰）……これは、不死鳥フェニックスのことで、勿論、実在はしない。

このように、星座になっている動物には、全くの想像の産物であるものや、現実の動物に角や爪や羽を付けたりして、変形させたものが少なくない。このことから言えば、猨田彦神の場合、鼻が長いのは、そうした星座の描かれ方からすれば、極めてありふれた自然なものと言えよう。

つぎに、星座の形から、どれだけその動物の姿が連想できるのか検討してみたい。

上記の動物星座の中で、比較的その形が明確なものとしては、次のものが挙げられよう。

①おうし（牡牛）……特に顔の周辺。

②おおいぬ（大犬）……全体の輪郭。

③こぐま（小熊）……全体の大体の輪郭。

④さそり（蠍）……全体の形状がほぼ確認できる数少ない星座。

⑤しし（獅子）……鎌の形が獅子の首を連想させる。

⑥はくちょう（白鳥）……銀河の中で翼を広げた形が分かる。

⑦わし（鷲）……翼を広げた形が分かる。

⑧白虎（オリオン）……オリオンの手足の四星が虎の四足に、觜宿《し》は、虎の顔に見なせる。

⑨亀（琴）……琴座の形は、亀が首を出した形に確かに見える。

主な星座を挙げれば以上である。これらから分かることは、動物の形が明確なものは、それほど多くはないこと、西洋の星座の場合は、すべてプトレマイオスの時代から存在する長い歴史のあるものであること、おうし（牡牛）以外は、全身像であること等である。

そして、このことは、星座の成り立ちについて、やはり、先ず天上の星があり、その星々の繋がりから、ある動物の形を連想して星座が作られていったことが改めて確認されよう。例えば、さそり座一つ考えても、あのS字型が、蠍の形を連想させた故に、さそり座という星座が誕生したのであって、その逆ではない。

これらのことから判断すれば、猨田彦神の場合も、畢星《ひっせい》を古代日本人が見て、鼻の長い猿の星座を連想したのであって、猿の形の星座を作ろうとして、天上を探し廻ったわけではない。

そもそも、猨田彦神は、その職掌から言っても、道案内さえできれば良い訳だから、眼が赤かったり、口の両端が光っていたり、鼻が長かったりすることの必然性は全くないと言ってもよい。つまり、これらの猨田彦神の特徴は、畢星から猨田彦神の顔が連想された時に、畢星の星座としての特徴が、そのまま猨田彦神の容貌の特徴となったのであり、その逆ではない。即ち、猨田彦神の鼻が長いのは、その星座としての形が鼻が長い形態をしているので、必然的にそうなったまでであって、鼻が長いという伝承があって、猨田彦神の鼻が長くなった訳ではない。そのことが、諸外国の動物の星座との比較によって裏付けられるのである。

【注】

(1) 以下の引用は、『新版新天文学講座1　星座』(恒星社厚生閣、昭和三九年二月) 並びに、原恵『星座の神話』(恒星社厚生閣、昭和五十年一月) 等に拠る。

(2) 以上、中国の星座の用例は、藪内清「中国・朝鮮・日本・印度の星座」『新版新天文学講座1　星座』、大崎正次『中国の星座の歴史』(雄山閣出版、昭和六二年四月) に拠る。大崎氏は、七宿の全星宿で、四神を形作るとされている。

(3) 以上、日本の星名は、野尻抱影氏『日本星名辞典』(東京堂出版、昭和四十八年十一月)・内田武志『星の方言と民俗』(岩崎美術社、一九七三年一二月)・『日本方言大辞典』(一九八九年三月) 等に拠る。

第十四章　天孫降臨神話における天宇受売命《あめのうずめのみこと》

――天宇受売命はオリオン座

『古事記』上巻、『日本書紀』神代巻に描かれた天宇受売命《あめのうずめのみこと》（『日本書紀』は天鈿女命《あまのうずめのみこと》であるが、本書では、『古事記』の表記で代表する）は、天《あめ》の石屋戸《いわやと》神話・天孫降臨神話を中心として活躍するが、名義を初めとして、その実態はまだ不明の点が多い。本章では、従来の諸説を一瞥し、種々の観点から、各神話に共通した天宇受売命像を探ってみたい。

一、天宇受売命に関する従来の諸説

先ず、天宇受売命の名義・職掌に関する従来の諸説を掲げる。

A、名義について述べているもの

a、強女《おずめ》説。（斎部広成《いんべのひろなり》『古語拾遺《こごしゅうい》』を初めとして、本居宣長《もとおりのりなが》『古事記伝』、河村秀根《かわむらひでね》・益根《ますね》『書紀《しょき》

集解《しゅうげ》』、飯田武郷《いいだたけさと》『日本書紀通釈』から現在の諸注釈書に至るまで多数）。

b、宇受《うず》〈鈿〉〔髪飾り〕の巫女説。（橘守部《たちばなもりべ》『稜威道別《いづちのちわけ》』、西郷信綱『古事記注釈』、西宮一民《かずたみ》『新潮日本古典文学集成古事記』、日野昭「髻のみかげ考」（龍谷史壇八四号）、『日本神話必携』（別冊国文学一六、久田泉）、尾畑喜一郎『古事記辞典』、小野寛・桜井満『上代文学研究事典』（矢嶋泉）、山口佳紀・神野志隆光『新編全集本古事記』等、最近の多くの注釈書等）

c、臼女《うすめ》説。（倉野憲司『古事記全注釈』の一説、同『岩波日本古典文学大系古事記・祝詞』の一説）

d、伶人説。「天」は天ツ神、「う」は大、「うすめ」は神楽器の意で「ウズメは伶人の意」。（松岡静雄『日本古語大辞典』）

e、美女説。ウツは美しい意のほめ詞。（尾崎知光『全注古事記』）

f、神楽歌の「阿知女《あちめ》」と同じとするもの。（鈴木重胤『日本書紀伝』）

g、珍女《うづめ》説。〔神前奉仕の婦人に対する敬称〕。（溝口駒三『古語拾遺精義』）

h、天鈿女命《あめのすずめのみこと》説。（金井典美「天宇受売命の呼称と性格——上代文学における『宇』の字の問題」『古代文化』二五号）

i、「ウズ」は「ヲヅ」「ワザ」「アザ」と同源で、相手に対し、相反し、対反する女傑の神の意。（森重敏「天石屋戸——古事記上巻について（七）」『国語国文』四四巻十号（四九四号））

B、主に、性格・職掌について述べた説

j、巫女説。〔シャーマン的女神〕（三品彰英『日本神話論』、竹野長次『古事記の民俗学的考察』、松本信広『日本神話の研究』、中山太郎『日本巫女史』等）

k、笑いによって邪を退け、新局面を開く神。（水野正好「古事記と考古学」『日本古代文化の探究　古事記』所収）

l、辟邪視を持った神。（辰巳和弘「アメノウズメの古代学」（『東アジアの古代文化』六六号）

m、ギリシアのデメテル神話におけるイアムベ＝バウボウと同様に、恥部を露出し笑いにより、大女神の怒りを解く神。（松本信広『日本神話の研究』、吉田敦彦『日本神話と印欧神話』、大林太良『日本神話の起源』等）

n、鎖されている口あるいは通路を開く女神。（吉田敦彦『日本神話の特色』）

名義については、少し前まではaの「強女《おずめ》」説が有力であったが、最近はbの「髪飾りの巫女」説が力を得て、近時の注釈書の多くが採用し、ほぼ定説化したと言って良い状況にある。実際、「宇受《うず》」の上代文献における用例を見るに、すべて髪飾りの用例であり、問題はない。例えば、次の如き例である。

ア、命《いのち》の　全《また》けむ人《ひと》は　畳薦《たたみこも》　平群《へぐり》の山《やま》の　熊白檮《くまかし》が葉《は》を　髻華《うず》に挿《さ》せ（宇受爾左勢）　その子《こ》〔古事記、中巻、倭 健 命《やまとたけるのみこと》〕（命を全うする人は、大和に帰って、平群《へぐり》の山の熊白檮《くまかし》が葉を、髪飾りとして差しなさい、お前たちよ）

イ、島山《しまやま》に照《て》れる橘《たちばな》髻華《うず》に挿《さ》し（宇受尓左之）仕《つか》へまつるは卿大夫《まへつきみ》たち（万葉集巻十九・四二七六）（島山に赤く照っている橘を髪飾りとして差してお仕えしているのは、諸卿大夫《しょきょうたいふ》らであることだなあ）

ウ、唯元日《ただがんじつ》には髻花《うず》着《ちゃく》す（着髻花）。髻花《うず》此《これ》をば于孺《うずい》と云ふ（髻花此云于孺）。（元日には髪飾りを付ける。髻花、これをウズと言う）（推古紀十一年十一月）

また、古辞書の用例でも、

『観智院本類聚名義抄』「鈿　カ子ノハナ・カムサシ」（僧上一二六）

とあるから、『日本書紀』の天鈿女の「鈿」が髪飾りの意であることも、否定できない。

よって、「天宇受売命」の名義は、やはり「天上の髪飾りの女神」、あるいは、西宮一民氏『神名の釈義』にあるように、「天上界の髪飾りをした巫女」の意と解するべきであろう。また、その職掌についても、Bの如き諸説があるが、その点についても、以下、さらに検討してみたい。

二、天宇受売命像の復元

天宇受売命の登場場面は次の通りである。

①天の石屋戸《いわやと》神話……天の石屋戸の前での神懸かりの場面。（記・紀）

②天の誓約神話……素戔嗚尊《すさのおのみこと》の昇天を見つけて日神に報告する場面。（紀）

③天孫降臨神話……猨田毘古神と対峙し、名を顕わし、猨田毘古神を送る場面。（記・紀）

④伊勢での漁撈神話……天宇受売命が海鼠《こ》の口を割く場面。（記）

本節では、これらの場面に共通した天宇受売命像は如何なるものか、以下検討する。各神話の共通項を抽出することにより、本源的な天宇受売命像に迫ることが可能であると判断するからである。論の展開上、猨田毘古神との関係から入りたい。そこで先ず天孫降臨神話から論じるが、『古事記』では次の如く描く。

爾《ここ》に、日子番能邇邇芸命《ひこほのににぎのみこと》の天降《あまも》りまさむとする時に、天《あめ》の八衢《やちまた》に居《ゐ》て、上《かみ》は高天《たかま》の原《はら》を光《てら》し、下《しも》は葦原中国《あしはらのなかつくに》を光《てら》す神《かみ》、爾《ここ》に有《あ》り。故爾《かれここ》に、天照大御神《あまてらすおほみかみ》、高木神《たかぎのかみ》の命《みこと》以ちて、天宇受売神《あめのうずめのかみ》に詔《の》りたまひしく、「汝《いまし》は、手弱女人《たわやめ》にはあれども、伊牟迦布神《いむかふかみ》と面勝《おもか》つ神《かみ》なり。故《かれ》、専《もは》ら汝《いまし》往《ゆ》きて問《と》はむは、『吾《あ》が御子《みこ》の天降《あも》り為《す》る道《みち》を誰《たれ》ぞ如此《かく》て居《ゐ》る。』ととへ。」とのりたまひき。故《かれ》、問《と》ひ賜《たま》ふ時《とき》に、答《こた》へ白《まを》ししく、「僕《あ》は国《くに》つ神《かみ》、名《な》は猨田毘古神《さるたびこのかみ》ぞ。出《い》で居《ゐ》る所以《ゆゑ》は、天《あま》つ神《かみ》の御子《みこ》天降《あも》り坐《ま》すと聞《き》きつる故《ゆゑ》に、御前《みさき》に仕《つか》へ奉《まつ》らむとして、参向《まゐむか》へ侍《さもら》ふぞ。」とまをしき。（現代語訳は第十一章一七九頁を参照されたい）

一方、『日本書紀』神代下・第九段・一書第一には、次の如くある。

已《すで》にして降《あまくだ》りまさむとする間《ころ》に、先駆《さきばらひ》の者還《かみかへ》りて白《まを》さく、「一《ひとり》の神有《かみあ》りて、天八達之衢《あまのやちまた》に居《を》り。其《そ》の鼻《はな》の長《なが》さ七咫《ななあた》、背《そびら》の長《なが》さ七尺余《ななさかあま》り。当《まさ》に七尋《ななひろ》と言《い》ふべし。且口尻明《またくちわきあか》り耀《て》れり。

眼《まなこ》は八咫鏡《やたのかがみ》の如《ごと》くして、絶然赤酸漿《てりかかやけることあかかがち》に似《の》れり」とまうす。即《すなは》ち従《みとも》の神《かみ》を遣《つかは》して、往《ゆ》きて問《と》はしむ。時《とき》に八十万《やそよろづ》の神《かみ》有《あ》り。皆目勝《みなめか》ちて相問《あひと》ふことを得《え》ず。故《かれ》、特《こと》に天鈿女《あまのうずめ》に勅《みことのり》して曰《のたま》はく、「汝《いまし》は是《これ》、目人《めひと》に勝《か》ちたる者《かみ》なり。往《ゆ》きて問《と》ふべし」とのたまふ。天鈿女《あまのうずめ》、乃《すなは》ち其《そ》の胸乳《むなち》を露《あらは》にかきいでて、裳帯《もひも》を臍《ほぞ》の下《しも》に抑《おした》れて、咲噱《あざわら》ひて向《む》きて立《た》つ。是《こ》の時《とき》、衢神《ちまたのかみ》問《と》ひて曰《い》はく、「天鈿女《あまのうずめ》、汝為《いましす》ることは何《なに》の故《ゆえ》ぞ」といふ。対《こた》へて曰《い》はく、「天照大《あまてらすおほみ》神《かみ》の子《みこ》の所幸《いでま》す道路《みち》に如此《かく》居《を》ること誰《たれ》ぞ。敢《あ》へて問《と》ふ」といふ。衢神《ちまたのかみ》対《こた》へて曰《い》はく、「天《あま》照大神《てらすおほみかみ》の子《みこ》、今降行《いまあまくだり》すべしと聞《き》く。故《ゆえ》に、迎《むか》へ奉《まつ》りて相待《あひま》つ。吾《わ》が名《な》は是《これ》、猨田彦大《さるたひこのおほ》神《かみ》」といふ。（さて番能邇邇藝命が天降ろうとなさっている時に、先駆の神が帰って来て申すことには「一柱の神が有って、天八達之衢《あまのやちまた》に居ます。其の鼻《はな》の長《なが》さは七咫《ななあた》、身長は七尺余《ななさかあま》り。ちょうど七尋《ひろ》と言うのが良いでしょう。また、口の両脇は明るく輝いています。眼《まなこ》は八咫鏡《やたのかがみ》のようで、赤く輝くことは、真っ赤な酸漿《ほおずき》に似ています」と申した。そこで、従者の神を派遣して、その神のところに行かせて質問させることにした。その時、八十万《やそよろづ》の神々がいた。しかし、誰も、その神の眼光の方が勝ってしまい、質問できなかった。そこで、特別に天鈿女《あまのうずめ》にご命令を下しておっしゃることには、「お前は眼光が他の神よりも勝る神である。そこで、その神のところへ言って尋ねなさい」とおっしゃった。そこで、天鈿女は、胸乳《むなち》を露《あらわ》に掻きだして、裳の帯を、臍《へそ》の下に押し垂れて、あざ笑ってその神に向かって立った。その時、衢神《ちまたのかみ》が尋ねて、「天鈿女よ、お前がそのようにするのはどういう訳か」といった。天鈿女命が言うことには、「天照大神の御子のお通りになる道に、このように居るのは誰か。敢えて尋きたい」と言った。衢神《ちまたのかみ》が答えて、「天照大神の御子が今天降りなさると聞きました。そこで、お迎え申し上げようとして待っているのです。私の名は猨田彦大神《さるたひこのおおかみ》です」と言った。）

『古事記』では、天宇受売命は、「伊牟迦布神《いむかふかみ》と面勝《おもか》つ神《かみ》」、即ち、猨田毘古神と対峙して勝利する神として描かれ、『日本書紀』でも、「目《め》人《ひと》に勝《か》ちたる者《かみ》」（一書第一）とされる。天の八衢に居る猨田毘古神と対峙して勝つ天宇受売命とは如何なる神か。

第十二章で見た如く、猨田毘古神は畢星《ひっせい》を中心として形象された星座として解釈された。猨田毘古神が畢星なら、猨田毘古神（畢星）に対して、「伊牟迦布《いむかふ》神と面勝《おもか》つ神」とされ、猨田毘古神に対峙する天宇受売命とは一体何であろうか。その為には、まず、「いむかふ」とは如何なる行為か明らかにする必要があろう。「いむかふ」の上代の用例としては、次の例がある。

①万葉集・巻十・二〇一一　天《あま》の川《がは》い向《む》かひ立《た》ちて（已向立而）恋《こひ》しらに言《こと》だに告《つ》げむ妻問《つまど》ふまでは（天の川に向き合い立っていても逢えない恋しさに、せめて言葉だけでも伝えたい。七月七日に妻に直に逢える時までは）

②万葉集・巻十・二〇八九　天地《あめつち》の　初《はじ》めの時《とき》ゆ　天《あま》の川《がは》　い向《む》かひ居《を》りて（射向居而）　一年《ひととせ》に　二度《ふたたび》逢《あ》はぬ　妻恋《つまごひ》に　物思《ものおも》ふ人《ひと》　天《あま》の川《がは》　安《やす》の川原《かはら》の　あり通《がよ》ふ　出《い》での渡《わた》りに……

（天地の分かれた初めの神代の昔から、天の川を挟んで向き合っていても、一年に二回は逢えない、その妻への恋しさで物思いをする彦星は、天の川の安の川原にある通い馴れている川に突き出た渡し場に……）

③万葉集・巻十八・四一二七　安《やす》の川《かは》い向《む》かひ立《た》ちて（伊牟可比太知弖）年《とし》の恋《こひ》日《け》長《なが》き児《こ》らが妻《つま》問《ど》ひの夜《よ》そ（安の川を間に向かい合って居ても逢えずに一年間の恋しい想いが長かった二人が、今夜はやっと逢える夜だなあ）

どの歌も、彦星と織女という星と星が天の川を挟んで「向き合って立」つ様の描写として、「い向かひ」と言う語が使われている。

故に、猨田毘古神（畢星）に対して、天宇受売命が「いむかふ」ことは、天宇受売命も猨田毘古神同様の状態、即ち、星座として、猨田毘古神に向かい合っている様を表わすのではないか。むしろ、猨田毘古神が星座であれば、「いむかふ」天宇受売命が同等の存在でない方が不自然であろう。

仮にその推測が正しければ、猨田毘古神である畢星に「いむかふ」星座・星宿としては何が適当か。幸い我々は、古代人と殆ど変わらぬ天空を仰ぐことが出来る。地形の変遷等と比べ、天文の姿は不変と言ってもよい。先に述べたように、猨田毘古神は畢星を顔に持ち、西洋の星座では、牡牛座の顔がそれに当たる。それを図で示せば、図24・25の如くである。西洋の星図で牡牛座と向かい合っているのは、彼の有名なオリオン座である。今、その組み合わせに注目すれば、牡牛座が猨田

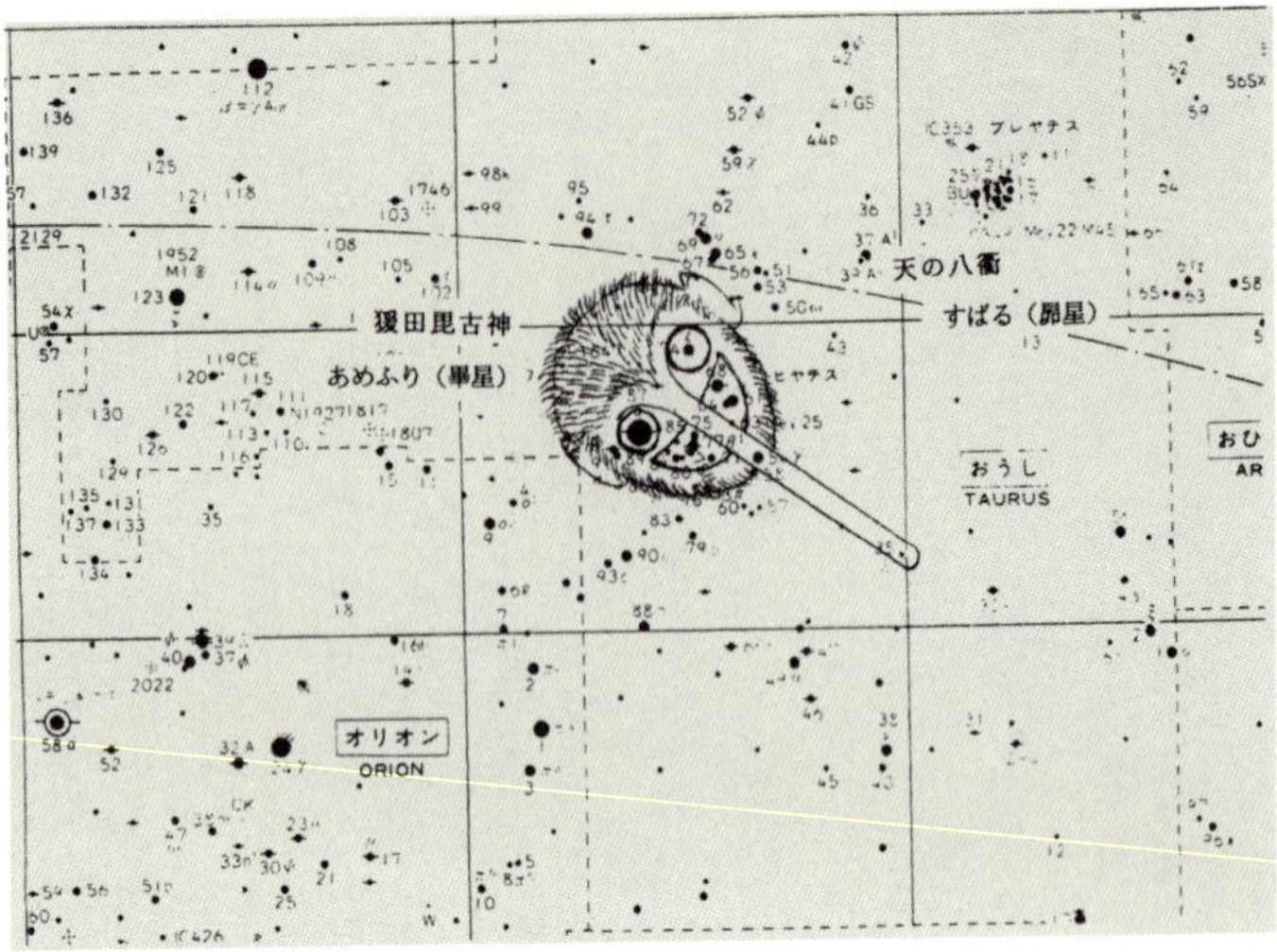
天の八衢
猨田毘古神
すばる（昴星）
あめふり（畢星）
プレヤデス
ヒヤデス
おうし
TAURUS
オリオン
ORION

図 24

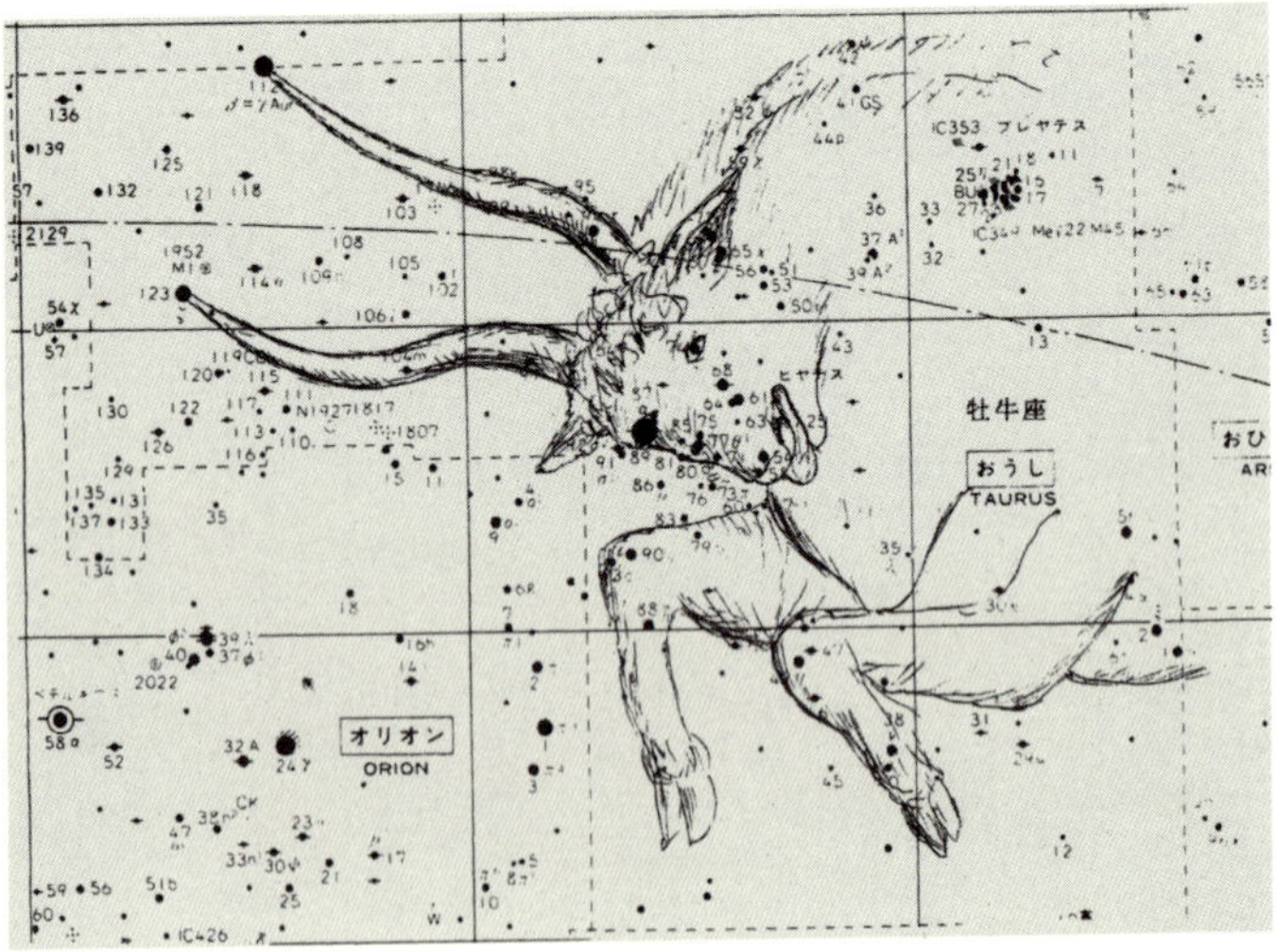
プレヤデス
ヒヤデス
牡牛座
おうし
TAURUS
オリオン
ORION

図 25

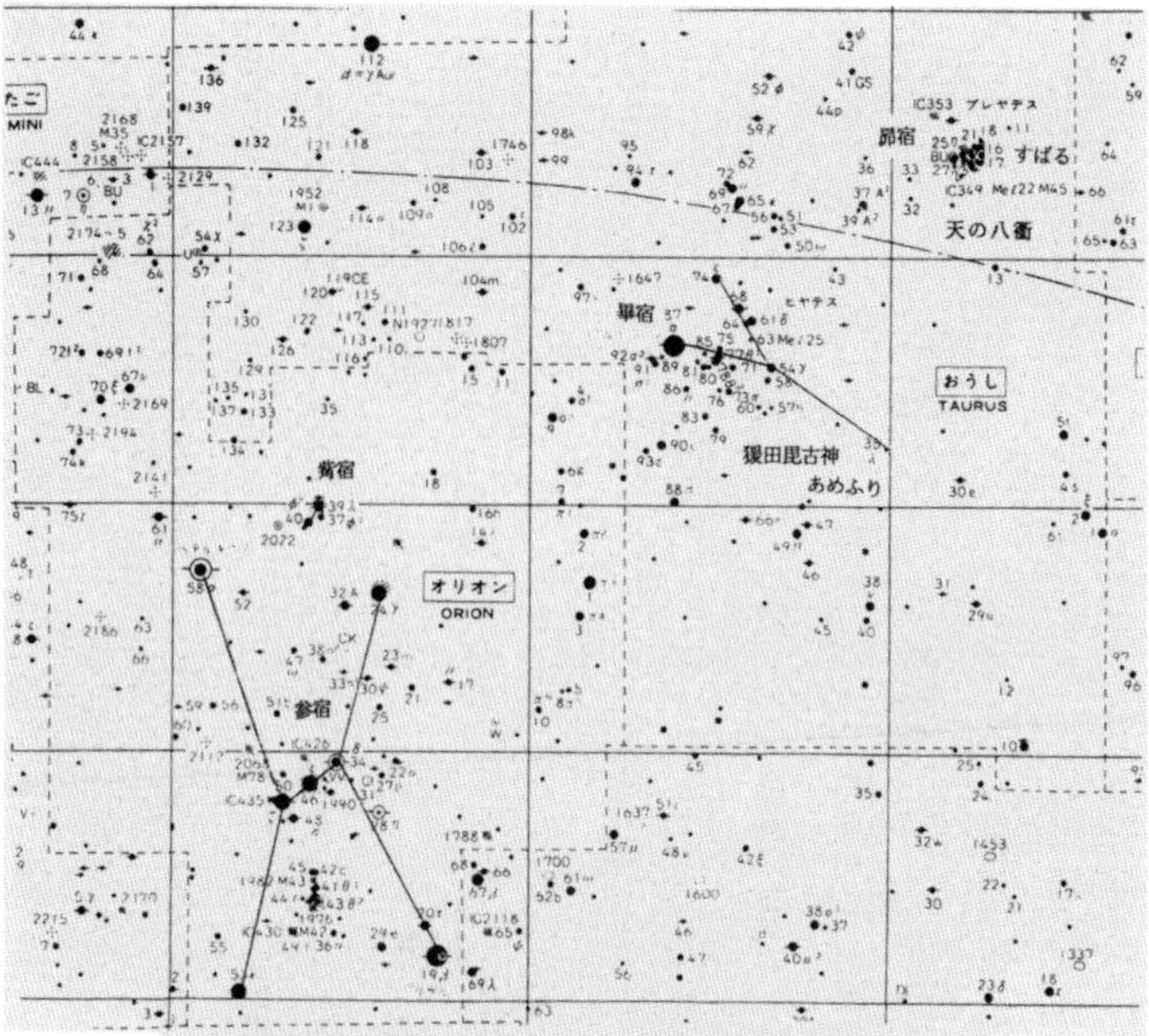
MINI
昴宿
プレヤデス
すばる
天の八衢
畢宿
ヒヤデス
おうし
TAURUS
猨田毘古神
あめふり
觜宿
オリオン
ORION
参宿

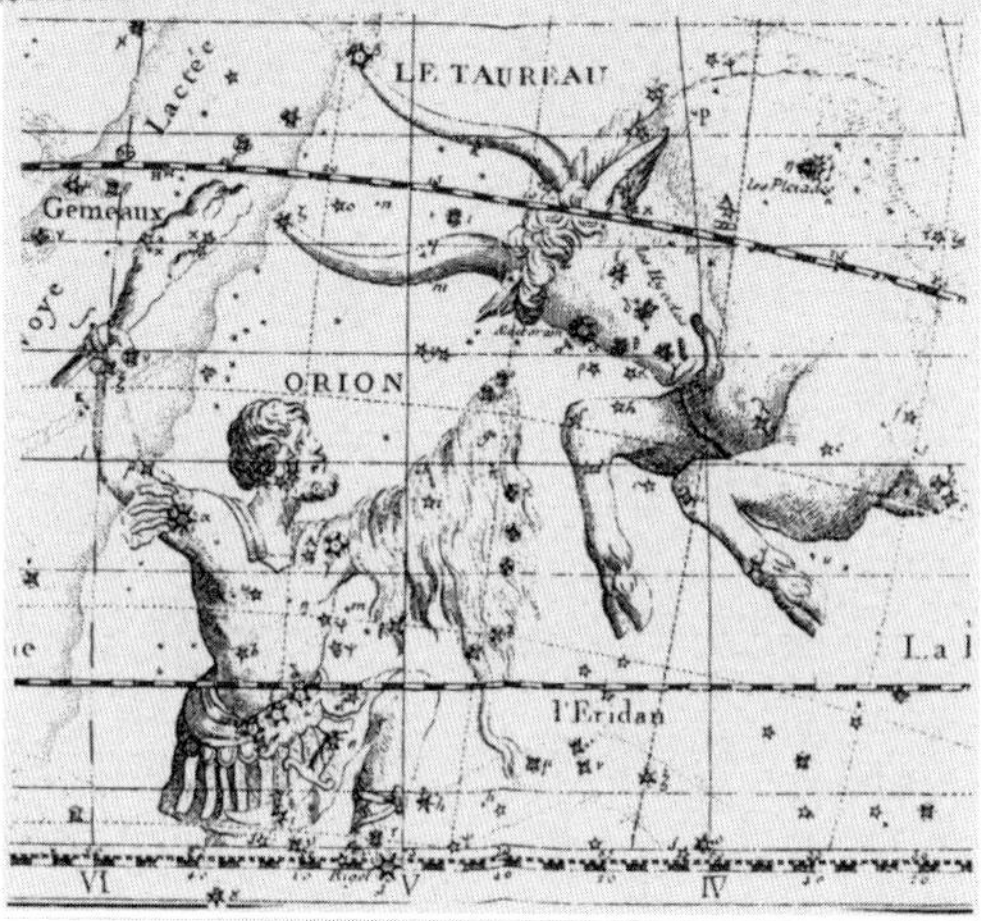
LE TAUREAU
Lactée
Gemeaux
ORION
l'Eridan

図 26・27

毘古神なのだから、牡牛座に向かい合っているオリオン座が、天鈿女命に相当するのではないかという推測が成り立とう。オリオン座は中国の星図では、觜宿《ししゅく》・参宿《しんしゅく》の組み合わせとなる。（図26・27参照）。中国では、觜宿・参宿と畢星は隣り合う密接な関係にある星宿である。天宇受売命と猨田毘古神の関係は正にオリオン座（觜宿・参宿）と牡牛座（畢星）の関係に相当するのでないか。オリオン座と牡牛座は世界最古の星座で、その見方には汎世界的広がりと普遍性がある。

　オリオン座の星座としての見方としては、牡牛座（畢星・昴星）と一対の星の纏まりと見る見方が汎世界的に存在する。例えば、インドでは、娘のロヒニー（畢星の主星アルデバラン。赤鹿）を追いかける父親プラジャパティー（オリオン座、雄鹿）として、ギリシアでは、プレアデス姉妹（昴星）を追跡するオリオン（オリオン座）等があり、中国・フランス・アイヌ等にも、同様の見方がある。日本でも、酒代を払わないで逃げたスバイ（昴星）を追いかける酒升星《さかますぼし》（オリオン座の三星と小三星の組み合わせ）の民話や、浦島伝説で七竪子（昴星七星）・八竪子（畢星八星）を従える亀比売《かめひめ》（觜宿・参宿）の記述が見られるのも同種の見方である。[1] 特に、強弱の関係を言えば、常に強いオリオン座側が弱い牡牛座側を圧倒し、追いかける関係になっている。これは、牡牛座に続いて東の天空に昇ったオリオン座が逃げる牡牛座を追いかけ、圧倒するように見える点から生じた見方で、普遍性を持つ。オリオン座に重なる天宇受売命が牡牛座に重なる猨田毘古神に「面勝つ」のは、当にその見方の反映と言えよう。

一方、オリオン座（觜宿・参宿）を神や人の形に見る見方も多く、次の如き例がある。

①巨人……猟師オリオン（ギリシア）・オルワンデル（スカンディナビア）・ガッバーラ（シリア）・アル・ジャッバー・アル・ジャッザー（アラビア人）等

②王……メロダック王（バビロニア）・オシリスの魂（エジプト）・カオマイ（武装した王、古代アイルランド）・武装したヨシュア（ヘブライ）等

③片腕の無い男……ボルネオ島ダイヤ族

このように、海外ではオリオン座を（武装した）男性と見る見方が多いが、同じ太陽神でも、アポロンが男神であるのに対して、天照大御神が女神であるように、外国で男性と見立てたオリオン座を日本では女性に見たてたのであろう。

それにしても、単にオリオン座が天宇受売命だというのでは、証明として不十分であろう。「天上界でウズ（髪飾り）を付けた女性の神」という名義と、オリオン座で形象されることは、如何に係わるのか。

そこで、中国で、オリオン座（觜宿・参宿）を如何に見立てたかを跡付けたい。

『史記』天官書（前漢）では、オリオン座に相当する觜宿・参宿は白虎の形とされる。

参《しん》を白虎《びゃっこ》と為《な》す。……其《そ》の外《そと》の四星《しせい》は左右《さいう》の肩股《けんこ》なり。小《ちひ》さき三星《さんせい》の隅置《ぐうち》するを、觜觿《しき》と曰《い》ふ。虎首《こしゅ》と為《な》す。（参《しん》を白虎《びゃっこ》とする。……〔参宿の〕外側の四星は虎の左右の肩と股である。小さい

三星が〔参宿の〕隅にあるのを觜觿《しき》と言《い》う。虎の首とする。）

即ち、参宿《しんしゅく》を白虎とし、三星《みつぼし》や小三星《こみつぼし》の外側の四星は、虎の左右の肩と股、隅の小さい三星は觜觿《しき》と言い、虎の首に相当すると説く。

『淮南子』天文訓（前漢）にも、

西方《せいはう》は金也《きんなり》。……其《そ》の神太白《かみたいはく》。其《そ》の獣白虎《けものびやつこ》。（西方《せいほう》は金《きん》である。……其《そ》の神《かみ》は太白《たいはく》。其の獣は白虎《びゃっこ》。）

とあり、梁陳以降に成った『三輔黄図《さんぽこうず》』には、

蒼龍《さうりう》・白虎《びやつこ》・朱雀《すざく》・玄武《げんぶ》、天之四霊《てんのしれい》、以《もつ》て四方《しはう》を正《ただ》す。（蒼龍《そうりゅう》・白虎《びゃっこ》・朱雀《すざく》・玄武《げんぶ》は、天《てん》の四霊《しれい》であり、その四つの霊獣《れいじゅう》で東西南北の方位を決定し整える。）

とある。つまり、西方七宿を支配する動物は白虎で、觜宿と参宿で形象されていた。

一方、『山海経《せんがいきょう》』西山経（前漢以前）には次の如くある。

玉山是西王母居《ぎょくさんこれせいわうぼきょ》する所也《ところなり》。西王母《せいわうぼ》其《そ》の状人《さまひと》の如《ごと》く、豹尾《へうび》・虎歯《こし》にして、善《よ》く嘯《うそぶ》く。蓬髪《ほうはつ》にして勝《しょう》を載《の》する。是天《これてん》の厲及《れいおよ》び五残《ござん》を司《つかさど》る。（棲霞郝懿行《せいかかくいこう》の箋疏《さんそ》……懿行案《いこうあん》ずるに、厲及《れいおよ》び五残《ござん》は皆星《みなほし》の名《な》なり。……昴《ばう》は西方宿《せいはうしゅく》為《た》り。故《ゆゑ》に西王母之《せいわうぼこれ》を司《つかさど》る也《なり》。）（玉山《ぎょくさん》は西王母《せいおうぼ》が居住する所《ところ》である。西王母は其の姿が人のようで、豹の尾と虎の歯を持ち、よくうなっている。蓬《よもぎ》のように乱れた髪をして髪飾りを頭に載せている。この西王母は、天の昴星と残りの五つの星宿を支配

している。（棲霞郝懿行《せいかかくいこう》の箋疏《さんそ》……懿行《いこう》が考えるところでは、厲及《れいおよ》び五残《ござん》は皆星《みなほし》の名《な》である。……昴《ばう》は西方宿《せいほうしゅく》である。それ故に西王母が昴星を支配するのである。）

厲《れい》は昴の別名で、五残とは、西方七宿のうち、参宿と厲（昴《ぼう》宿）を除く、残りの五つの星宿、即ち、觜《し》宿・畢《ひつ》宿・胃《い》宿・婁《ろう》宿・奎《けい》宿を言う。昴等の西方七宿を支配するものは、ここでは、西王母となっている。そして、西王母は「虎歯」を持つとされた。また、『山海経』大荒西経《だいこうせいけい》にも、

大山《たいざん》有《あ》り。名《な》づけて昆侖之丘《こんろんのをか》と曰ふ。……人《ひと》有《あ》り。勝《しょう》を戴《いただ》き虎歯《こし》にして豹尾《へうび》あり。穴処《けっしょ》して、名《な》を西王母《せいわうぼ》と曰《い》ふ。（大山《たいざん》が有《あ》る。名《な》づけて昆侖之丘《こんろんのおか》と言《い》う。……人が居る。髪飾りを頭に載せ、虎の歯をして、豹の尾を持つ。穴に住み、名《な》を西王母《せいおうぼ》と言う。）

とあり、西王母と「虎歯」は切り離せないようである。さらに、晋代の『帝王世紀』では、

崑侖之北《こんろんのきた》、玉山《ぎょくざん》の神《かみ》、人身虎首《じんしんこしゅ》にして豹尾《へうび》あり。蓬頭戴勝《ほうとうたいしょう》にして枝杖《しじょう》を払《はら》ふ。名《な》づけて西王母《せいわうぼ》と曰《い》ふ。（崑侖《こんろん》の北《きた》の玉山《ぎょくざん》の神《かみ》は、人の体をしているが、頭は虎の姿で、豹の尾を持っている。蓬のように乱れた頭に髪飾りを付け、枝分かれした杖を振っている。号《なづ》けて西王母と言っている。）

とあって、西王母は「虎歯」ではなく、「虎首」を持つとされており、いよいよ虎そのものと言いうる容貌となっている。

ところが、『漢武帝内伝』（六朝頃）では、次のように描く。

七月七日《しちがつなのか》、西王母《せいわうぼ》暫《しばら》く来《きた》る也《なり》。年十六也《としじふろくなり》、……容貌流眄《ようぼうりうべん》、神姿清発《しんしせいはつ》、真美人也《しんびじんなり》。（七月七日

に、西王母が暫くやって来たのである。年は十六歳である。……容貌は美しく、流し目で人を見る、神々しい姿は、清らかさに溢れ、誠に美人である。)

後世、この『漢武帝内伝』の如く、絶世の美女と描かれる西王母は、古くは、「虎歯」「虎首」を持つ、虎の容貌をした恐ろしい神として描かれ、西王母という名が端的に示すように、昴等の西方七宿を支配する神ともされた。

ここで注目されるのは、先に『史記』天官書(前漢)では、「参《しん》を白虎《びやつこ》と為《な》す。……觜《し》觿《き》……虎《こ》首《しゆ》と為《な》す」とあったように、参宿《しんしゆく》・觜宿《ししゆく》(オリオン座に相当)は、西方を司る霊獣である白虎の形とされたことである。ということは、西方七宿を支配する白虎と、同じく西方七宿を支配する西王母は、陰陽道の五行配当図でも、白と西が一致するように元々、同等の存在ではなかったかと言うことが推測されよう。西王母の画像的推移を見ても、最初は、鄭州画像磚《ていしゆうがぞうせん》の如く虎の顔をした神であったのに、時代が下るに連れ、沂南画像石《せつなんがぞうせき》の如く虎が西王母から分離して、人の顔をした姿となり、さらには木雕西王母像《もくちようせいおうぼぞう》(明代)のように美人の西王母像が誕生する。即ち、時代を遡《さかのぼ》れば、本文上も画像上も西王母自体が「虎首」を持つ姿で描かれるように、本来、西王母は白虎と重なる存在であったといえよう。

それ故、『史記』天官書で、白虎が觜《し》宿・参《しん》宿(オリオン座)で形象されたように、西王母自体も、觜宿・参宿(オリオン座)で形象されると見ることが出来よう。

ところで、西王母の重要な特徴として、上述の例に見られたように、「勝《しょう》を頭《かしら》に戴《いただ》く」存在であることが挙げられる。

劉熙《りゅうき》の『釋名《しゅくみょう》』（後漢）に、

華勝《かしょう》　華《か》は草木《くさき》の華《はな》を象《かたど》るなり。勝《しょう》は、人《ひと》の形容等《けいようとう》、一人《ひとり》著《つ》ければ則《すなは》ち勝《まさ》るを言《い》う。髪《かみ》の前《まへ》を蔽《おほ》ひて飾《かざり》と為《な》すなり。（華勝《かしょう》「華《か》」は草木《くさき》の華《はな》を象《かたど》ったのである。「勝《しょう》」は、人の顔かたちは、一人が「勝《しょう》」を著《つ》ければ、その容貌が他の人よりも「勝《まさ》る」ことを言うのである。髪の前を蔽《おお》って、飾りとするのである。）

とあって、「勝」とは、「それを付けることで他の人に勝る」点から命名されたもので、「髪飾り」を指すことが分かる。それ故、「勝」を付けた西王母は、まさに「髪飾りを付けた女性の神」となる。「髪飾りを付けた女性の神」を言い換えれば、「宇受売命《うずめのみこと》」である。つまり、西王母即ちオリオン座（觜宿・参宿）は、天上の星座であるから、中国で、「髪飾りを付けた天上界の女性の神」として把握されたのであり、日本でも、オリオン座に対して同じ見方が為されて、「天宇受売命」となったのではないかと推測される。故に、天宇受売命がオリオン座（参宿・觜宿）で形象されることは、その名義の点でも納得できるのである。

オリオン座が天宇受売命であれば、記紀神話の記述と、如何に係わるだろうか。

先ず、天孫降臨神話で、「いむかふ神と面《おも》勝つ神」（古事記）・「目人《めひと》に勝ちたる者」（日本書紀一書第二）とあったのは、天宇受売命を西洋のオリオンの姿と類似した姿態を持った神と想定すれば、確かに、猨田毘古神と向かい合っているから、納得できる（図28参照）。また、天宇受売命と猨田毘古神の星座としての関係は、上述のように、天宇受売命（オリオン座）が猨田毘古神（牡牛座）を圧倒し追いかける形で動くので、「面勝つ」点も、その両者の動きで了解できる。

次に、「胸乳《むなち》を露《あらは》にかきいでて、裳帯《もひも》を臍《ほぞ》の下《しも》に抑《おした》れて、咲噱《あざわら》ひて向《む》きて立《た》つ」（日本書紀一書第二）については、オリオン座は天宇受売命の全身像を表わすと推測されるところから、天宇受売命が胸をはだけた姿を想定できる。

さらに、「裳帯《もひも》を臍《ほぞ》の下《しも》に抑《おした》れて」は、オリオンの姿との比較から、オリオンのベルトが天鈿女命の裳の帯に、そしてベルトから下げた短剣（所謂《いわゆる》小三星《こみつぼし》に相当）が、「臍《ほぞ》の下《しも》に抑《おした》れ」た「裳帯《もひも》」に相当するのではないかと推測できる。つまり、オリオンがベルト（三星）から短剣（小三星）を下げるように、天宇受売命は、裳の帯（三星）を解いて、その帯の先端（小三星）を臍の下方に押し垂れているわけである。

こう解釈すれば、今まで、天宇受売命が裳の帯を臍の下に押し垂れるのは、陰部露出の行為とされてきたために、何故、裳帯を垂れることが陰部露出になるのか分かりにくかったが、その意味がよく理解できる。つまり、天宇受売命は、陰部を露出したのではなく、裳を掲げて下半身は露にしても、陰部は、裳の帯を垂らして隠したのである。実際、日本に於けるオリオン座の形はキトラ古

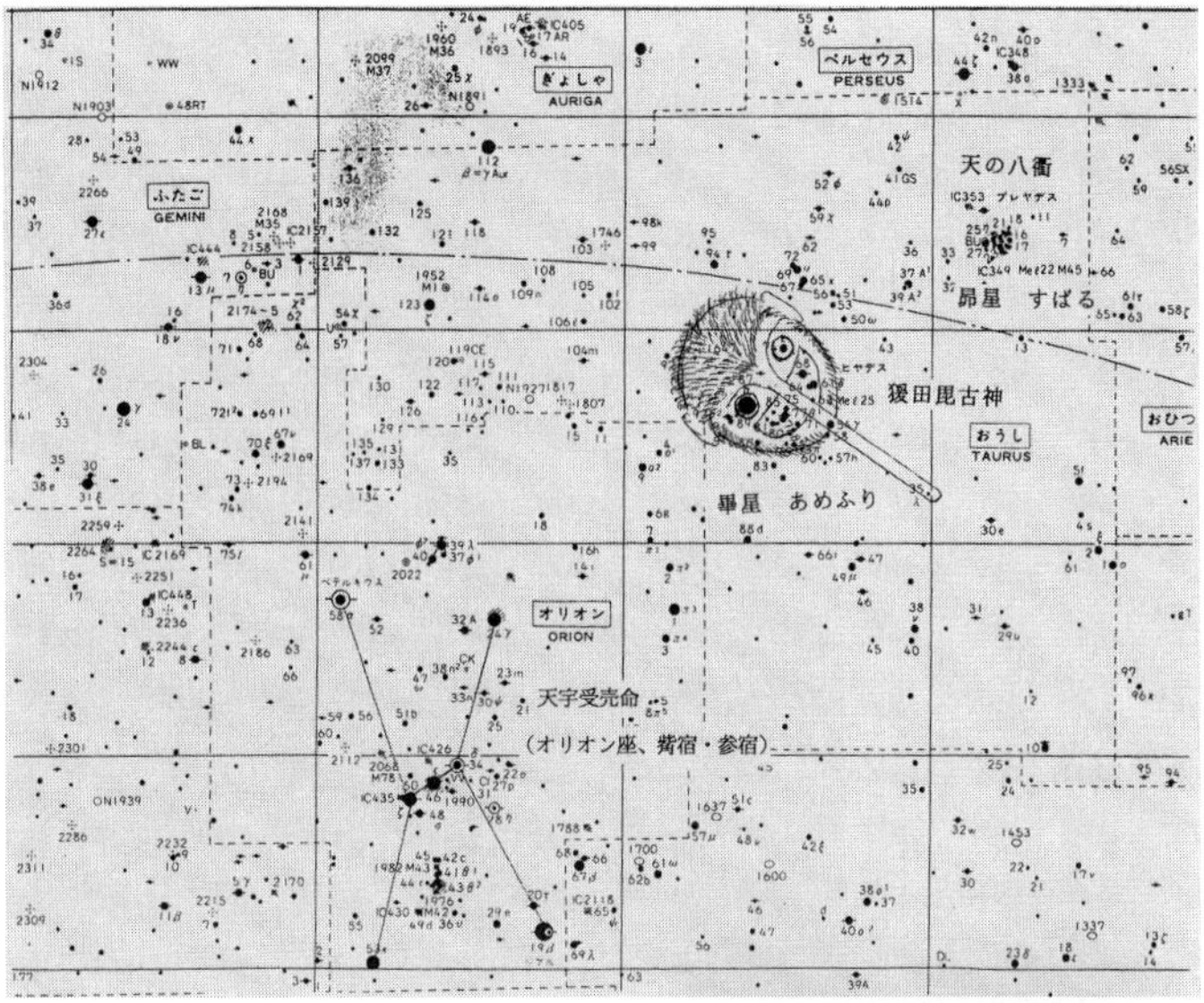

図 28

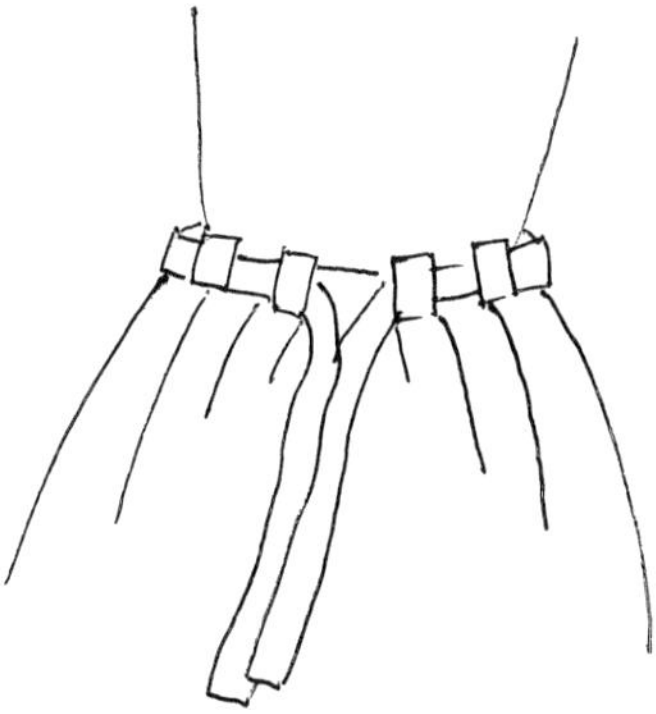

図 30　オリオン座（觜宿・参宿）の小三つ星は裳の帯を垂らした形にみえる。

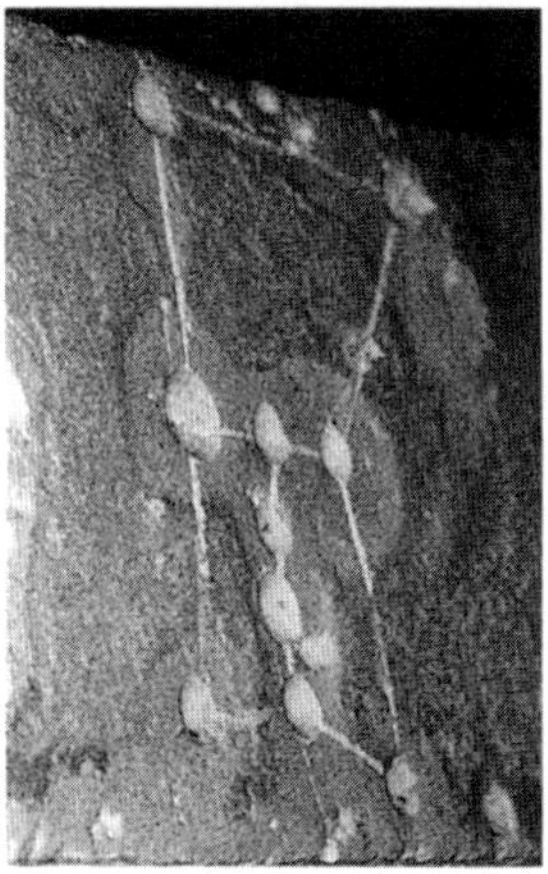

図 29　キトラ古墳天文図のオリオン座（明日香村教委『キトラ古墳学術報告書』より）

墳や高松塚古墳の昔から、裳の紐を中央で垂らしたような形を持つものとして、認識されて来たのである（図29・30参照）。

以上の推測から、天宇受売命の像を復元すれば、図31のようになろう。

【注】

（1）野尻抱影氏諸著作、並びに拙稿「浦島伝説の淵源」（『国語と国文学』七三巻十号、平成八年十月）。

（付記）

天宇受売命を星座として復元するに当たっては、日本や中国の古星図の觜宿・参宿の形や、西洋のオリオン座の姿を考慮し、『古事記』や『日本書紀』の描写に基づき、出来る限り原文に忠実に復元した。服装や髪型は、埴輪や高松塚古墳壁画の女性像等を参考にし、日陰の葛等の植物は、『改定増補牧野新日本植物図鑑』等を参照した。天宇受売命の手や足を広げた姿は、オリオン座の形から推測されるが、その長さや細部の形、持ち物等については、多くのバリエーションが有り得る。天孫降臨の段では、持ち物は明示されていないが、速贄《はやにえ》の段で海鼠《なまこ》の口を割いた紐刀と、天の石屋戸の段の小竹《ささ》の葉を持つ図と仮にしておいた。それ故、この復元図は、次章の天の石屋戸の段

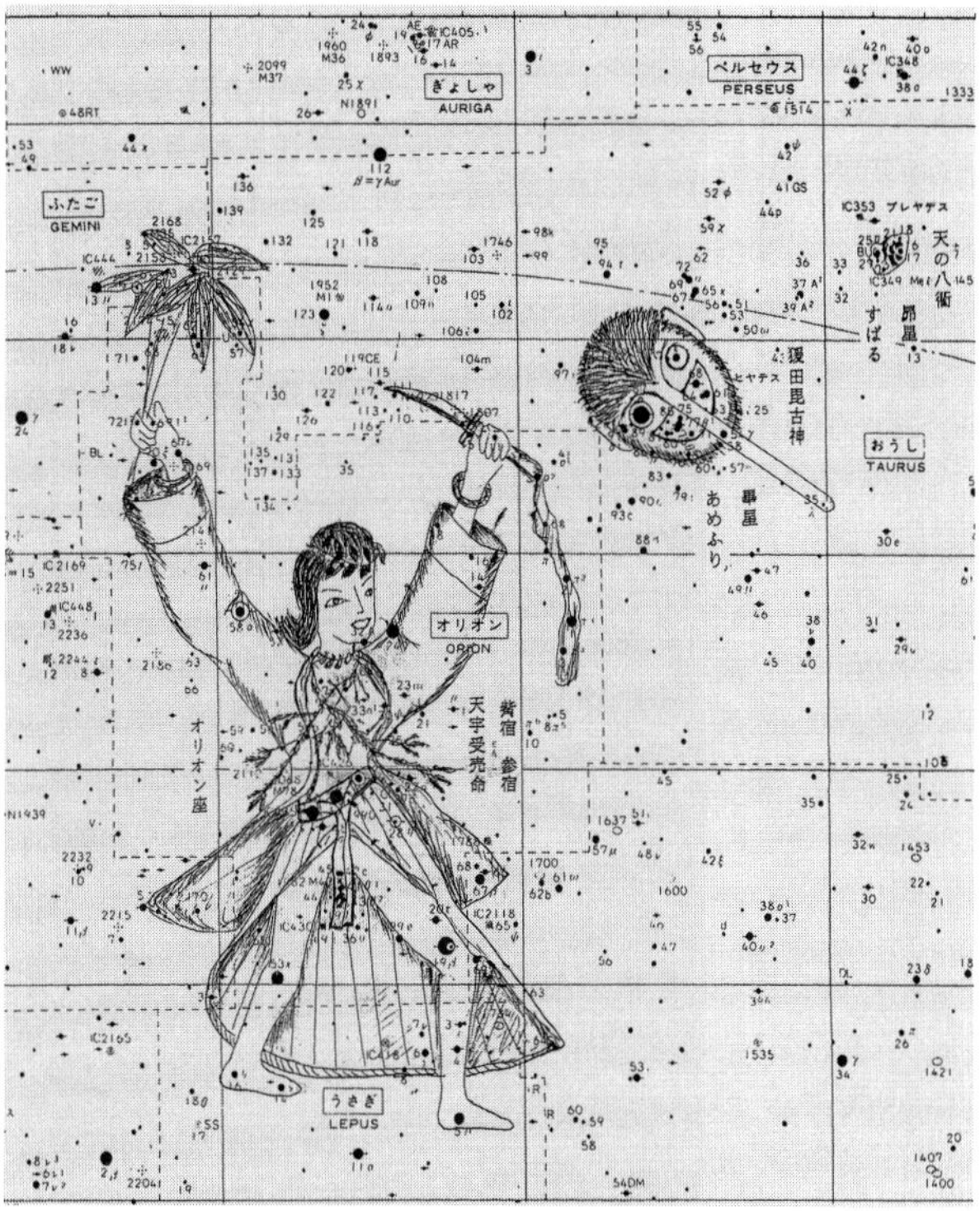

図 31　天孫降臨神話における天宇受売命像の復元と、
猨田毘古神・天の八衢の関係

における天宇受売命の復元図ともども、一例に過ぎないことをお断りしておく。但し、オリオン座の小三つ星で表される裳の帯を垂らし陰部を隠す構図は、天孫降臨神話でも天の石屋戸神話でも共通しており、天宇受売命像として不可欠の要素と推定される。

第十五章　天《あめ》の石屋戸《いわやと》神話等の天宇受売命《あめのうずめのみこと》像

――天孫降臨神話と共通の姿態

一、天の石屋戸神話の天宇受売命像

天《あめ》の石屋戸《いわやと》神話において、天宇受売命《あめのうずめのみこと》は、次のように描かれる。先ず、『古事記』では、以下の通りである。

故是《かれここ》に天照大御神《あまてらすおほみかみ》見畏《みかしこ》みて、天《あめ》の石屋戸《いはやと》を開《ひら》きて刺許母理《さしこもり》坐《ま》しき。爾《ここ》に高天《たかま》の原皆暗《はらみなくら》く、葦《あし》原中国《はらのなかつくに》悉《ことごと》に闇《くら》し。此《こ》れに因《よ》りて常夜《とこよ》往《ゆ》きき。是《ここ》に万《よろづ》の神《かみ》の声《こえ》は、狭蠅《さばえ》那須《なす》満《み》ち、万《よろづ》の妖《わざはひ》悉《ことごと》に発《をこ》りき。是《ここ》を以《も》ちて、八百万《やほよろづ》の神《かみ》、天安《あめのやす》の河原《かはら》に神集《かむつど》ひ集《つど》ひて、高御産巣日神《たかみむすひのかみ》の子《こ》、思金神《おもひかねのかみ》に思《おも》はしめて、常世《とこよ》の長鳴鳥《ながなきどり》を集《あつ》めて鳴《な》かしめて、天安河《あめのやすのかは》の河上《かはかみ》の天《あめ》の堅石《かたしは》を取《と》り、天《あめ》の金山《かなやま》の鉄《まがね》を取《と》りて、鍛人天津麻羅《かぬちあまつまら》を求《ま》ぎて、伊斯許理度売命《いしこりどめのみこと》に科《おほ》せて鏡《かがみ》を作《つく》らしめ、玉祖命《たまのおやのみこと》に科《おほ》せて、八尺《やさか》の勾璁《まがたま》の五百津《いほつ》の御須麻流《みすまる》の珠《たま》を作《つく》らしめて、天児屋命《あめのこやねのみこと》、布刀玉《ふとだまの》命《みこと》を召《め》して、天《あめ》の香山《かぐやま》の真男鹿《まをしか》の肩《かた》を内抜《うつぬ》きに抜《ぬ》きて、天《あめ》の香山《かぐやま》の波波迦《ははか》を取《と》りて、占合《うらな》ひ麻《ま》迦那波《かなは》しめて、天《あめ》の香山《かぐやま》の五百津真賢木《いほつまさかき》を根許士爾許士《ねこじにこじ》て、上枝《ほつえ》に八尺《やさか》の勾璁《まがたま》の五百津《いほつ》の御須《みす》麻流《まる》の玉《たま》を取《と》り著《つ》け、中《なか》つ枝《え》に八尺鏡《やたのかがみ》を取《と》り懸《か》け、下枝《しづえ》に白丹寸手《しらにきて》、青丹寸手《あおにきて》を取《と》り垂《し》でて、此《こ》の種種《くさぐさ》の物《もの》は、布刀玉命《ふとだまのみこと》、布刀御幣《ふとみてぐら》と取《と》り持《も》ちて、天児屋命《あめのこやねのみこと》、布刀詔戸言《ふとのりとごと》禱《ほ》き白《まを》して、天《あめの》手力男神《たぢからをのかみ》、戸《と》の掖《わき》に隠《かく》り立《た》ちて、天宇受売命《あめのうずめのみこと》、天《あめ》の香山《かぐやま》の天《あめ》の日影《ひかげ》を手次《たすき》に懸《か》けて、天《あめ》の真《ま》拆《さき》を鬘《かづら》と為《し》て、天《あめ》の香山《かぐやま》の小竹葉《ささば》を手草《たぐさ》に結《ゆ》ひて、天《あめ》の石屋戸《いはやと》に汙気《うけ》伏《ふ》せて踏《ふ》み登杼呂許《とどろこ》志《し》、神懸《かむがか》り為《し》て、胸乳《むなち》を掛《か》き出《い》で裳緒《もひも》を番登《ほと》に忍《お》し垂《た》れき。是《ここ》に高天《たかま》の原動《はらとよ》みて、八百万《やほよろづ》の神共《かみとも》に咲《わら》ひき。是《ここ》に天照大御神《あまてらすおほみかみ》、怪《あや》しと以為《おも》ほして、天《あめ》の石屋戸《いはやと》を細《ほそ》めに開《ひら》きて、内《うち》より告《の》りたまひしく、「吾《わ》が隠《こも》り坐《ま》すに因《よ》りて、天《あま》の原《はら》自《おのづか》ら闇《くら》く、亦葦原中国《またあしはらのなかつくに》も皆《みな》闇《くら》けむと以為《おも》ふを、何由以《なにゆゑにか》、天宇受売《あめのうずめ》は楽《あそび》を為《し》、亦《また》八百万《やほよろづ》の神《かみ》も諸々《もろもろ》咲《わら》へる。」とのりたまひき。爾《ここ》に天宇受《あめのうず》売《め》白言《まを》ししく、「汝命《いましみこと》に益《ま》して貴《たふと》き神《かみ》坐《ま》す。故《かれ》、歓喜《よろこ》び咲《わら》ひ楽《あそ》ぶぞ。」とまをしき。如此《かく》言《まを》す間《あひだ》に、天児屋命《あめのこやねのみこと》、布刀玉命《ふとだまのみこと》、其《そ》の鏡《かがみ》を指《さ》し出《いだ》して、天照大御神《あまてらすおほみかみ》に示《み》せ奉《まつ》る時《とき》、天照大御《あまてらすおほみ》神《かみ》、逾奇《いよよあや》しと思《おも》ほして、稍《やや》戸《と》より出《い》でて臨《のぞ》み坐《ま》す時《とき》に、其《そ》の隠《かく》り立《た》てりし天手力男神《あめのたぢからをのかみ》、其《そ》の御手《みて》を取《と》りて引《ひ》き出《いだ》す即《すなは》ち、布刀玉命《ふとだまのみこと》、尻久米縄《しりくめなわ》を其《そ》の御後方《みしりへ》へ控《ひ》き度《わた》して白言《まを》ししく、「此《こ》れより内《うち》にな還《かへ》り入《い》りそ。」とまをしき。故《かれ》、天照大御神《あまてらすおほみかみ》出《い》で坐《ま》しし時《とき》、高天《たかまの》原《はら》も葦原中《あしはらのなかつ》国《くに》も、自《おのづか》ら照《て》り明《あか》りき。（そこでこの時に、天照大御神は、〔須佐之男命の乱暴を〕見て恐ろしくなって、天の石屋の戸を開いて御籠りになった。この時に、高天の原はすっかり暗く、葦原中国も全くの闇となった。これによって、永遠の夜が続いた。そこで、多くの悪い神々の声は、五月の蠅《はえ》が騒ぐように騒がしく溢れ、多くの災いが一遍に起こった。これによって、大勢の神々が、天安河《あめのやすのかわ》の川原に次々と集まって、高御産巣日神《たかみむすひのかみ》の子である思金神《おもいかねのかみ》に思慮の限りを尽くさせて、常世《とこよ》の長鳴鳥《ながなきどり》を集めて鳴かせて、天安河の河上の天の堅石を取って、天の金山の鉄を取って、鍛冶屋の天津麻羅《あまつまら》を探して、伊斯許理度売命《いしこりどめのみこと》に命じて鏡を作らせ、玉祖命《たまのおやのみこと》に命令して、八尺《やさか》の勾璁《まがたま》の五百津《いおつ》の御須麻流《みすまる》の珠《たま》を作らせて、天児屋命《あめのこやねのみこと》、布刀玉命《ふとだまのみこと》を召して、天の香山《かぐやま》の男鹿の肩骨をまるごとに抜いて、天の香山の朱桜《かにわざくら》を取って、その木で鹿の骨を焼いて占わせ、天の香山の多くの葉の付いた賢木《さかき》を根こそぎに掘って来て、その榊《さかき》の木の上の枝に八尺の勾璁の五百津の御須麻流の玉を取り著け、中の枝に八尺鏡《やたのかがみ》を取り懸け、下の枝に白丹寸手《しらにきて》、青丹寸手《あおにきて》を取り垂らして、此の種々の物は、布刀玉命が尊い御幣《ごへい》として取り持ちて、天児屋命が尊い祝詞《のりと》を寿《ことほ》ぎ申し上げて、天手力男神《あめのたぢからおのかみ》が戸の脇に隠れ立って、天宇受売命が、天の香山の日陰蘰《ひかげかずら》を襷掛《たすきが》けに懸けて、真折蘰《まさきのかずら》を髪飾りとして、天《あめ》の香山《かぐやま》の小竹《ささ》の葉を採物《とりもの》として手に束《たば》ねて持ち、天《あめ》の石屋戸《いわやと》の前に桶《おけ》を伏せて踏んでとどろかし、神懸りして、胸乳を掛き出して、裳《も》の緒《ひも》を陰部まで押し垂らした。その時に、高天の原が揺れ動くほど大声を挙げて、八百《やお》万《よろず》の神々が共に笑った。そこで、天照大御神は不思議に思って、天の石屋の戸を細めに開いて、内側から、「私が隠《こも》っていらっしゃるので、天の原は自然と暗く、また葦原中国もすっかり暗いだろうと思うのに、何故、天宇受売は踊りを踊り、また八百万の神々も一緒に笑っているのか。」とおっしゃった。そこで天宇受売が、「あなた様よりも貴い神様がいらっしゃいますので、喜び笑って踊っているのです。」と申した。このように言っている間に、天児屋命と布刀玉命が其の八尺鏡を差し出して、天照大御神に見せ申し上げると、天照大御神は愈《いよい》よ不思議に思われて、少しずつ戸から出て、鏡に写った自分の姿をご覧なさる時に、例の石戸の脇に隠れ立っていた天手力男神が天照大御神の御手を取って石戸から引き出すや否や布刀玉命が尻久米縄《しりくめなわ》を天照大御神の御後方へ引き渡して、「これから中には決してお還《かえ》りなさってはなりません。」と申し上げた。そこで、天照大御神が石戸からお出になった時、高天の原も葦原中国も、自然と照って明るくなった。）

これは、有名な天の石屋戸神話であるが、この神話において、中心的役割を果たすのが天宇受売命であることには、誰も異論はなかろう。天照大御神の石屋戸籠りに対して、天宇受売命が「天《あめ》の石屋戸《いはやと》に汙気《うけ》伏《ふ》せて踏《ふ》み登杼呂許志《とどろこし》、神懸《かむがか》り為《し》て、胸乳《むなち》を掛《か》き出《い》で裳緒《もひも》を番登《ほと》に忍《お》し垂《た》れき」という行為を行うことで、天照大御神が石戸から出て、太陽神の復活がなされる。この天の石屋戸神話の解釈は古くから多数あり、有力なものとしては、日食神話と冬至に於ける太陽の復活神話という二つの説がある。本書では、日食の面影はあるものの、基本的には、冬至で太陽の力が弱まり、一度は死を迎えるが、一陽来復で、復活することを象徴する神話と解釈する。冬至に於ける鎮魂祭や大嘗祭等の祭儀は、天の石屋戸神話や天孫降臨神話を基に作られたもので、新たに即位する天皇が、天照大御神以来の太陽の霊魂を身につけ正当な天皇として認知されるために、始原の時に回帰し、自ら天照大御神の復活や番能邇邇藝命《ほのににぎのみこと》の降臨を再現する儀式であったと考える。故に、祭儀から神話が作られたと言う立場は採らない。あくまで神話が先にあって、神話を模倣して祭儀が作られたのである。

こうした立場で、天の石屋戸神話を解釈する時、天宇受売命はどう位置づけるべきか。前章で見た如く、天宇受売命（天鈿女命）は、オリオン座で形象された。ということは天の石屋戸神話においても、当然、天宇受売命は、オリオン座として形象される必要がある。そこで、オリオン座を天宇受売命とした場合、天の石屋戸等の存在はどう理解されるであろうか。

今、オリオン座近辺の天文図に、天宇受売命の「天宇受売命《あめのうずめのみこと》、天《あめ》の香山《かぐやま》の天《あめ》の日影《ひかげ》を手次《たすき》に懸《か》けて、天《あめ》の真拆《まさき》を蘰《かづら》と為《し》て、天《あめ》の香山《かぐやま》の小竹葉《ささば》を手草《たぐさ》に結《ゆ》ひて、天《あめ》の石屋戸《いはやと》に汙気《うけ》伏《ふ》せて踏《ふ》み登杼《とど》呂許志《ろこし》、神懸《かむがか》り為《し》て、胸乳《むなち》を掛《か》き出《い》で裳緒《もひも》を番登《ほと》に忍《お》し垂《た》れき」とある描写を書き込めば、天宇受売命像としては、次頁のような図が描けよう（図32中のA）。

この図は、裳の紐が陰部に押し垂れている点で、『日本書紀』一書第一の天孫降臨神話に出てくる天宇受売命の描写（前章参照）とほぼ一致する。

以前から、天孫降臨神話と天の石屋戸神話は同根のものと見なされてきたが、両神話を通じて、天宇受売命の姿態が同様であるのは、神話は変わっても、天宇受売命自体は同じオリオン座の神格

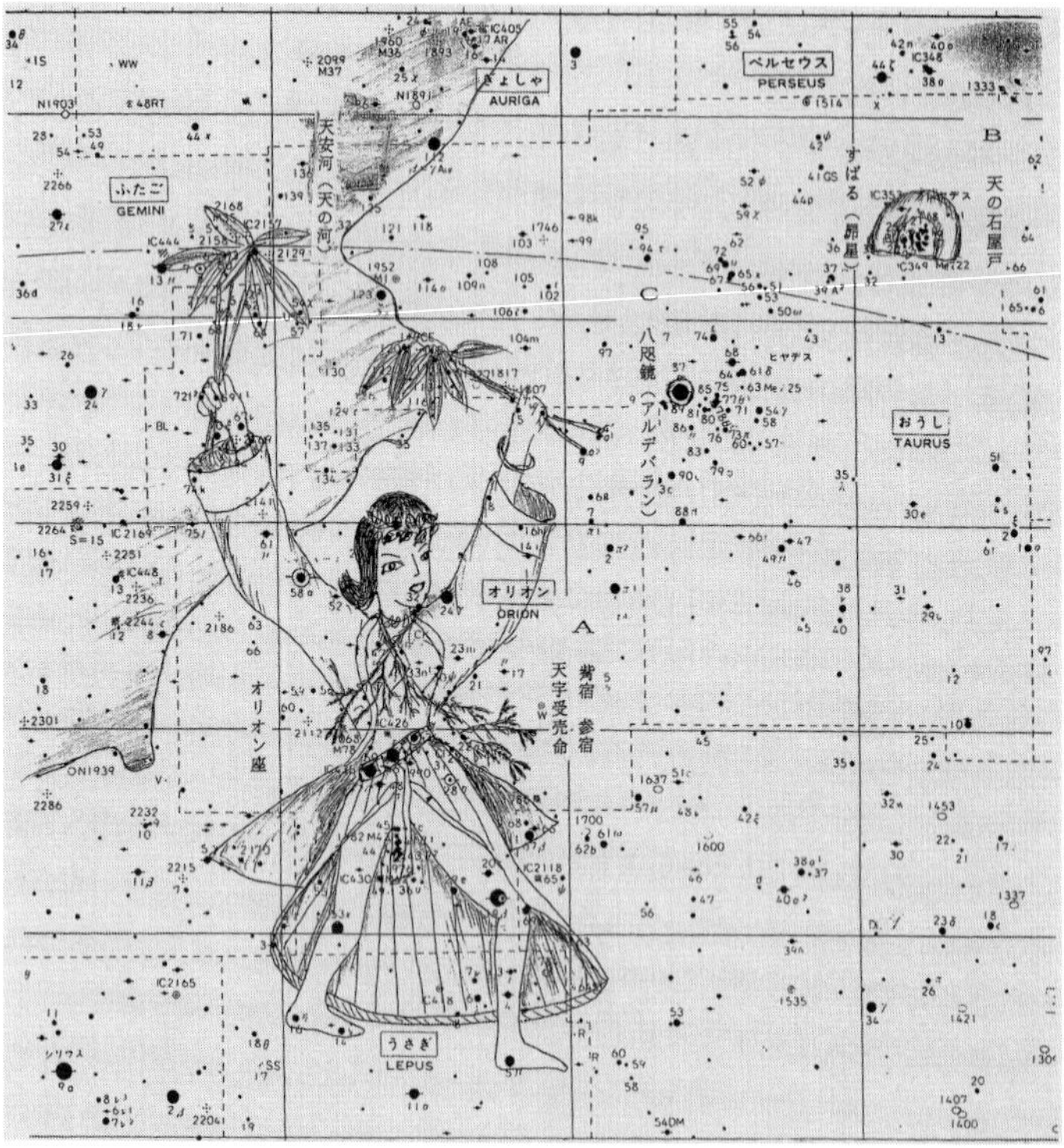

図 32 『古事記』における天の石屋戸神話天宇受売命と八咫鏡、天の石屋戸の図

化として表現されるので、同じ姿態になると理解できるのである。

また、天宇受売命がこうした行為を行っている場所は、「八百万《やほよろづ》の神《かみ》、天安《あめのやす》の河原《かはら》に神集《かむつど》ひ集《つど》ひて」という表現から、「天安の河原」であることは明らかであるが、オリオン座は天の安河に比定される天の河のすぐ近くにあり（図32参照）、天宇受売命の存在位置はまさに「天安の河原」として相応しい場所に位置するのである。

同様に、「天安の河原」にあるとされる天の石屋戸についても、類似のものに、「天《あま》の磐戸《いはと》」や「天《あめ》の磐門《いはと》」がある。『日本書紀』神代下第九段一書第四には、瓊瓊杵尊《ににぎのみこと》が天降る時、「天《あま》の磐戸《いはと》を引《ひ》き開《あ》け」（天の岩戸を引いて開け）とあり、六月《みなつき》の晦《つごもり》の大祓《おほはらえ》の祝詞《のりと》に、「天《あま》つ神《かみ》は天《あめ》の磐門《いはと》を押《お》し開《ひら》きて」（天つ神は、天の磐門を押して開いて）とあるのは、どちらも天孫降臨の描写として同じ内容を表わすものと言える。即ち、「天《あま》の磐戸《いはと》」と「天《あめ》の磐門《いはと》」は同一のものと判断されよう。同様に、「石窟戸《いはやと》」と「磐戸《いはと》」も基本的には区別がないことは、『日本書紀』の次の記述で理解できる。

天照大神《あまてらすおほみかみ》、……乃《すなは》ち天石窟《あまのいはや》に入《い》りまして、磐戸《いはと》を閉《さ》して幽《こも》り居《ま》しぬ。故《かれ》、六合《くに》の内常闇《うちとこやみ》にして、昼夜《ひるよる》の相代《あひかはるわき》も知《し》らず。……亦《また》手力雄神《たぢからをのかみ》を以《も》て、磐戸《いはと》の側《とわき》に立《かくした》てて、……天鈿女命《あまのうずめのみこと》、則《すなは》ち手《て》に茅纏《ちまき》の矟《ほこ》を持《も》ち、天石窟戸《あまのいはやと》の前《まへ》に立《た》たして、巧《たくみ》に作俳優《わざをき》す。（天照大神《あまてらすおおみかみ》は、……そこで天石窟《あまのいはや》に入《い》りなさって、磐戸《いわと》を戸鎖《とざ》して幽《こも》りなさった。そこで天地四方の中は、永遠の闇となって、昼と夜の交代も分からなかった。……また手力雄神《たぢからおのかみ》を磐戸の側に隠して立たせて、天鈿女命は、手《て》に茅纏《ちまき》の矟《ほこ》を持《も》って、天石窟戸《あまのいわやと》の前にお立《た》ちになって、巧《たくみ》に演技を行った。）

即ち、本来、「天石窟《あまのいはや》」は天上にある磐で出来た洞窟で、その入り口の戸が「磐戸《いはと》」であろう。しかし、「天石窟戸《あまのいはやと》」は、実際には「磐戸《いはと》」と同義で使われている。従って、上述の「磐戸《いはと》」と「磐門《いはと》」が同義である点からすれば、「天石窟戸《あまのいはやと》」＝「天磐戸《あまのいはと》」＝「天磐門《あまのいはと》」となり得るのである。

それ故、『万葉集』の柿本朝臣人麿の歌（巻二・一六七）の「天《あま》の原《はら》　石門《いはと》を開《ひら》き　神《かむ》あがり　あがり座《いま》しぬ」（天の原にある天上界の入り口である石門（石で出来た門）を開いて、神として昇天なさった）も同様で、「石門」は「石戸」や「石屋戸」に置換できるのである。

以上の考察から、天の石屋戸は、太陽神が隠れるだけの空間ではなく、天上世界と葦原中国を結ぶ通路でもあったと見なせる。実際、天照大神の再出現により、「高天《たかま》の原《はら》も葦原中国《あしはらのなかつくに》も、自《おのづか》ら照《て》り明《あか》りき」となるのであって、天の石屋戸は天《あめ》の八衢《やちまた》と同様に、高天原と葦原中国の両方に通じている空間と言える。

それ故、天の石屋戸は、天の八衢と同じもので、呼称のみが異なるとも推測されるし、天の八衢とは異なるが、同等な存在で、位置も近いとも推量される。

先に、中国で、天界への出入口を昴星や畢星の近くに想定していたように、可能性としては、①昴星、②天街、③天関等が挙げられるが、いずれも、西洋の星座では、オリオン座の隣の牡牛座に位置する。

蓋然性は、それぞれにあるが、やはり一番可能性が高いのは①の昴星ではないかと考える。昴星は、天の八衢の章（第十一章）でも述べた通り、古代人に非常に注目された星団であり、②の天街や③の天関と比べ、肉眼ではっきりと認識できる特徴を持つ。昴星は、星の集まりとしては六から十一位の星を数え得るが、その星の回りを青白いガスが取り巻いていて、全体がぼおっとした固まりに見える。それ故、星の一つ一つに注目した場合は天の八衢に、固まり全体を一つの大きな纏まりと見なした時には天の石屋戸になるのではなかろうか。それを図示すると、図32中のBのようになる。さらに天の石屋戸神話で天照大御神を石屋戸から導き出す重要な手段となるものが八尺鏡である。もし、天宇受売命がオリオン座で、天の石屋戸が昴星であれば、八尺鏡《やたのかがみ》は、その中間に存在することになろう。ここで想起されるのが、天孫降臨神話である。降臨に際して天の八衢に居た猨田毘古神《さるたびこのかみ》は、『日本書紀』一書第一の記述で、「眼《め》は八咫鏡《やたのかがみ》の如《ごと》くして、絶然《てりかかやけること》赤酸漿《あかかがち》に似《の》れり」と描写されていた。その猨田毘古神は、先に述べたように畢星《ひっせい》（牡牛座の顔）として形象されていた。天の石戸神話には、猨田毘古神は登場しない。しかしながら、天孫降臨の猨田毘古神の位置には、畢星はそのまま存在している。そして、猨田毘古神の赤い眼であったのは畢星（ヒアデス星団）の主星アルデバラン（赤星）で、書紀の記述では、「眼《め》は八咫鏡《やたのかがみ》の如《ごと》くして」と描写されていた。つまり、アルデバランは八咫鏡《やたのかがみ》となりうる訳であって、その位置からしても、八咫鏡と比定して良いのでなかろうか。図示すれば、図32中のCのようになる。では、何故、天孫降臨神話では、畢星全体が猨田毘古神に、天の石屋戸神話では、畢星の主星アルデバランのみが八咫鏡とされているのかと言えば、当時、複数の伝承が存在していたからに他ならないであろう。もし、氏族の伝承と結び付けるならば、畢星全体を猨田毘古神とするのは猨女君《さるめのきみ》氏の伝承であり、一方、畢星の主星アルデバランのみを八咫鏡とするのは、八咫鏡を作った記述のある伊斯許理度売《いしこりどめ》を祖神とする作鏡連《かがみつくりのむらじ》等の氏族や、天照大御神に八尺鏡を差し出した天児屋命を祖神とする中臣《なかとみ》氏や布刀玉命を祖神とする忌部首《いんべのおびと》等の氏族の伝承ではなかろうか。氏族の勢力争いの中で、猨田毘古神が採用されたり、八咫鏡が採られたりしたのではなかろうか。

一方、『日本書紀』第七段正文では、天宇受売命（天鈿女命）は、次の如く描かれている。

是《こ》の時《とき》に、天照大神《あまてらすおほみかみ》、驚《おど》きたまひて、梭《かび》を以《も》て身《み》を傷《いた》ましむ。此《これ》に由《よ》りて、発慍《いか》りまして、乃《すなは》ち天石窟《あまのいはや》に入《い》りまして、磐戸《いはと》を閉《さ》して幽《こも》り居《ま》しぬ。故《かれ》、六合《くに》の内常闇《うちとこやみ》にして、昼夜《ひるよる》の相代《あひかはるわき》も知《し》らず。時《とき》に、八十万神《やそよろづのかみたち》、天安河辺《あまのやすのかはら》に会《つど》ひて、其《そ》の祈《いの》るべき方《さま》を計《はか》ふ。故《かれ》、思兼神《おもひかねのかみ》、深《ふか》く謀《はか》り遠《とほ》く慮《たばか》りて、遂《つひ》に常世《とこよ》の長鳴鳥《ながなきどり》を聚《あつ》めて、互《たがひ》に長鳴《ながなき》せしむ。亦手力雄神《またたぢからをのかみ》を以《も》て、磐戸《いはと》の側《とわき》に立《た》てて、中臣連《なかとみのむらじ》の遠祖天児屋命《とほつおやあまのこやねのみこと》、忌部《いみべ》の遠祖太玉命《とほつおやふとたまのみこと》、天香山《あまのかぐやま》の五百箇《いほつ》の真坂樹《まさかき》を掘《ねこじにこ》じて、上枝《かみつえ》には八坂瓊《やさかに》の五百箇《いほつ》の御統《みすまる》を懸《とりか》け、中枝《なかつえ》には八尺鏡《やたのかがみ》を懸《とりか》け、下枝《しづえ》には青和幣《あをにきて》、白和幣《しろにきて》を懸《とりし》でて、相与《あひとも》に致其祈禱《のみいのりまう》す。又猨女君《またさるめのきみ》の遠祖天鈿女命《とほつおやあまのうずめのみこと》、則《すなは》ち手《て》に茅纏《ちまき》の矛《ほこ》を持《も》ち、天石窟戸《あまのいはやと》の前《まへ》に立《た》たして、巧《たく》みに作俳優《わざをき》す。亦天香山《またあまのかぐやま》の真坂樹《まさかき》を以《も》て鬘《かづら》にし、蘿《ひかげ》を以《も》て手繦《たすき》にして、火処焼《ほところや》き、覆槽《うけふ》置せ、顕神明之憑談《かむがかり》す。是《こ》の時《とき》に、天照大神《あまてらすおほみかみ》、聞《きこ》しめして曰《おもほ》さく、「吾《われ》、比石窟《このごろいはや》に閉《こも》り居《を》り。謂《おも》ふに、当《まさ》に豊葦原中国《とよあしはらのなかつくに》は、必《かなら》ず為長夜《とこやみゆ》くらむ。云何《いかに》ぞ天鈿女命《あまのうずめのみこと》如此《かく》讙楽《ゑら》くや」とおもほして、乃《すなは》ち御手《みて》を以《も》て、細《ほそめ》に磐戸《いはと》を開《あ》けて窺《みそなは》す。時《とき》に手力《たぢから》雄神《をのかみ》、則《すなは》ち天照大神《あまてらすおほみかみ》の手《みて》を奉承《たまは》りて、引《ひ》き奉出《いだしまつ》る。中臣神《なかとみのかみ》・忌部神《いみべのかみ》、則《すなは》ち端出之縄《しりくめなわ》界《ひきわた》す。乃《すなは》ち請《まう》して曰《まう》さく、「復《また》な還幸《かへりい》りましそ」とまうす。（この時に、天照大神《あまてらすおおみかみ》は、お驚きなさって、機織《はたお》りの梭《ひ》で身を傷《きずつ》けなさった。これによって、お怒りになり、天石窟《あまのいわや》にお入りなさって、磐戸《いわと》を鎖《とざ》し御籠《おこも》りなさってしまった。それ故、国中が永遠の闇となって、昼夜の交代の区別も分からなくなった。その時、八十万《やそよろず》の神々は、天安《あめのやす》の河原《かわら》に集まって、天照大神が出て来るように祈るべき方法を相談した。そこで、思兼神《おもいかねのかみ》は深く謀《はか》り遠く慮《おもんぱか》りをして、遂《つい》に常世《とこよ》の長鳴鳥《ながなきどり》を聚《あつ》めて、互《たがい》に長鳴《ながなき》させた。また手力雄神《たぢからおのかみ》を磐戸《いわと》の側に立たせて、中臣連《なかとみのむらじ》の遠い祖先天児屋命《あまのこやねのみこと》、忌部《いみべ》の遠い祖先太玉命《ふとたまのみこと》が、天香山《あまのかぐやま》の五百箇真坂樹《いおつまさかき》を根ごと掘り、上枝《かみつえ》には八坂瓊《やさかに》の五百箇《いおつ》の御統《みすまる》を懸け、中枝《なかつえ》には八尺鏡《やたのかがみ》を懸《とりか》け、下枝《しずえ》には青和幣《あおにきて》、白和幣《しろにきて》を懸けて、皆一緒に祈禱申し上げる。又猨女君の遠い祖先である天鈿女命は、則ち手《て》に茅纏《ちまき》の矛《ほこ》を持って、天石窟戸《あまのいわやと》の前《まへ》にお立ちになって、巧《たく》みに演技をなさった。また、天香山《あまのかぐやま》の榊《さかき》を使って髪飾りとし、日陰《ひかげ》の蘿《かずら》を使って襷《たすき》にして、庭火《にわび》を焚《た》き、桶《おけ》を伏《ふ》せて、神懸《かみが》かりをした。この時《とき》に、天照大神《あまてらすおおみかみ》は、石窟《いわや》の外の声や音をお聞きになって、「私が、このところ、石窟に籠もっていて、きっと豊葦原中国《とよあしはらのなかつくに》は、長い夜が続いているだろうと思うのにどうして、天鈿女命はこのように喜び楽しんでいるのか」と仰《おお》せになり、乃ち御手《みて》で以て、細目に磐戸《いわと》を開《あ》けて外の様子をお窺いになられた。その時《とき》に手力雄神《たぢからおのかみ》は、すぐに天照大神《あまてらすおおみかみ》の御手《みて》をお取りして、引き出し申し上げた。中臣神《なかとみのかみ》・忌部神《いみべのかみ》はただちに注連縄《しめなわ》をして境界とした。そこでお願いして申し上げることには、「二度と石窟の中へお還《かえ》りなさいますな」と申し上げた。）

以上のように、『日本書紀』の記述は、『古事記』の記述とほとんど大差のない描写がなされている。その『日本書紀』正文で、天鈿女命は、次のように描写されていた。

又猨女君《またさるめのきみ》の遠祖《とほつおや》天鈿女命《あまのうずめのみこと》、則《すなは》ち手《て》に茅纏《ちまき》の矟《ほこ》を持《も》ち、天石窟戸《あまのいはやと》の前《まへ》に立《た》たして、巧《たく》みに作俳優《わざをき》す。亦天香山《またあまのかぐやま》の真坂樹《まさかき》を以《も》て鬘《かづら》にし、蘿《ひかげ》を以《も》て手繦《たすき》にして、火処焼《ほところや》き、覆槽《うけふ》置せ、顕神明之憑談《かむがかり》す。

これは、『古事記』で、「天宇受売命《あめのうずめのみこと》、天《あめ》の香山《かぐやま》の天《あめ》の日影《ひかげ》を手次《たすき》に懸《か》けて、天《あめ》の真拆《まさき》を縵《かづら》と為《し》て、天《あめ》の香山《かぐやま》の小竹葉《ささば》を手草《たぐさ》に結《ゆ》ひて、天《あめ》の石屋戸《いはやと》に汙気《うけ》伏《ふ》せて踏《ふ》み登杼呂許志《とどろこし》、神懸《かむがか》り為《し》て、胸乳《むなち》を掛《か》き出《い》で裳緒《もひも》を番登《ほと》に忍《お》し垂《た》れき」とある描写と比較すれば、その共通点と相違点が浮き彫りになる。傍線部が相違点である。「真拆《まさき》」と「真坂樹《まさかき》」は、口承の伝承上の異伝かも知れない。「胸乳《むなち》」以下は、『日本書紀』が省略しただけかも知れないとも思う。ただ、『古事記』の「天《あめ》の香山《かぐやま》の小竹葉《ささば》を手草《たぐさ》に結《ゆ》ひて」と『日本書紀』の「手《て》に茅纏《ちまき》の矟《ほこ》を持《も》ち」は、明らかな異伝で

図 33 『日本書紀』正文における天石窟戸神話。天鈿女命と八咫鏡、天石窟戸の図

ある。「茅纏《ちまき》の矟《ほこ》」は、西洋のオリオンの図で、オリオンが持つ棍棒や楯に相当しているのではないか。オリオン座の海外の見方で武装した男性像が多かった点は上述の通りである。『古事記』で、「小竹葉《ささば》を手草《たぐさ》に結《ゆ》ひて」とあるのは、平和的な呪具に変質したものであろう。

「茅纏《ちまき》の矟《ほこ》」を持つ姿を図示すれば、図33のようになる。

二、天の誓約神話における天宇受売命像

さらに、天の誓約神話では、第七段一書第三に次の如くある。

素戔鳴尊《すさのをのみこと》、……天《あめ》を扇《とよも》し国《くに》を扇《とよも》して、天《あめ》に上《のぼ》り詣《まう》づ。時《とき》に天鈿女《あまのうずめ》見《み》て、日神《ひのかみ》に告言《まう》す。(素戔《すさの》鳴尊《おのみこと》は、……天《あめ》を揺れ動かし、国土を揺れ動かして、天に上り神々の国へやって来た。その時に、天《あまの》鈿女《うずめ》が素戔鳴尊の昇天を見て、日の神天照大神《あまてらすおおみかみ》に報告した。)

ここでは、天上世界に登ってくる素戔鳴尊を最初に見つけるのが、天鈿女となっている。

これも、天鈿女がオリオン座の神格化であれば、図33、図32のA・Bで示した如く、天上世界の出入口である昴(天の石屋戸や天の八衢に相当)の近くに位置しているので、天上界への出入りを監視するのに都合が良い位置に居るので、そうした描写がなされるのであろう。

その点から言えば、天鈿女(天宇受売命)の職掌は、天上世界の出入口の管理をすることにあるとも言える。

ちなみに、『丹後国風土記逸文』の浦島伝説では、天上界の入口に七竪子たる昴七星、八竪子たる畢八星が登場し、亀比売は、觜宿・参宿の組み合わせ（即ちオリオン座）で表わされた。つまり、オリオン座たる亀比売も、昴・畢の隣に位置し、両星宿を従えている点において、天上界の入口を管理していると言える。[1] 同様に、オリオン座で形象される西王母は、天界の出入口である崑崙《こんろん》山に居住するとされ、やはり天界の出入口の管理者の性格を持つ。オリオン座で形象される女神達が天界の出入口の管理者である点が、まさに、天宇受売命の職掌と一致するのである。

三、伊勢での漁撈神話における天宇受売命像

伊勢での漁撈神話の場合はどうか。

『古事記』に次のような一文がある。

是《ここ》に猨田毘古神《さるたびこのかみ》を送《おく》りて、還《かへ》り到《いた》りて、乃《すなは》ち悉《ことごと》に鰭《はた》の広物《ひろもの》、鰭《はた》の狭物《さもの》を追《お》ひ聚《あつ》めて、「汝《な》は天《あま》つ神《かみ》の御子《みこ》に仕《つか》へ奉《まつ》らむや。」と問《と》言ひし時《とき》に、諸《もろもろ》の魚皆《うをみな》「仕《つま》へ奉《まつ》らむ。」と白《まを》す中《なか》に、海鼠《こ》白《まを》さざりき。爾《ここ》に天宇受売命《あめのうずめのみこと》、海鼠《こ》に云《い》ひしく、「此《こ》の口《くち》や答《こた》へぬ口《くち》」といひて、紐小刀《ひもかたな》以《も》ちて其《そ》の口《くち》を拆《さ》きき。故《かれ》、今《いま》に海鼠《こ》の口拆《くちさ》けるなり。是《これ》を以《も》ちて御世《みよみよ》、島《しま》の速贄《はやにへ》献《たてまつ》る時《とき》に、猨女《さるめの》君等《きみども》に給《たま》ふなり。（こうして猨田毘古神《さるたびこのかみ》を伊勢に送って、（素直に読めば日向に帰ったことになろうが、後の貢ぎ物との関係で言えば、志摩《しま》の国へ帰ったという見方も出来なくはない）に還り着いて、

すぐにあらゆる鰭《ひれ》の大きな魚、鰭《ひれ》の小さな魚を追い集め、「お前達は天つ神の御子である番能邇邇藝《ほのににぎの》命《みこと》にお仕えするか。」と尋ねた時に、諸《もろもろ》の魚がどれも「お仕え致しましょう。」と申した中で、海鼠《なまこ》のみは、答えなかった。そこで、天宇受売は、海鼠に言うことには、「此の口《くち》はまあ、返事がない口だこと」と言って、紐小刀《ひもかたな》で、其の口を割《き》いた。そこで、今でも海鼠の口《くち》は割《さ》けているのである。こうした訳で、天皇の御世《みよみよ》、志摩《しま》の国から速贄《はやにへ》〔新鮮な海産物〕を貢《みつ》ぎ物《もの》とした時には、猨女君等《さるめのきみども》に一部を下賜なさるのである。）

天宇受売命が、鰭の広物、鰭の狭物を集めて、邇邇芸命に仕えるかどうか問うのは、多田元氏が指摘されたように、大嘗祭での速贄と関連させることが分かりやすい[2]。海鼠の旬《しゅん》は大嘗祭の時期とも重なる。ただ、この神話で海鼠の口を拆く点を天宇受売命と具体的に関連付ければ、天宇受売命（オリオン座）が星座として冬の夜に海中から出現する様と係わろう。先に天の石屋戸神話で見たように、天宇受売命が矟《ほこ》や小竹葉《ささば》を手に持っていると見なされたのは、オリオン座の具体的姿が手に矟《ほこ》や小竹葉《ささば》を持つ姿で天空に見出されたからであった。この場合は、矟《ほこ》や小竹葉《ささば》の代わりに、紐付きの小刀（まさに西洋のオリオンの持つ、毛皮の付いた楯から毛皮が長く垂れた様子が彷彿とされる）を手に持つと見なしたために、その刀で海鼠《なまこ》の口を裂く話が生まれたのでないか。つまり、天宇受売命（オリオン座）が海面上に出現する時期が海鼠漁《なまこりょう》に相応しい時期で大嘗祭の時期と重なったことに由来する話と言えよう。

つい最近まで、日本の各地に星の出現の時期で、海産物の漁の時期を判定する民俗が沢山残っていた。野尻抱影氏、内田武志氏、桑原昭二氏、北尾浩一氏等の努力で、山村漁村に残る星の方言が多数収集されたが、その中に、星と漁労の密接な関係を示す例が豊富に見出されている。

漁撈の指標としての星として、オリオン座が役星《やくぼし》とされたものは次の如き例がある。

○カラスキ（三星と小三星の組み合わせ）……アジ・サバ（宮本常一『若狭日向の星』・内田武志『星の方言と民俗』）

○三つ星……イカ（野尻抱影『日本星名辞典』）……青森・岩手・福井）

○サカヤノマス（三星・小三星・η星で作る酒升の形）……スズキ・タイ（北尾浩一『ふるさと星物語』）

また、海鼠《なまこ》については、オリオン座ではないが、すぐ近くの昴に次の如き例が見られる。

○旅と伝説、十の十二……「十月の中ン十日は、すばるが夜入りする（夜明けに西に入る）が、このころが、ナマコのシュン」

このように、オリオン座や牡牛座（主にすばる）が漁撈の指標であれば、これらの星が、上代にあっても、漁撈の指標となり、生産性が低く、海の幸が得られなければ命に係わる状況において、豊漁をもたらしてくれる恩恵故に、神として信仰の対象となることが、十分にあり得ただろう。

それ故、畢星を中心とした星々は猨田毘古神として、觜宿・参宿（オリオン座）の星々は、天宇受売命として、伊勢や志摩を中心とした地域の漁民の信仰する神となったのでないか。[3]　猨田毘古神も天宇受売命も伊勢や志摩の東の海から毎晩現われることにより、溺れる話やナマコの口を割く話が生まれた可能性があろう。

西郷信綱氏に拠れば、「伊勢の海部をとりしまるのが、宇治土君の役で」、「猿女君が宇治土君の岐れであるのは確実」だという。[4]

そうであれば、伊勢や志摩の漁民の生産物の統括を通して、漁民の信仰していた猨田毘古神や天宇受売命が猨女君の祖先神となり、二柱の神の名を取って、氏族の名としたのでないか。

さらにオリオン座たる天宇受売命は、その天の出入口（天の八衢・天の石屋戸）に近いという天空における位置と、冬至（大嘗祭）の時期に出現するという特徴から、天の出入口の管理者として、特に太陽神（天照大御神・番能邇邇藝命）の天空からの出現を促す神として、宮廷神話に取り入れられ、重きを為すに至ったのであろう。以上の三つの段階は工藤隆氏の「神話の現場の八段階説」に拠れば、第一から四のムラの段階、第五のクニの段階、第七の国家段階との対応を読み取ることも出来よう。[5]

結び——天宇受売命はオリオン座の神格化

以上考察した如く、天宇受売命は、オリオン座（觜宿と参宿）の神格化された神で、冬空の天の河の横に、星座として形象されていたことが判明した。オリオン座と見なすことで、猨田毘古神（畢星・牡牛座）と対峙することの意味、天の安の河原にある天石屋戸の前で神懸りする意味が了解される。また、猨田毘古神が番能邇邇藝命の先導をし、天宇受売命が猨田毘古神を送るのは、牡牛座（畢星＝猨田毘古神）やオリオン座（参宿・觜宿＝天宇受売命）が、伊勢や志摩から見て西方にある筑紫へ向かって並んで天空を移動して行き、さらに一回りして一緒に東の伊勢や志摩に還ることで、説明ができる。

　さらには、中でも、「裳《も》緒《ひも》を番登《ほと》に忍《お》し垂《た》れき」（古事記、天の石屋戸段）や「裳《も》帯《ひも》を臍《ほぞ》の下《しも》に抑《おした》れて」（日本書紀、一書第一、天孫降臨段）と共通した表現があるのは、天宇受売命が一定の固定的姿態を持っていたことを窺わせ、かつ、よく言われるような陰部の露出ではなく、文字通り、裳の緒《ひも》（帯）を陰部まで垂らして陰部を隠す行為であることが、オリオン座の実際の姿から窺えるのである。

　このように従来不審であった点が解明され、且つ、登場する四場面すべてが矛盾なく合理的に説明できるので、天宇受売命がオリオン座の神格化であった蓋然性は高いと考えたい。

【注】

（1）拙稿「浦島伝説の淵源」（『国語と国文学』七三巻十号、平成八年十月）。

（2）「猨女君と嶋之速贄――天宇受売命伝承の本縁」（『古事記年報』三十一号、平成元年一月）。

（3）なお、天宇受売命と漁撈の関係については、松村武雄氏が夙に指摘されたところである。（「天鈿女命海魚召集の伝承の母体としての漁獲儀礼」（『日本神話の研究』第三巻、培風館、昭和三〇年）。

（4）『古事記研究』（未來社、一九七三年）。

（5）『ヤマト少数民族文化論』（大修館書店、一九九九年）。

第十六章　天上画廊としての日本神話

――重要な舞台と神々が天空の星座で表される

ここでは、本書のまとめとして、日本神話における星の重要性を示し、神話の重要な場面は天上の画廊として鑑賞できる点をお話したい。そこで、先ず、今まで述べた以外に、星の神話として、解釈する余地のあるものについて若干の例示をしたい。

一、記紀冒頭部分の解釈

日本神話の冒頭を『古事記』は、次の如く描く。

天地《あめつち》初《はじ》めて発《ひら》けし時《とき》、高天《たかま》の原《はら》に成《な》れる神《かみ》の名《な》は、天御中主神《あめのみなかぬしのかみ》。次《つぎ》に高御《たかみ》産《む》巣《す》日神《ひのかみ》。次《つぎ》に神《かむ》産《む》巣《す》日神《ひのかみ》。此《こ》の三柱《みはしら》の神《かみ》は、並独神《みなひとりがみ》と成《な》り坐《ま》して、身《み》を隠《かく》したまひき。(天地《あめつち》が初《はじ》めて二つに分かれた時、高天《たかま》の原《はら》に成った神《かみ》の名《な》は、天御中主神《あめのみなかぬしのかみ》。次《つぎ》に高御《たかみ》産《む》巣《す》日神《ひのかみ》。次《つぎ》に神産《かむむ》巣《す》日神《ひのかみ》。此《こ》の三《み》柱《はしら》の神《かみ》は、皆独《みなひと》り神《がみ》と成《な》りなさって、現《うつ》し身《み》を隠《かく》しなさった。）

天地が開けた時、高天の原に最初に生成した神が天御中主神《あめのみなかぬしのかみ》である。この神の名義は、「高天の原の神聖な中央に位置する主君」（西宮一民氏「神名の釈義」）とされ、「北極星の神格化である太《たい》一《いつ》・天皇大帝《てんこうだいてい》に拠った」（寺田恵子氏「天御中主神の神名をめぐって」）と言われている[1]。

高天の原に、最初に北極星が生まれたというのは、重要な問題である。北極星は、天の中心にあり、天の回転の中心として世界を支配している故に、神格化されたのであろう。その天御中主神を中心に世界が形成されて行く。高御産巣日神《たかみむすひのかみ》と神産巣日神《かむむすひのかみ》は、その世界生成の原動力となる神。宇《う》摩志阿斯訶備比古遅神《ましあしかびひこじのかみ》は、生命力の象徴の神。天之常立神《あめのとこたちのかみ》・国之常立神《くにのとこたちのかみ》は、世界を支える神として理解できる。また、豊雲野神《とよくもののかみ》の解釈は難しいが、「雲が慈雨をもたらす豊かな原野（の神）」（西宮一民氏説）と一応理解しておきたい。これらは、世界を支え、生成を司る神々と言える。

一方、宇比地邇神《うひぢにのかみ》以下伊邪那美命《いざなみのみこと》までの神々は、諸説あるが、砂や粘土が撒かれ、杭が打たれ、戸が作られ、（家の）形が整っていくように、天と地が形を整えていって、天父神《てんぷしん》伊邪那岐命《いざなきのみこと》・地《ち》母神《ぼしん》伊邪那美命《いざなみのみこと》として成長する過程を神名で物語ったと解釈したい。

伊邪那岐命・伊邪那美命は天《あめ》の浮橋《うきはし》から、天《あめ》の沼矛《ぬぼこ》を指し下ろして、海水を掻き回し、淤能碁呂《おのごろ》島《しま》を生み出す。一方、この天の沼矛は、天父神の巨大な男性のシンボルで、海水を掻き回す行為は、性行為を意味するという解釈が昔からあった。その結果、子供として淤能碁呂島が生まれるという理解である。神話のイメージは常に重層的なので、イメージをダブらせれば理解可能であろう。そして、その淤能碁呂島に降り立って、天《あめ》の御柱《みはしら》を建てるが、これが第五章で述べたように、やはり北極星の象徴であった。この天の御柱の回りを天父神伊邪那岐命と地母神伊邪那美命が廻って結婚するという壮大な神話が国生《くにう》み神話であった。しかし同時に、この天の御柱自体を天地を繋ぐ陽物と見なして、天地の結合を表しているという解釈も可能なのである。その巨大な天地の結婚の結果、神話的な聖なる世界として、神話的世界の中心に、大八島国《おおやしまぐに》（日本）が誕生したという理解も成り立ちうる。

以上、天地開闢《てんちかいびゃく》から国生《くにう》み神話までは、天地の結合のイメージと、天を支え、大地と繋げる世界の中心の柱としての北極星のイメージが何重にも重なっており、その意味で、日本神話の冒頭部分は、まさに天上の星の世界そのものの描写がなされていると言えよう。

なお、太田善麿氏は、天御中主神以下の諸神を北極星の周囲の星々として同定されている。興味深い論だが、筆者は、まだそこまで踏み切れないでいる。(2)

二、日本神話の神々と星座の同定表

日本神話において、冒頭部分、国生み神話、伊邪那岐命の禊ぎ、天の石屋戸及び天孫降臨神話には、星辰神話が見られることを述べて来た。そこで、これらを表として纏めて、中国やギリシアの神話とも比較してみたいと思う。

天体別・神名同定表

番号	天体名（太陽・月・星・星座等）	該当神名または器物名等	中国	ギリシア ローマ	備考（確実度＝最高☆五つ）
1	太陽	天照大御神《あまてらすおおみかみ》〔大日孁貴《おおひるめのむち》〕（日神）〔女神〕	日 三足烏	アポロン アポロ 〔男神〕	第八章 ☆☆☆☆☆
2	月	月読命《つくよみのみこと》〔月夜見尊《つくよみのみこと》・月《つく》弓尊《ゆみのみこと》〕〔男神〕	月 嫦娥《じょうが》 〔女神〕	アルテミス ダイアナ 〔女神〕	第九章 ☆☆☆☆☆
3	金星（明けの明星）	天津甕星《あまつみかほし》 天香香背男《あまのかかせお》 〔男神〕	太白	アフロディテ ヴィーナス 〔女神〕	第四章 ☆☆☆☆☆

4	北極星《ほっきょくせい》（小熊座の尾）	天御中主神《あめのみなかぬしのかみ》	北極 北辰	小熊座の尾 ポラリス	第十六章 ☆☆☆☆ 天の中央の星
4		天《あめ》の御柱《みはしら》〔天柱《あめのみはしら》〕	北極 北辰	小熊座の尾 ポラリス	第五章 ☆☆☆☆ 世界を支える柱
4		衝立船戸神《つきたつふなとのかみ》（伊邪那岐命の杖）	北極 北辰	小熊座の尾 ポラリス	第六章 ☆☆ 動かぬ星
5	オリオン座の三《み》つ星《ぼし》	住吉《すみよし》三神（底筒之男命《そこつつのおのみこと》・中筒之男命《なかつつのおのみこと》・上筒之男命《うわつつのおのみこと》）〔男神〕	参《しん》	オリオンのベルト	第七章 ☆☆☆☆ 航海神 航海の当て星
5		天宇受売命《あめのうずめのみこと》の裳の帯	参《しん》	オリオンのベルト	第十四・十五章 ☆☆☆☆☆
6	オリオン座の小《こ》三《み》つ星《ぼし》	天宇受売命《あめのうずめのみこと》の裳の帯を臍の下に垂らした部分	伐《ばつ》	オリオンの短剣	第十四・十五章 ☆☆☆☆☆

7	8	
オリオン座の全体像	ヒアデス星団 畢星《ひっせい》八星 畢星《あめふり》 牡牛座《おうしざ》の顔の部分	
天宇受売命《あめのうずめのみこと》〔天鈿女命《あまのうずめのみこと》〕〔女神〕	猨田毘古神《さるたびこのかみ》（の頭）〔猨田彦大神《さるたひこのおおかみ》〕〔男神〕	道俣神《ちまたのかみ》（伊邪那岐命の褌《はかま》から成った神で、褌のようにY字型を表わす）
参宿《しんしゅく》と觜宿《ししゅく》 海亀 白虎 西王母〔女神〕	畢星《ひっせい》	畢星《ひっせい》
オリオン〔男神〕	ヒュアデス姉妹〔女神〕 また 牡牛の頭部	ヒュアデス姉妹〔女神〕 また 牡牛の頭部
第十四・十五章 ☆☆☆☆ 丹後国風土記逸文浦島伝説の「亀比売《かめひめ》」〔女神〕	第十二・十三章 ☆☆☆☆☆ 丹後国風土記逸文浦島伝説の「八竪子《わらわ》（八人の子供）」	第六章 ☆☆☆ インドネシア（天上のY字型の道の分岐）

9	アルデバラン（牡牛座《おうしざ》の眼《め》）（赤星《あかほし》）（ヒアデス星団の主星）（畢星《ひっせい》の主星）	猨田毘古神《さるたびこのかみ》の八咫鏡《やたのかがみ》のように大きく赤い酸漿《ほおずき》のような眼	畢星《ひっせい》の主星	牡牛の眼	第十二・十三章 ☆☆☆☆☆
		天《あめ》の石屋戸《いわやと》の前《まえ》の八咫《やたの》鏡《かがみ》	畢星《ひっせい》の主星	牡牛の眼	第十五章 ☆☆☆☆
10	プレアデス すばる 昴星《ぼうせい》 牡牛座《おうしざ》の胴体の一部	天《あめ》の八衢《やちまた》〔天八達之衢《あまのやちまた》〕	昴星《ぼうせい》	プレアデス姉妹〔女神〕	第十一章 ☆☆☆☆☆ 丹後国風土記逸文浦島伝説の「七豎子《わらわ》（七人の子供）」

		天《あめ》の石屋戸《いわやと》〔天石窟戸《あまのいわやと》〕	昴星《ぼうせい》	プレアデス姉妹〔女神〕	第十一・十五章 ☆☆☆ 丹後国風土記逸文浦島伝説の「七豎子《わらわ》（七人の子供）」
11	天《あま》の河《がわ》	天安河《あめのやすのかわ》	天漢《てんかん》 銀河《ぎんが》	ヘラの乳房から溢れた乳の道	第十五章 ☆☆☆☆☆
		道《みち》之《の》長《なが》乳《ち》歯神《はのかみ》（黄泉国からの長い道のりを表わす神）（伊邪那岐命の帯からなった神）	天漢《てんかん》 銀河《ぎんが》 雲漢《うんかん》	ヘラの乳房から溢れた乳の道	第六章 ☆☆☆ 北欧神話 死者の道 おもろさうし 「神《かみ》が愛《まな》きゝ帯《おび》」

12	北斗七星《ほくとしちせい》 大熊座《おおぐまざ》の大部分	時量師神《ときはかしのかみ》（伊邪那岐命《いざなきのみこと》の裳《も》〔嚢《ふくろ》〕から成った神）	北斗《ほくと》・斗建《とけん》（季節や月を示す天の大時計の針の意）	おおぐま	第六章 ☆☆☆ 時刻測定に使われる星座
13	双子座《ふたござ》	奥疎神《おきざかるのかみ》 奥津那芸佐毘古神《おきつなぎさびこのかみ》 奥津甲斐辨羅神《おきつかいべらのかみ》 辺疎神《へざかるのかみ》 辺津那芸佐毘古神《へつなぎさびこのかみ》 辺津甲斐辨羅神《へつかいべらのかみ》 （右の六神は伊邪那岐命《いざなきのみこと》の左右の手纏《たまき》〔腕輪〕から成った神） 〔男神〕	井宿《せいしゅく》（天界・地上界・冥界を繋ぐ深い井戸……星が編み目のように正しく並んでいるところから「井」の字が付けられた）	カストル（α—ε—μかη） ポルックス（β—ξ—γ） 〔男神〕	第六章 ☆ 二対の星の並び方が可能性を示唆する

【注】なお、伊邪那岐命《いざなきのみこと》は天父神《てんぷしん》として、天空全体を表わす神であり、伊邪那美命《いざなみのみこと》は地母神《ちぼしん》であり、大地を象徴する神である。現代的見方をすれば、伊邪那岐命は宇宙、伊邪那美命は地球を意味する神とも言えるが、やや特殊なので、表からは外してある。

神名別・天体同定表（五十音順）

番号	神名・器物	天体名	備考
1	天津甕星《あまつみかほし》（男神）	金星（明けの明星）	第四章
2	天照大御神《あまてらすおおみかみ》（女神）	太陽	第八章
3	天照大日孁尊《あまてらすおおひるめのみこと》（女神）	太陽	第八章（2の別名）
4	天香香背男《あまのかかせお》（男神）	金星（明けの明星）	第四章（1の別名）
5	天《あめ》の石屋戸《いわやと》	昴星《すばる》	第十一・十五章
6	天宇受売命《あめのうずめのみこと》（女神）	オリオン座	第十四・十五章
7	天宇受売命《あめのうずめのみこと》の帯《おび》	オリオン座三つ星	第十四・十五章

8	天宇受売命《あめのうずめのみこと》の垂《た》れた帯《おび》	オリオン座小三つ星	第十四・十五章
9	天御中主神《あめのみなかぬしのかみ》	北極星	第十六章　天の中央の神
10	天《あめ》の御柱《みはしら》（天柱《あめのみはしら》）	北極星	第五章　天を支える柱
11	天安河《あめのやすのかわ》	天の河	第十五章
12	天《あめ》の八衢《やちまた》（天八達之衢《あまのやちまた》）	昴星《すばる》	第十一章（天街・天関等の可能性も有り）
13	大《おほ》日孁貴《ひるめのむち》（女神）	太陽	第八章（2の別名）
14	上筒《うわつつ》之《の》男命《おのみこと》（住吉三神）（男神）	オリオン座δ（三つ星）	第七章
15	奥疎神《おきざかるのかみ》	ポルックス（双子座β）かε	第六章　伊邪那岐命《いざなきのみこと》の左の腕輪
16	奥津那芸佐毘古神《おきつなぎさびこのかみ》（男神）	双子座ξかδ	第六章　伊邪那岐命《いざなきのみこと》の左の腕輪
17	奥津甲斐辨羅神《おきつかいべらのかみ》	双子座γかλ	第六章　伊邪那岐命《いざなきのみこと》の左の腕輪

18	猨《さる》田《た》毘《び》古神《このかみ》の顔《かお》（男神）	ヒアデス星団 牡牛座の顔の部分（畢星《ひっせい》）	第十二・十三章
19	猨《さる》田《た》毘《び》古神《このかみ》の眼《め》（男神）	アルデバラン　牡牛座の眼 ヒアデスの主星（赤星）	第十二・十三章
20	底筒《そこつつ》之《の》男《おの》命《みこと》（住吉三神）（男神）	オリオン座ε（三つ星）	第七章
21	道俣神《ちまたのかみ》	ヒアデス星団（畢星）	第六章　褌《はかま》から成った神
22	衝立船戸神《つきたつふなとのかみ》	北極星	第六章　杖から成った神
23	月読命《つくよみのみこと》（月読尊《つくよみのみこと》）（男神）	月	第九章　月の暦的機能の神格化
24	月夜《つくよ》見《み》尊《みこと》（男神）	月	第九章　月の死神的側面の神格化
25	月弓尊《つくゆみのみこと》（男神）	月	第九章　月と弓の関係の神格化
26	時量師神《ときはかしのかみ》	北斗七星	第六章　裳《も》（嚢《ふくろ》）から成った神

27	中筒之男命《なかつつのおのみこと》（住吉三神）（男神）	オリオン座 ξ（三つ星）	第七章
28	辺疎神《へざかるのかみ》	カストール（双子座 α か μ）	第六章　伊邪那岐命《いざなきのみこと》の右の腕輪
29	辺津那芸佐毘古神《へつなぎさびこのかみ》（男神）	双子座 ε か α	第六章　伊邪那岐命《いざなきのみこと》の右の腕輪
30	辺津甲斐辨羅神《へつかいべらのかみ》（男神）	双子座 η か μ か ξ	第六章　伊邪那岐命《いざなきのみこと》の右の腕輪
31	道之長乳歯神《みちのながちはのかみ》	天の河	第六章　帯から成った神
32	八咫鏡《やたのかがみ》（天の石屋戸の前に置かれた鏡）	アルデバラン　牡牛座の眼　ヒアデスの主星（赤星）	第十五章

この表を見て気づくことは、日本神話でもギリシア神話の如く、かなりの数の星座がかつては存在していたことである。

また、神の性別を見ると、興味深いことに日本とギリシアでは、ほとんどの神々が男女が入れ代わっていることである。太陽神と月神の男女が交替していることは良く知られているが、今回、表を作ったところ、星座になっている神々も綺麗に男女が入れ替わっていることが判明した。日本と西洋のものの見方の違いであろうが、極めて好奇心をそそられる事実である。

いずれにしても、天上世界でよく目立つ星や星座は、日本でも、やはり神々や器物を表わす星座になっていたことが、判明した。

これを天球上に描いてみると、図34・35のようになる。

この図を見れば、古代日本人が、如何に想像力を逞しくして、天球上に様々の星座を描いて来たかが分かるというものである。即ち日本神話の中に、太陽・月を初めとして、金星・北極星・オリオン座の三星・昴星と畢星（所謂牡牛座《おうしざ》）・觜宿《ししゅく》と参宿《しんしゅく》（所謂オリオン座）・北斗七星・双子座・天の川等が神格化され、あるいは、神々の舞台として描かれていることが一望できる。中でも、伊邪那岐命が黄泉国から還り、禊祓えをするまでに多くの星座が生まれて、天空を彩り、また、天孫降臨神話では、冬至の夜の天空に、天《あめ》の八衢《やちまた》（昴《すばる》）に居る猨田毘古神《さるたびこのかみ》（畢星）が天宇受売命（オリオン座）と向き合った姿をみせ、また天の石屋戸神話では、同じく冬至の夜、天の石屋戸（昴）の前に天宇受売命（オリオン座）が立ち、八咫鏡（アルデバラン）が置かれ、その左側の天空には天の安の河（天の川）の白い流れが長く大きく横たわっていた。このように天孫降臨神話や天の石屋戸神話と言った中心的神話を星辰神話として持つ日本神話は、重要な舞台と神々が天空の星々で表わされるのであり、それはちょうど、天上世界の画廊の如く天空を覆って、古代人の夜の世界を美しく照らしていたのである。

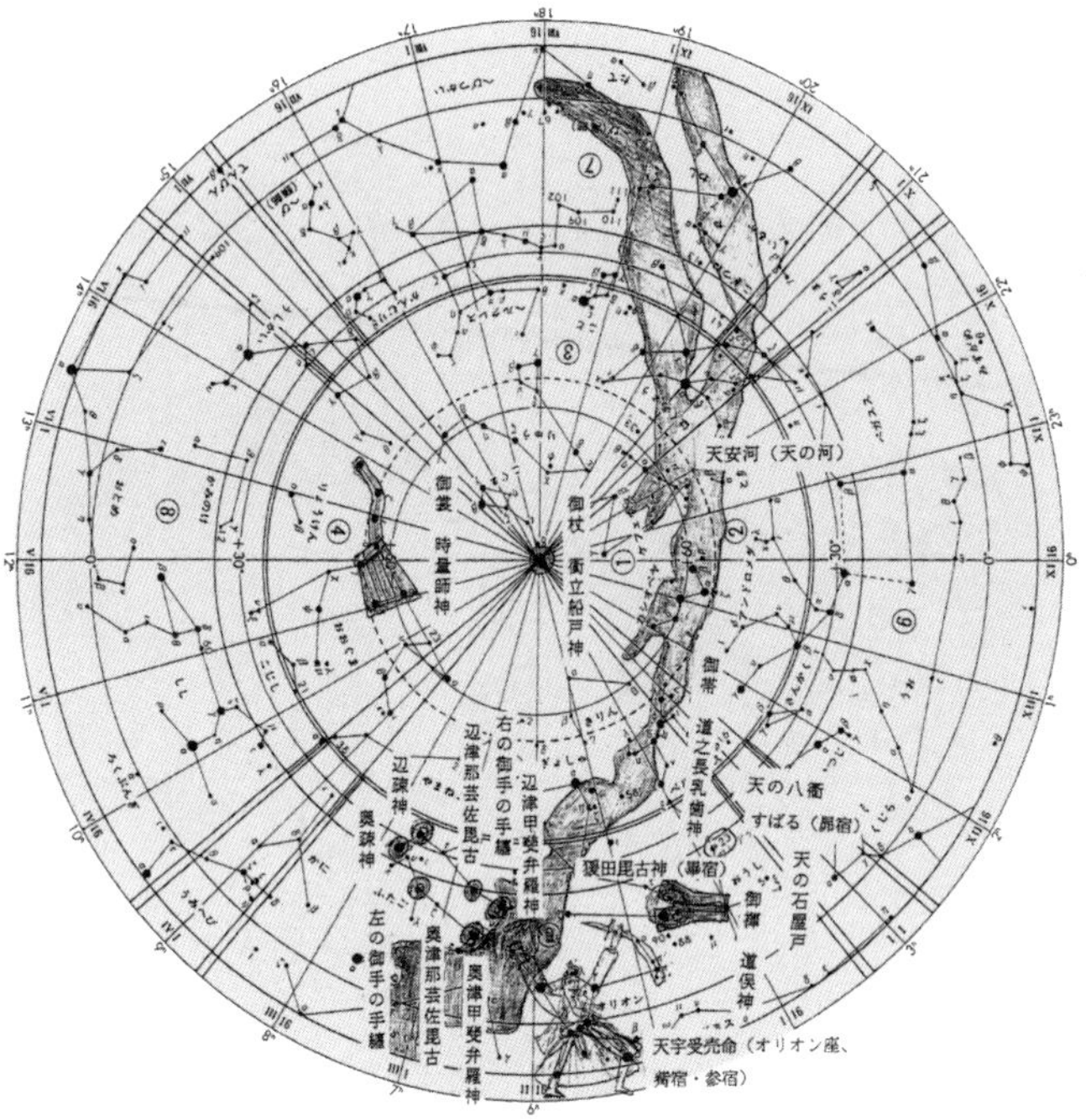
天安河（天の河）
御裳
時量師神
御杖
衝立船戸神
御帯
道之長乳歯神
天の八衢
すばる（昴宿）
天の石屋戸
猨田毘古神（畢宿）
御褌
道俣神
天宇受売命（オリオン座、觜宿・参宿）
辺津甲斐弁羅神
右の御手の手纏
辺津那芸佐毘古
辺疎神
奥疎神
左の御手の手纏
奥津那芸佐毘古
奥津甲斐弁羅神

図 34　全体図

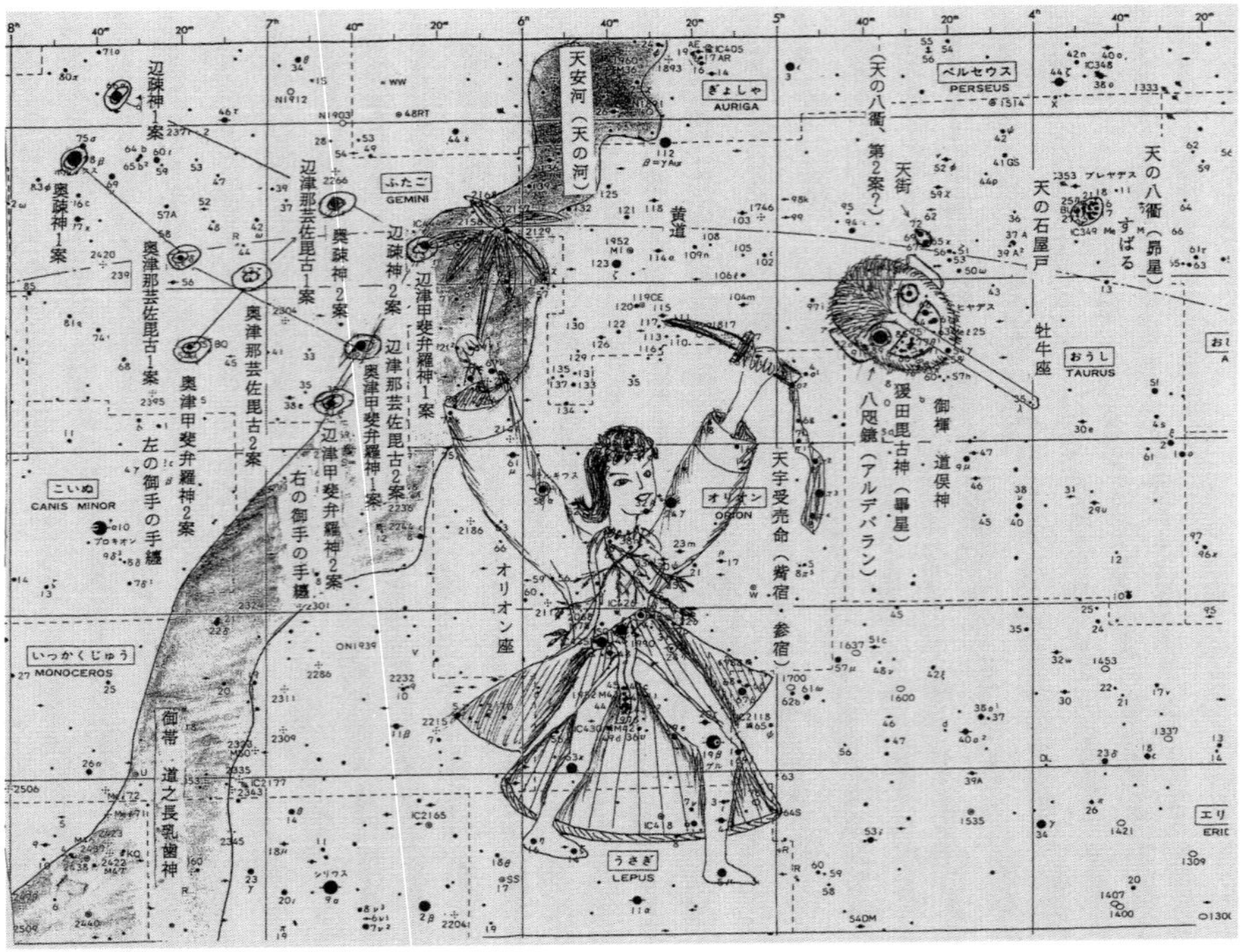

図35　天上画廊としての日本神話　天宇受売命を中心とした部分（不確定な部分は第２案も挙げた）

【注】
（1）西宮一民『新潮古典集成　古事記』（昭和五十四年六月）、寺田恵子氏の論（『古事記年報』二五号、昭和五八年一月）。
（2）太田善麿「総論」（『講座日本の神話3　高天原神話』所収、有精堂）。

おわりに――発想から実証・復元への道のり

箱根登山バスに揺られて家路を目指しながら、修士論文の原稿を抱えて、天《あめ》の八衢《やちまた》をどう解釈すれば良いか悩みつつうとうとしていた。故郷の宮城野が大分近づいたと思われる頃、突然啓示の如く、「天《あめ》の八衢《やちまた》とは昴星《すばる》のことではないか」というアイデアが浮かんだ。「星は天に開《あ》いた穴なのだから、昴星《すばる》なら多数の穴、即ち通路が開《あ》いていることになる」「天上の多数の別れ道としてぴったりではないか」「これだ、これに違いない」と欣喜雀躍した。実は、最初は天の八衢を太陽神番能《ほの》邇邇藝命《ににぎのみこと》の通り道だから、太陽の通り道である黄道で良いだろうと単純に考えていた。その考えを畏友神野富一《かんのとみかず》氏に話すと、「天の八衢なら、通り道が多数あるはずだから、一本の黄道では奇怪《おか》しい」と疑問を投げかけられた。全くその通りであった。しかし、多数の通路が何かということはなかなか難問だった。それで、いろいろと試行錯誤を繰り返し、悩んでいたのであった。それが、一遍に氷解してしまったので、とても嬉しかった訳である。修士課程二年生、二十三歳の冬休みのことであった。年が明けて大学に帰ってから、再び神野氏に新発見のアイデアを話したところ、開口一番、「エポックメイキング」という言葉が飛び出した。それ以後、これに匹敵する褒め言葉をついぞ耳にしない賛辞であった。

天の八衢が定まってしまうと、猿田毘古神《さるたびこのかみ》も続いて畢星《ひっせい》の形に納まった。現在の形になるまで、やはり試行錯誤の連続であった。それでも発見の喜びは大きかった。アルキメデス・ガリレイ・コペルニクス・ニュートン等の発見とは、内容も意味も価値も全く異なるし、そういった偉人の名を挙げるのは極めておこがましいが、今まで日本には星座の神話がないということが定説になっていたから、日本人も星座神話を持っていたのだという発見は、定説を覆したという意味でも、発見の喜びという点では同じようなものであったと思う。アルキメデスがお風呂から溢れたお湯で浮力の原理を発見し、裸のまま駆けだして「ユーレイカ（発見した）」と叫んだという伝説を実感できた。はたまた、シュリーマンがホメーロスの『イーリアス』に描かれたトロイが実在したと信じて、発掘に情熱を傾け、とうとうトロイの遺跡を発見した時の喜びも、恐らくこういった感激ではなかったかと、想像できた。その後も『徒然草』の「むまのきつ云々」の謎等幾つかの発見はしたが、やはりこの時の発見の喜びを上回るものは無かった。他にも就きたい仕事はあったが、やはり学問の道を選んで本当に良かったと思う。

　しかしながら、定説に反した論というものが、いかに学界に受け入れられにくいものかということも、その後、いやという程味わわされた。星を扱って、天文的な内容に係わるというだけで、白い眼で見られ、中身を見ようとさえしない人も多かった。

　古事記学会で「天《あめ》の八衢《やちまた》の解釈について」発表した時も、頭ごなしに否定される方もいらした。それでも、翌年、続いて「猨《さる》田《た》毘《び》古神《このかみ》の解釈について」発表した時には、西宮一民氏等、好意的に理解してくださる方もあり、特に、当時の古事記学会会長の神田秀夫氏からは、わざわざお手紙を頂戴し、『古事記年報』への執筆を勧められて、日の目を見ることが出来た。『古事記年報』に書かれたものを天文学の関係者にも送ったところ、多くの方々から賛意あるいは疑問の声を頂いたが、中でも、長谷川一郎氏が、東亜天文学会の機関紙『天界』に、星座猨田毘古座の発見として好意的に紹介くださったのは有り難かったし、天文学者からの評価という点で嬉しかった。その後、藤井旭《あきら》氏が、『星の手帖』（星の手帖社）への執筆を勧めてくださり、また、『天文ガイド』（誠文堂新光社）でも紹介してくださった。氏には、本書でも天体写真の提供を頂き、今までも、ことあるごとにお世話になった。いくらお礼申し上げても足りないくらいであるが、改めて、この一文を借りて、心より御礼申し上げたい。その『天文ガイド』掲載の記事が元で朝日新聞の白石明彦氏によって、朝日新聞の文化欄（東日本版、西部版）で、紹介頂いた。記事の中では、中西進氏から講評を頂いた。また、それらがきっかけで、国立天文台の渡部潤一氏から、天文談話会で話をして欲しいと依頼され、発表した内容が、日本天文学会の機関紙『天文月報』に掲載された。また、それとは別に、毎日新聞の岡本健一氏が、『国語と国文学』（東京大学国文学研究室）掲載の「浦島伝説の淵源」という、やはり天文に関した拙稿を毎日新聞の文化欄に紹介くださり、さらに毎日新聞のコラム欄「余録」（及び、英字新聞の毎日デイリー・ニューズのサイドライト欄）でも天宇受売命《あめのうずめのみこと》の拙論が紹介された。また、渡部潤一氏が神社新報という新聞で、猨田毘古神について、おうし座の顔は雄牛よりも猿に見えるようになったという好意的紹介をしてくださった。また、つい最近には、長谷川一郎氏が、勉誠出版の雑誌『アジア遊学』に連載された「日本神話の星と星座」という拙論に対して、『天界』の中で、オリジナリティのある論として好意的に紹介くださっている。

こうして書いてくると、順風満帆のような印象を受けられるかも知れないが、前述したように決して平坦な道ではなかった。今回、大修館書店から〝あじあブックス〟の一冊として刊行されることになったが、大学院生の時に着想してから、四分の一世紀、実に二十五年の歳月が経っている。もっとも、天宇受売命については、最初とは中身が変わり、オリオン座であるという確信は、五年前に東京大学文学部国文学研究室の鈴木日出男先生の下で文部省内地研究員をさせて頂いていた時に、持ったものである。鈴木先生や多田一臣先生の下で大学の雑務から解放されて研究に邁進できたので、自ずと良い着想も浮かんだのであろう。その外の点は大学院時代のものが基本で、その後、多くの人々の助言で訂正を加えたものである。

他にも、お世話になった方の数は数えきれないほどである。とうとう生前お会いすることは出来なかったが、野尻抱影《のじりほうえい》氏の諸著作には『日本星名辞典』を初めとして、非常にお世話になった。何とか連絡が取れないだろうかと考えていた矢先の大学院生の時にお亡くなりになり、伯牙《はくが》が鐘子期《しょうしき》の死後、琴の弦を絶ったような悲しみを感じ、さめざめと涙を流したことを覚えている。

草下英明氏からは八幡宮縁起絵巻について問い合わせを受けたが、果たせないうちに鬼籍に入られ、大崎正次氏も拙論に対しては、半信半疑であられたが、故人になって仕舞われた。その他、星の方言では、内田武志氏『星の方言と民俗』、桑原昭二氏『星の和名伝説集1——瀬戸内はりまの星』、北尾浩一氏の諸著作のお世話になった。

また、かつて、猨田毘古神の鼻の長さの七咫《あた》が視覚上、どのくらいの長さに見えるか、また、オリオン座がどのような動物に見えるかという点に関しても、京大大学院在学中、あるいは前任校の新居浜高専在職中、数百名を越える方々にアンケートを依頼してお世話になった。特に、当時、同じ院生であった児玉正幸氏（現、鹿屋《かのや》体育大学教授）には、アンケートや拙論に対する助言でお世話になったことを御礼申し上げたい。また、寒い冬空の下で天体写真の撮影をしてくださった藤井旭氏を初め、静岡大学地学研究会での同窓だった福長正考《ふくながまさたか》氏・山下和彦氏、新居浜高専時代の教え子の日浦裕士《ひうらひろし》氏等にも感謝したい。

今回本書が上梓されるに当たって、大東文化大学教授の工藤隆氏には、大修館書店への仲介の労を初めとして、拙論への様々なご助言を頂いた。厚く御礼申し上げたい。また、大修館書店の玉木輝一氏には、手紙・ファックス・電子メールで、いろいろご助言・ご連絡を頂き、出版に関して終始お世話になった。心より感謝申し上げる。工藤氏と玉木氏の拙論への御理解がなければ本書は存在しなかったのだから、本当に有り難く思っている。

さらに、本書の巻頭は、長崎大学教授（東京大学名誉教授・日本天文学会理事長）の尾崎洋二先生の序文で飾ることが出来た。昨年四月に来崎されて、いろいろとお世話になり良い機会と思ってお頼みしたところ、快諾してくださった。大学院設置のために長崎大学に数十年ぶりにお見えになった天文学の専門家で、このたび学士院賞を受賞された斯界の泰斗に序文を書いて頂けたのは、本当に僥倖だと思っている。衷心より謝意を呈したい。

なお、神話に関心を持ったのは、中学時代に、母から角川文庫『古事記』を勧められてからで、また、大学時代に植松茂先生の古事記の授業と出遇ったことが大きい。亡母とり子には、最初の単著が出版されたことを報告し、一方、植松先生にも心より感謝申し上げたい。また、保育園から大学院まで、また其れ以後も、直接神話や星に係わらなくても、どれだけ多くの先生方や諸々の人々のお世話になったかと思うと、学恩の有り難さを改めて深く感じる次第である。

終わりに、筆者が苦境に陥った時も励ましてくれて、遅筆の私が何とか間に合うように見守ってくれた妻眞紀に感謝したい。

本書が神話や文学、星や天文学を愛する人々の目に触れて、日本にも、星の神話が存在したのだということを理解して頂ければ幸いである。

二〇〇〇年（平成十二年）二月吉日

日本で初めて西洋の天文学が伝来した長崎の地で　勝俣　隆

マ行

ヤ・ラ・ワ行

タ行

ナ行

ハ行

サ行

索引（人名・書名・事項）

[著者略歴]

勝俣　隆（かつまた　たかし）

1952年神奈川県生まれ。静岡大学人文学部、京都大学大学院文学研究科修士課程・博士後期課程で国文学を専攻。国立新居浜高専助教授、長崎大学教育学部教授を経て、現在、長崎大学名誉教授。博士（文学）。上代文学（古事記・日本書紀の神話解釈）と中世文学（お伽草子における本文と挿絵の関係）を中心に、物語・伝説等、古典文学全般を研究している。著書に『異郷訪問譚・来訪譚の研究　上代日本文学編』（和泉書院）、『上代日本の神話・伝説・万葉歌の解釈』（おうふう）等がある。

〈あじあブックス〉

星座《せいざ》で読《よ》み解《と》く日本神話《にほんしんわ》

NDC164/x, 293p, 図版2p/19cm

初版第１刷――2000年６月10日
　　第５刷――2023年９月１日

著者――――勝俣《かつまた》　隆《たかし》
発行者――――鈴木一行
発行所――――株式会社大修館書店
〒113-8541　東京都文京区湯島2-1-1
電話03-3868-2651（販売部）/03-3868-2293（編集部）
振替00190-7-40504
[出版情報]　https://www.taishukan.co.jp/

装丁者――――本永惠子
印刷所――――壮光舎印刷
製本所――――ブロケード

ISBN978-4-469-23164-9　　Printed in Japan